住宅精细化设计图集

清华建构系列丛书
Tsinghua's Architectural Construction

姜 涌 丁亚楠 段 勇 邱可嘉 林 卫 著

中国建筑工业出版社

Detailed Design for
Unit Residence

图书在版编目（CIP）数据

住宅精细化设计图集／姜涌等著 . — 北京：中国建筑
工业出版社，2015.2
（清华建构系列丛书）
ISBN 978-7-112-17664-9

Ⅰ.①住… Ⅱ.①姜… Ⅲ.①住宅 — 建筑设计 — 图
集 Ⅳ.①TU241-64

中国版本图书馆CIP数据核字（2015）第007785号

责任编辑：徐 冉 张 明
责任校对：李美娜 刘梦然

清华建构系列丛书
住宅精细化设计图集
姜 涌 丁亚楠 段 勇 邱可嘉 林 卫 著
*
中国建筑工业出版社出版、发行（北京海淀三里河路9号）
各地新华书店、建筑书店经销
北京京点图文设计有限公司制版
北京建筑工业印刷厂印刷
*
开本：880×1230毫米 横 1/16 印张：15¼ 字数：484千字
2015年8月第一版 2018年10月第二次印刷
定价：66.00元
ISBN 978-7-112-17664-9
（32428）

图纸来源

参考文献

A 厨房

厨房在户型平面布局中的注意事项

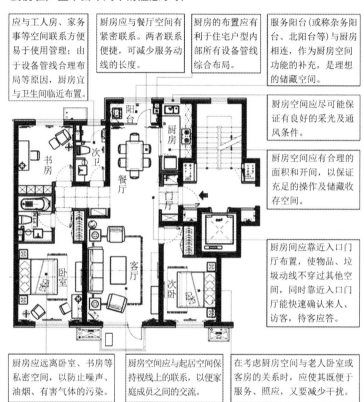

应与工人房、家务事等空间联系方便易于使用管理；由于设备管线合理布局等原因，厨房宜与卫生间临近布置。

厨房应与餐厅空间有紧密联系。两者联系便捷，可减少服务动线的长度。

厨房的布置应有利于住宅户型内部所有设备管线综合布局。

服务阳台（或称杂务阳台、北阳台等）与厨房相连，作为厨房空间功能的补充，是理想的储藏空间。

厨房空间应尽可能保证有良好的采光及通风条件。

厨房空间应有合理的面积和开间，以保证充足的操作及储藏收存空间。

厨房间应靠近入口门厅布置，使物品、垃圾动线不穿过其他空间，同时靠近入口门厅能快速确认来人、访客，待客应答。

厨房应远离卧室、书房等私密空间，以防止噪声、油烟、有害气体的污染。

厨房空间应与起居空间保持视线上的联系，以便家庭成员之间的交流。

在考虑厨房空间与老人卧室或客房的关系时，应使其既便于服务、照应，又要减少干扰。

厨房位置　　　户型位置

此类极端情况常出现在小户型或公寓式住宅中。根据住宅设计规范，厨房最小使用面积4m²，此类厨房不符合规范要求，但实际中很常见。

公寓式极小厨房空间

含工人房、家务事等高档户型中厨房

随着经济的发展，商品房面积逐渐变大，户型中出现了家务室、工人房这样的辅助空间。其与同为服务空间的厨房之间有较为密切的联系，设置时两者宜紧凑布置，这样可使劳动动线缩短，服务空间更为集中。

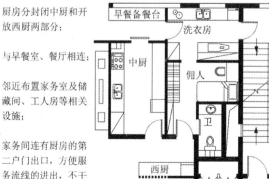

厨房分封闭中厨和开放西厨两部分；

与早餐室、餐厅相连；

邻近布置家务室及储藏间、工人房等相关设施；

家务间连有厨房的第二户门出口，方便服务流线的进出，不干扰住宅主空间。

要点说明

《住宅设计规范》（GB 50096-1999）中规定：

厨房的使用面积不应小于：

一类和二类住宅为4m²；三类和四类住宅为5m²。

厨房应有直接采光、自然通风，并宜布置在套内近入口处。（因燃气使用要求有外窗）

厨房四类行为空间和设备空间：

储藏、洗切备餐、烹饪、设备管井。

由于中餐加工油烟大，不适于完全开放，宜采用开放西厨（备餐间可简餐）＋封闭中厨（炒间）。

厨房、卧室、厕所、起居室各一间是成套住宅的必备房间。若不可满足则只能被称为非住宅的居住建筑，如房地产市场上所称的零室户、公寓、酒店式公寓等，且需要执行公共建筑的消防标准。

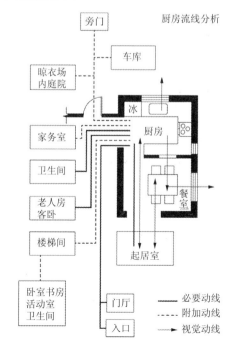

厨房流线分析

旁门　车库　晾衣场内庭院　冰　家务室　厨房　卫生间　老人房客卧　楼梯间　起居室　餐室　卧室书房活动室卫生间　门厅　入口

—— 必要动线
----- 附加动线
——→ 视觉动线

要点说明

按照厨房与餐厅的关系，厨房平面组合可分为四类：K 或 K+D 型、DK 型、LDK 型以及 DKK 型（注：K—厨房；D—餐厅；L—起居室）。具体分类说明及优缺点分析见右图。

另外，按照厨房是否独立可分为封闭式、开放式及半开放式：

封闭式：适合传统中式烹调空间，防止油烟串味污染其他厅室；

开放式：适合西餐或冷餐使用，不适宜大量热炒等加工；

半开放式：有一部分封闭的烹饪间，用来进行油烟较多的操作，与餐厅相结合部分，用作冷餐加工等无油烟少水汽的操作。

封闭式

开放式

半开放式

类型名称	图例	优点	缺点
K型或K+D型： 只进行炊事行为的厨房。厨房间与餐厅分别为两个空间。	K型	厨房的工作不受外界干扰，烹饪产生的各种油烟、气味和有害气体不会污染其他空间，可防止噪声污染； 有利于安排较多的贮藏空间。	空间比较小，操作受到很大限制，人体不能舒展，长时间在厨房内工作使人感到单调和压抑，容易造成身体的疲劳； 厨房与就餐空间的联系不是很方便。
DK型： 在厨房内除进行炊事行为外，布置有餐桌、餐椅，兼有进餐行为的厨房。厨房与餐厅为一个空间。	DK型	空间合并减少了交通面积，提高空间利用率，厨房餐厅资源共享（餐桌用于临时放置台），使用方便，节省时间；餐厨合设减少门的数量。 进餐时饭酒味不易扩散至其他厅房，减少串味污染其他物品，更加卫生。	中国烹调产生的油烟多，及排油烟机的功能效率又不是很完善，进食环境不佳。
LDK型： 炊事行为的空间包容于进餐、起居行为空间之中，且三者分区明确。厨房、餐厅、起居室为一个连通的大空间。	LDK型	厨房操作空间有了进一步的扩展。 操作者不再孤单，可兼顾起居室、餐厅，便于照顾小该、老人；同时视野的开阔，增加新鲜感，减少操作疲劳；布局灵活、新颖。 适用使用频率低或以西式料理为主食的家庭。	易污染起居室、餐厅的环境，同时对整洁度要求很高。
DKK型： K部分为热炒间，可安置洗涤区、烹饪区、部分调理、储存等，进行消洗、煎炸炒炖等油烟较大的烹饪操作，用门隔开，对外有窗；DK部分，与用餐合并，简单加热早餐或制作冷餐等，使用微波炉等不产生烟汽的封闭式电炊具。	K部分 DK部分 DKK型	两空间相互独立，又相互连接，达到功能面积互补。 K部分被隔出后，厨房油烟蒸汽不易扩散，对其他房间和厨用电器的污染小，餐厅的卫生条件较好且就餐不易受外界干扰，环境较好。 经常在家做中餐的住户，鼓励经济适用住宅厨房餐厅设计采用此类型。	操作流线较长，交通面积多；K部分操作环境不好；管线较分散。

各类型厨房平面优缺点对比

类型	图示	适用	优点	缺点
单排	3300 / 750 150 600 600 750 300 / 冰箱 700 950 1650	面积狭小或者餐厨合一的厨房。	管线短、经济，便于施工和水平管道隐蔽； 立管集中布置，节省设备空间，便于封闭； 橱柜布置简单，施工误差便于调节。	操作台较长时会因运动路线过长而使人感觉不舒适，且降低工作效率； 单列式操作台通道只能单侧使用，难以重复利用空间，降低了空间利用的有效性。
双排	2550 / 150 600 600 750 300 / 900 冰箱 2150	面宽较宽，厨房入口相对的一边设有服务阳台而无法采用L形或U形的厨房。	重复利用厨房的走道空间，提高空间的使用效率。	不能按炊事流程连续操作，有转身的动作； 不利于管线布置，需双侧设置管道区或加横向管线，设备占用空间大。
L形	3000 / 300 600 600 750 750 / 700 900 550 冰箱 2150	面积较小或餐厨合一厨房。	较符合厨房炊事行为的操作流程，从水池到炉灶之间操作面连续，在转角处工作时移动较少，方便使用又节省空间； 管线、烟道可集中布置，便于隐蔽； 橱柜整体性强储藏量大，外表整齐。	当布置橱柜的墙体因施工误差而相互不垂直时，定型的L形橱柜与墙体之间的误差不易调节； 转角的柜体不易利用； 对服务阳台也有一定限制。
U形	3700 / 700 2400 600 / 700 1100 1800 冰箱	面积标准较高、平面接近方形的住宅厨房。	操作面长，储藏空间充足，厨房空间利用充分，设备布置也较为灵活。	由于三面布置橱柜，服务阳台的设置受到一定的限制。
岛形	3000 / 300 600 600 750 750 / 700 900 冰箱 2150	开放式厨房； 多用于别墅、独立式，住宅等面积较大的住宅厨房； 适合多人参与厨房操作，使厨房的工作气氛活跃。	其"岛"形台面既可作为操作台使用，也可以当作餐台使用。	管线占用空间较大，开放式厨房不适合中国式多油烟的烹饪料理。

厨房各类平面布局特点和优缺点对比

要点说明

　　厨房的平面布局按照台面布置方式分为单排式、双排式、L形、U形和岛形。其中以单排式和L形最为常见，在空间利用、管线排布和操作方便性方面相对占优势，双排与U形、岛形分别为此两类的发展和变形。

　　关于服务阳台：

　　厨房宜设置服务阳台，具有多种功能：

　　方便储藏、放置杂物和设置表具等。

　　在北方，封闭式的服务阳台是用于安放洗衣机和燃气热水器首选位置。

　　在厨房的集中面积布局中，除U形厨房无法设置服务阳台外，其余均有可能设置服务阳台。因而在具体设计中，提倡尽量考虑服务阳台存在的可能性。

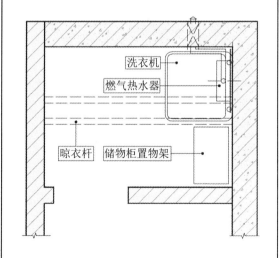

洗衣机
燃气热水器
晾衣杆　储物柜置物架

要点说明

　　厨房的操作行为围绕着冰箱、水池、灶具三大件进行一系列工作流程，具体程序见右图。

　　将流程中的行为归类可分为以下三类操作行为，同时对应三类行为空间：

　　1. 储藏：

　　包括食物、餐具、炊具等保存和取用放置等。

　　2. 洗切备餐：

　　烹饪前准备，食物清洗处理，案板冷加工等；烹饪后的调拌配餐、装盘整理等操作；餐后器具残菜等的清洗处理以及空间清洁整理。

　　3. 烹饪：

　　主要的食物加工操作，按照中餐的需求，有较复杂的煎炒烹炸的操作过程。

　　此外，根据设备管线要求还需排烟、给水排水管的管井空间。厨房内还可有家务、就餐等附属空间。

　　厨房的行为空间及对应操作行为和内容如下：

空间类型	操作行为	空间主要内容
储藏	保存取放物品	冰箱、橱柜
洗切备餐	烹饪前后洗切、加工、备餐及餐后清洁整理	洗池、操作台（放置台调理台配餐台）
烹饪	食品的加工	灶具、微波炉、烤箱等
管井	—	排烟、排水管道
附属	家务、就餐等	洗衣机或餐桌等

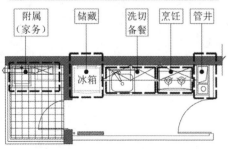

厨房各功能空间

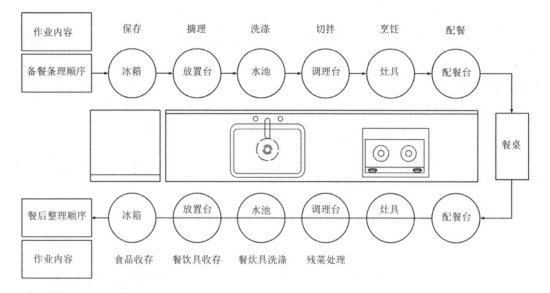

烹调流程图

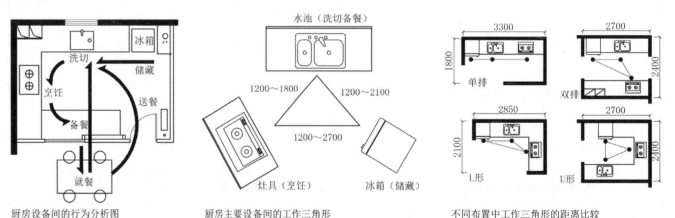

厨房设备间的行为分析图　　　　厨房主要设备间的工作三角形　　　　不同布置中工作三角形的距离比较

厨房烹调过程的行为分析

据美国康奈尔大学研究小组的研究总结，操作者在厨房三个主要设备——水池、灶具和冰箱之间来往最多，他们称三者之间连线为工作三角形。其三边之和宜在3600～6600mm之间，过小则局促，太长则人易疲劳。

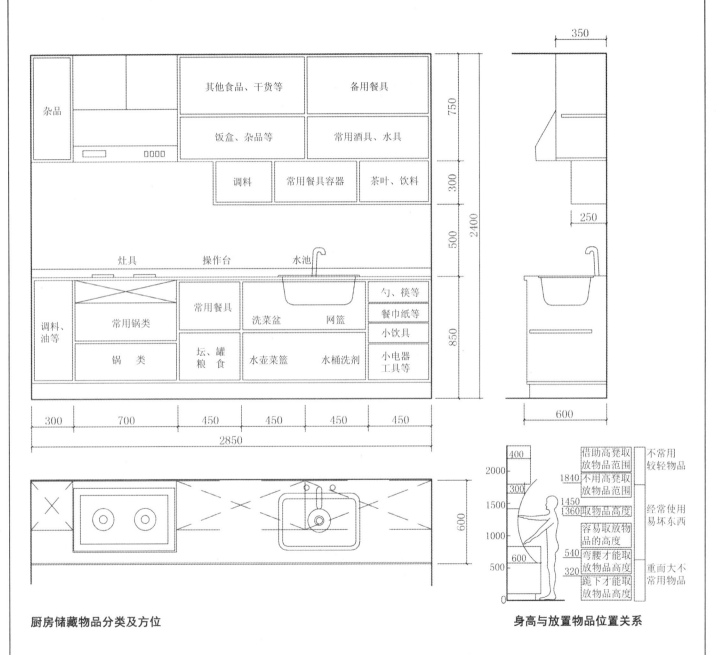

	其他食品、干货等	备用餐具	
杂品	饭盒、杂品等	常用酒具、水具	750
	调料	常用餐具容器	茶叶、饮料	300

350

250

2400

500

灶具	操作台	水池

调料、油等	常用锅类	常用餐具	洗菜盆	网篮	勺、筷等
					餐巾纸等
					小饮具
	锅类	坛、罐粮食	水壶菜篮	水桶洗剂	小电器工具等

850

600

300	700	450	450	450	450

2850

600

厨房储藏物品分类及方位

400	借助高凳取放物品范围	不常用较轻物品
2000	1840 不用高凳取放物品范围	
300	1450	
1500	1360 取物品高度	经常使用易坏东西
1000	容易取放物品的高度	
	540 弯腰才能取放物品高度	重而大不常用物品
600	320	
500	蹲下才能取放物品高度	

身高与放置物品位置关系

要点说明

储藏是厨房除烹饪活动之外的第二大功能。

厨房内各类厨用物品繁多，主要物品包括：

1. 食物类：粮食肉菜、副食调料、酒水饮料等；

2. 用具类：炊具餐具、机具和洗涤用品等；

3. 废弃物：食品包装、食物垃圾、清理杂物等；

4. 厨房电器：洗碗机、消毒柜、烤箱、电饭煲等。

随着经济发展小型电器使用日益增多，对厨房储藏空间要求逐渐扩大，初始设计时要留有余地。

可供储藏的空间：

主要有储藏橱柜（吊柜、地柜），隔架，冰箱以及服务阳台。

厨房橱柜储藏物品示意

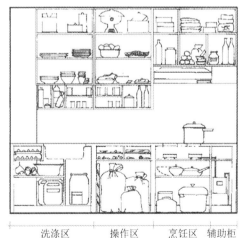

洗涤区	操作区	烹饪区	辅助柜

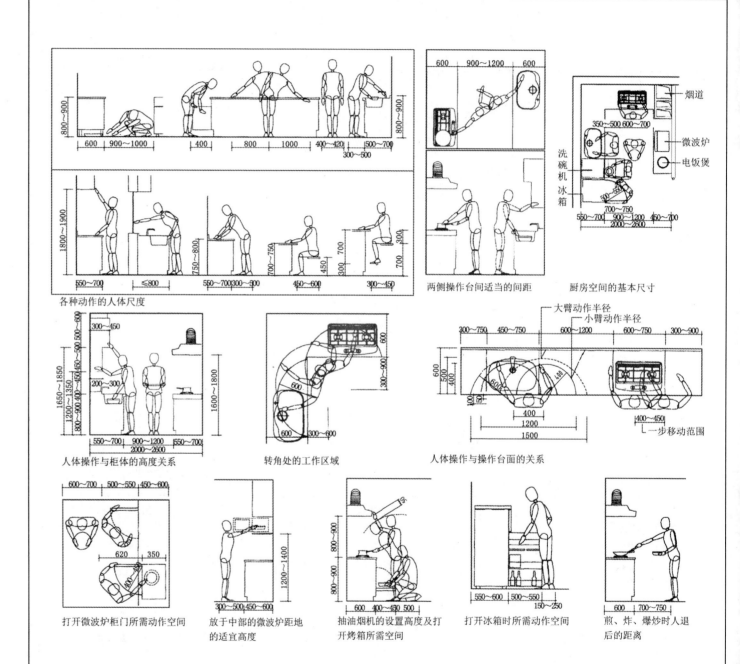

各种动作的人体尺度

两侧操作台间适当的间距　　厨房空间的基本尺寸

人体操作与柜体的高度关系　　转角处的工作区域　　人体操作与操作台面的关系

打开微波炉柜门所需动作空间　　放于中部的微波炉距地的适宜高度　　抽油烟机的设置高度及打开烤箱所需空间　　打开冰箱时所需动作空间　　煎、炸、爆炒时人退后的距离

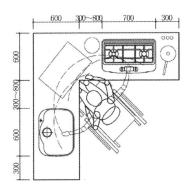
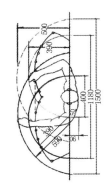

厨房工作区空间尺寸

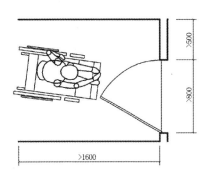
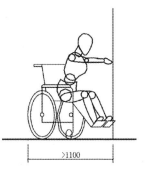

轮椅使用者开门通行尺寸

要点说明

　　可持续性的厨房设计，要考虑到在使用者不同生理时期的使用需要。

　　当使用者步入老年阶段，尤其是针对行动不便使用轮椅的老人，厨房需要做一定的改造，以适应轮椅老人的操作尺度。

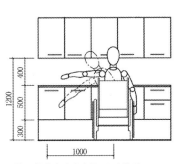

使用轮椅老人与橱柜尺寸关系

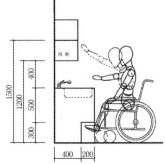
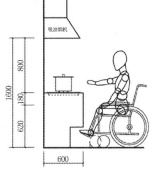

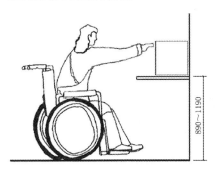

适宜尺度的微波炉立面位置

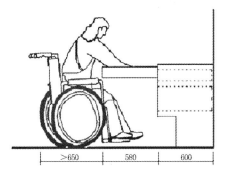

厨房地柜的抽屉储物

要点说明

    橱柜是厨房家具基本组成部分，橱柜的布局决定了厨房各部件的框架。

    橱柜主要由地柜、吊柜以及两柜之间的部分隔架组成，其中每部分的细节组成见图纸。

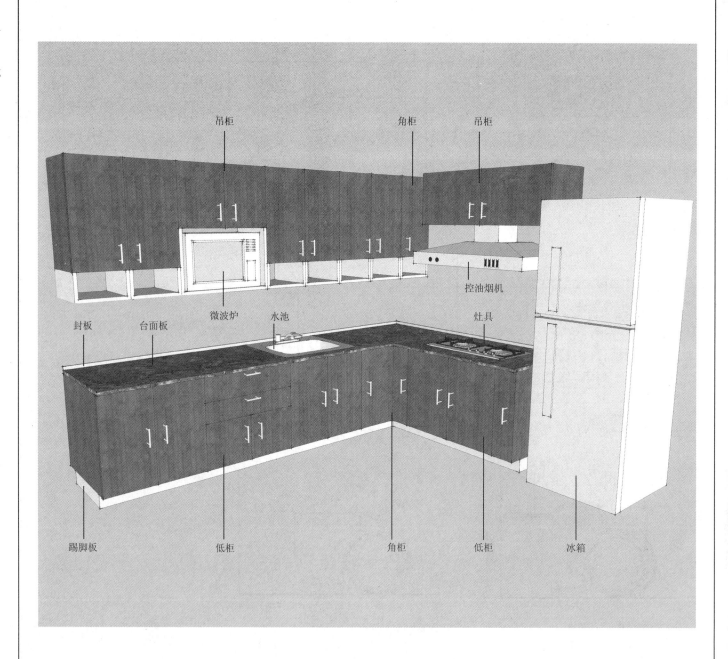

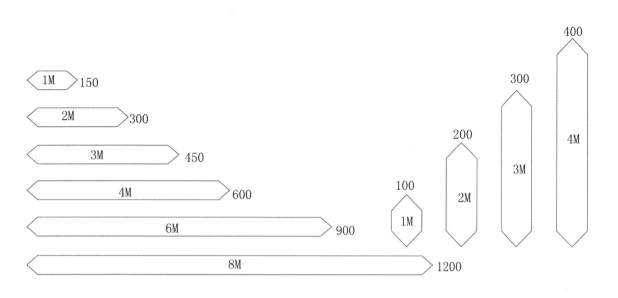

橱柜设备模数

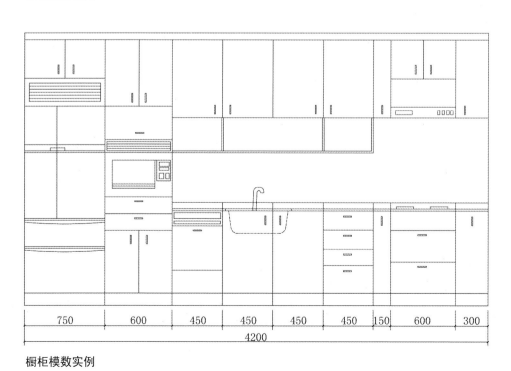

橱柜模数实例

要点说明

　　橱柜模数是橱柜标准化和通用性的保障，在设计中，依照一定的统一模数，有助于后期与产品和设备管线的尺寸配合。

　　常见的橱柜模数见左侧图例。

　　常见的成品橱柜尺寸见下表。

	高度	深度
低柜	700～750（台式灶具）	550～600
	800～850（嵌入灶具）	550～600
高柜	2100、2200 2250、2400	450、600、800
吊柜	400～1050	320～380
		安装高度≥1300
管道空间	同低柜	100

资料来源：橱柜系列产品手册

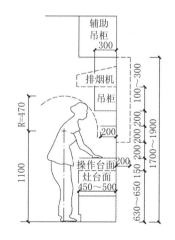

橱柜常见尺寸

资料来源：建筑设计资料集 . 北京：中国建筑工业出版社，1994.

要点说明

橱柜封板：

安装在整体厨柜表面，调整柜体与墙面或顶面、柜体之间位置及尺度关系的小规格装饰性板件。

封板作用：

遮挡缝隙，装饰作用。

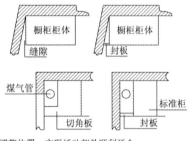

调整位置、实现活动部件顺利开合

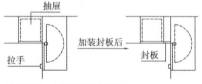

减少异形、实现单元柜体标准化

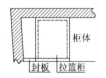

橱柜防尘防噪：

1. 柜门关闭时会与柜体碰撞产生噪声，设计时加设阻尼门碰，避免噪声；

2. 由于橱柜抽屉底板多为三聚氰胺防潮板，推拉时物品滑动有噪声，可加一层防滑垫；

3. 柜体前横拉板上安装防撞条，关闭时缓冲与柜体撞击，也可在柜底打孔安装阻尼；

4. 铝框门窗内侧加装防震防尘密封带，防震防尘；

5. 柜体角落的防尘透明三角可方便抽屉清理。

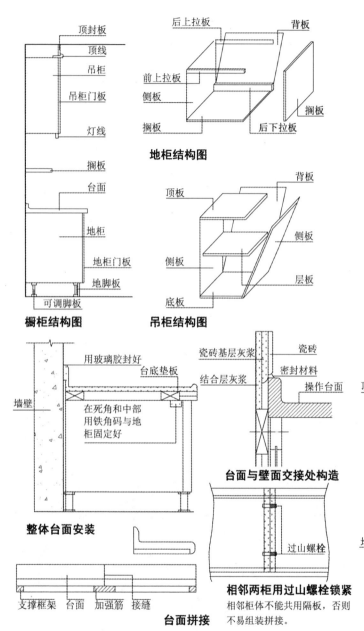

地柜结构图

橱柜结构图　　吊柜结构图

整体台面安装

台面与壁面交接处构造

相邻两柜用过山螺栓锁紧

相邻柜体不能共用隔板，否则不易组装拼接。

台面拼接

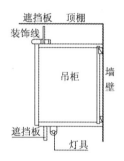

吊柜处封板与灯具的构造

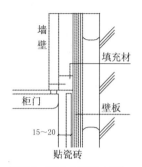

柜体与墙壁空挡的封板

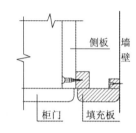

柜体与墙壁空挡的封板

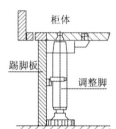

踢脚处的封板

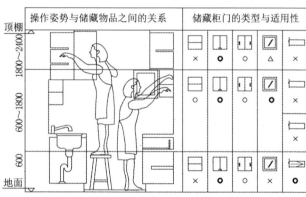

橱柜的柜门

根据人体活动尺度，不同位置橱柜门适合不同的开启方式。

吊柜因位置高，取物不变，开启方式需要特别注意，可选用单层上翻柜门、折叠上翻柜门、推拉柜门。

针对稳定性不佳者的细节设计　　**针对轮椅使用者的细节设计**

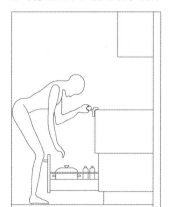

在厨房中安装扶手。扶手可选择安装在操作台的前端。

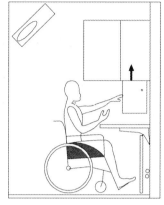

优先选择推拉式柜门橱柜，上柜通常安装在离操作台上方45～50cm处；取放位于上柜上部的物品时，应使用机械式升降架。

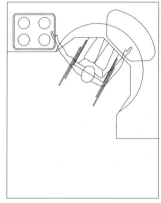

操作台置于一个角落之中时，可带有曲形前沿。

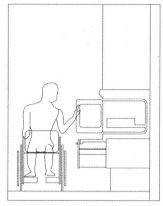

为方便烤箱使用，建议用带侧门烤箱。可在放烤箱橱柜中插一块木板作支撑面。

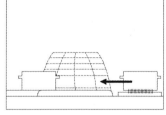

在灶具和水池之间安放一个折叠式格子。将这一附件与灶具上格子对齐，可借助折叠式格子滑动搬运罐子，无需把罐子端起来。

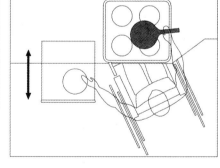

当空间较小欲扩大工作面积，可在操作台下面安装一个或多个推拉式切菜板。

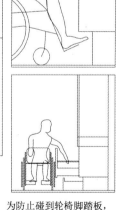

为防止碰到轮椅脚踏板，选用26cm高踢脚线。
将其他电器烤箱、洗碗机等摆到理想高度，与拉篮配合使用，充分利用空间。

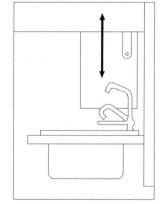

在选择水龙头时，最方便的一种带有下拉式水管的多用途控制装置。而水管下垂的龙头的机械上柜下降的幅度则更大一些。

要点说明

水池布置要点一：

水池不应太靠角落布置，需留有一定的身体活动空间及放置物品的台面。

水池布置要点二：

水池最好两侧都留有台面，以便操作中使用。

水池布置要点三：

水池的近旁应留有放置洗碗机、消毒柜、干燥剂等的位置；

水池及操作台因操作时间长需要采光，最好设置在外窗侧。

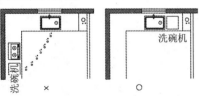

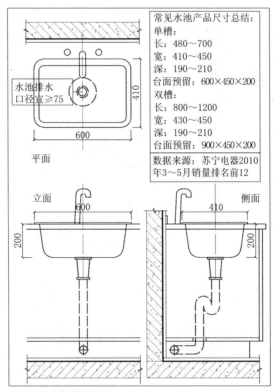

水池排水口径宜≥75

常见水池产品尺寸总结：
单槽：
长：480～700
宽：410～450
深：190～210
台面预留：600×450×200
双槽：
长：800～1200
宽：430～450
深：190～210
台面预留：900×450×200

数据来源：苏宁电器2010年3～5月销量排名前12

平面

立面　　　侧面

水池标准构件图例

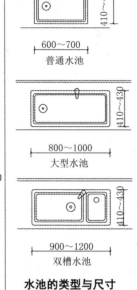

普通水池
600～700

大型水池
800～1000

双槽水池
900～1200

水池的类型与尺寸

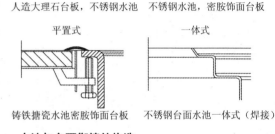

上置式　　　上置式

铸铁搪瓷水池密胺饰面台板　　　不锈钢水池密胺饰面台板

下置式　　　插入式

人造大理石台板，不锈钢水池　　　不锈钢水池，密胺饰面台板

平置式　　　一体式

铸铁搪瓷水池密胺饰面台板　　　不锈钢台面水池一体式（焊接）

水池与台面衔接处构造

在可能的条件下，尽量选择下置式或一体式，方便清理

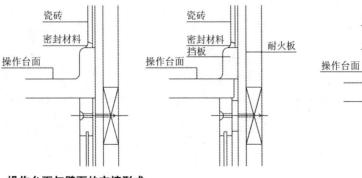

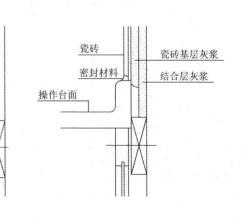

瓷砖　　密封材料　　操作台面

瓷砖　　密封材料挡板　　操作台面　　耐火板

瓷砖　　密封材料　　操作台面

瓷砖　　密封材料　　操作台面　　瓷砖基层灰浆　　结合层灰浆

操作台面与壁面的交接形式

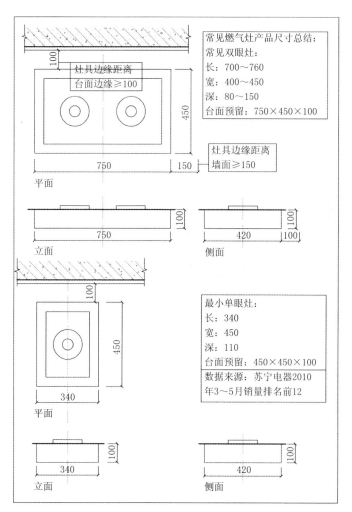

常见燃气灶产品尺寸总结：
常见双眼灶：
长：700～760
宽：400～450
深：80～150
台面预留：750×450×100

灶具边缘距离
墙面≥150

最小单眼灶：
长：340
宽：450
深：110
台面预留：450×450×100
数据来源：苏宁电器2010
年3～5月销量排名前12

燃气灶标准构件图例

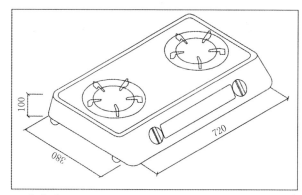

台式灶具

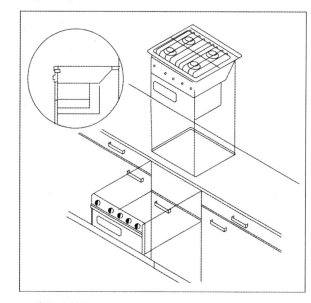

嵌入式灶具

嵌入式燃气灶与台面齐平，方便端取锅具及清扫。

要点说明

燃气灶布置要点一：
应与墙保持 150mm 以上距离。

应与墙保持
1500mm 以上距离

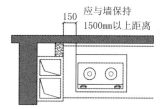

燃气灶布置要点二：
避免紧靠出入口和通道布置，以免火焰被
风吹灭或行动过程中碰翻炊具。

×避开通路与门

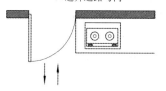

燃气灶布置要点三：
燃气灶上方若有木制品，应有防燃措施，
如用防火板、不锈钢贴面。避免将炉灶设在窗前，
以免风将炉火吹灭。

×避开窗

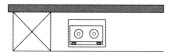

×近处不可设冰箱及木质家居

燃气灶布置要点四：
炉灶与水池间要留有间距，放置炊具碗碟，
避免水溅入油锅引起危险。

案台

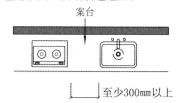

至少300mm以上

要点说明

抽油烟机分类：

1. 按烟气排放标准：

外排式吸油烟机（CXW式）：吸入受油烟污染的空气，分离、收集油雾，通过管道排往室外；

循环式吸油烟机（CXX式）：吸入受油烟污染的空气，通过过滤装置排放在室内；

两用式吸油烟机（CXL式）：装上过滤装置是循环式，拆除过滤装置装上排气管道是外排式。

2. 按吸油烟机分离、拦阻油烟中油脂的方式：孔隙吸附式吸油烟机（CXX）；

金属网罩式吸油烟机（CXW）；

可更换滤网式吸油烟机（CXW）；

喷淋式吸油烟机（CXW）；

电极净化式吸油烟机；

重力集油式吸油烟机。

3. 按安装形式：

拦截油烟式（在灶具正上方，常见）；

引导油烟式（在灶具侧边）。

4. 按机箱壳体结构形式：

薄型吸油烟机：机壳最大垂直高度＜200mm；

亚深型吸油烟机：机壳最大垂直高度200～350mm；

深型吸油烟机：机壳最大垂直高度＞350mm。

5. 按吸油烟机蜗壳设置位置：

顶置蜗壳式、侧置蜗壳式、外置蜗壳式。

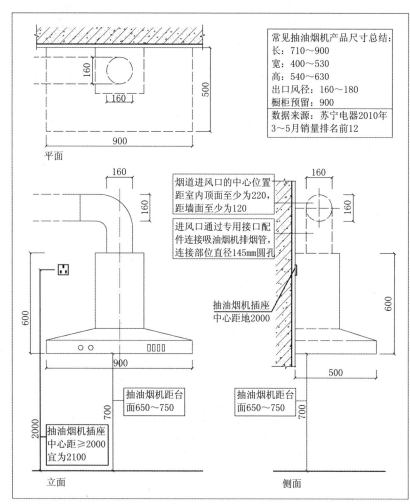

常见抽油烟机产品尺寸总结：
长：710～900
宽：400～530
高：540～630
出口风径：160～180
橱柜预留：900
数据来源：苏宁电器2010年3～5月销量排名前12

平面

烟道进风口的中心位置距室内顶面至少为220，距墙面至少为120

进风口通过专用接口配件连接吸油烟机排烟管，连接部位直径145mm圆孔

抽油烟机插座中心距地2000

抽油烟机距台面650～750

抽油烟机距台面650～750

抽油烟机插座中心距≥2000宜为2100

立面　　　　　　　　侧面

抽油烟机标准构件图例

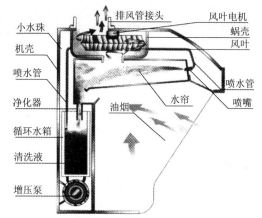

排风管接头　风叶电机
蜗壳
风叶
小水珠
机壳
喷水管
净化器
喷水管
喷嘴
水帘
油烟
循环水箱
清洗液
增压泵

某抽油烟机构造图

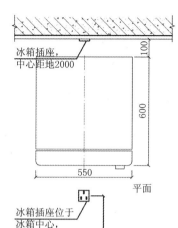

常见冰箱产品尺寸总结：
单门：
深：550～650
宽：500～600
高：1600～1800
台面预留宽度：
嵌入式冰箱：600
小户型单门冰箱：700
大户型双门冰箱：1000
数据来源：苏宁电器2010年
3～5月销量排名前12

冰箱插座，
中心距地2000

平面

冰箱插座位于
冰箱中心，
中心距地2000

冰箱插座的另一种选择

立面

冰箱标准构件图例

要点说明

冰箱布置要点一：
冰箱应尽量靠近洗池，两者之间宜有操作台连接如果流线中断，冰箱旁应有一定台面。

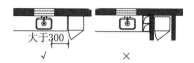

冰箱布置要点二：
注意冰箱门开启方向对于操作流畅性的影响。

冰箱布置要点三：
冰箱不要挡住工作台面。

冰箱布置要点四：
冰箱不要放置在门后，避免碰撞。

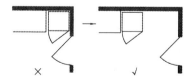

冰箱布置要点五：
冰箱不要置于窗前，避免挡光、受曝晒、易落尘土的问题。

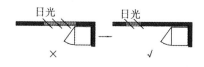

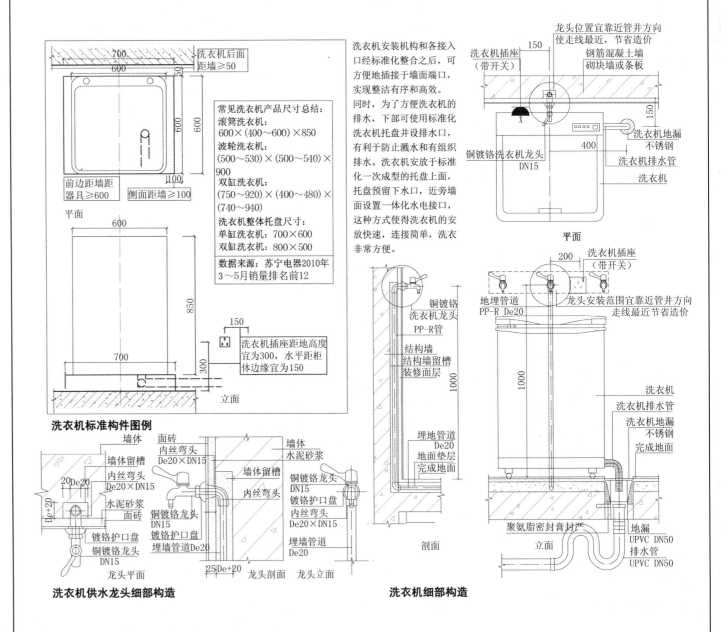

洗衣机安装机构和各接入口经标准化整合之后，可方便地插接于墙面端口，实现整洁有序和高效。同时，为了方便洗衣机的排水，下部可使用标准化洗衣机托盘并设排水口，有利于防止溅水和有组织排水。洗衣机安放于标准化一次成型的托盘上面，托盘预留下水口，近旁墙面设置一体化水电接口，这种方式使得洗衣机的安放快速，连接简单，洗衣非常方便。

常见洗衣机产品尺寸总结：
滚筒洗衣机：
600×（400~600）×850
波轮洗衣机：
（500~530）×（500~540）×900
双缸洗衣机：
（750~920）×（400~480）×（740~940）
洗衣机整体托盘尺寸：
单缸洗衣机：700×600
双缸洗衣机：800×500
数据来源：苏宁电器2010年3~5月销量排名前12

洗衣机后面距墙≥50
前边距墙距器具≥600
侧面距墙≥100
平面
立面
洗衣机插座距地高度宜为300，水平距柜体边缘宜为150

洗衣机标准构件图例

洗衣机供水龙头细部构造

洗衣机细部构造

龙头位置宜靠近管井方向使走线最近，节省造价
洗衣机插座（带开关）
钢筋混凝土墙
砌块墙或条板
铜镀铬洗衣机龙头 DN15
洗衣机地漏 不锈钢
洗衣机排水管
洗衣机
平面

洗衣机插座（带开关）
地埋管道 PP-R De20
龙头安装范围宜靠近管井方向走线最近节省造价
铜镀铬洗衣机龙头 PP-R管
结构墙
结构墙留槽
装修面层
埋地管道 De20
地面垫层
完成地面
剖面
洗衣机
洗衣机排水管
洗衣机地漏 不锈钢
完成地面
聚氨脂密封膏封严
地漏 UPVC DN50
排水管 UPVC DN50
立面

墙体
面砖
墙体留槽
内丝弯头 De20×DN15
水泥砂浆
内丝弯头 De20×DN15
镀铬护口盘
铜镀铬龙头 DN15
龙头平面
墙体
水泥砂浆
墙体留槽
内丝弯头
铜镀铬龙头 DN15
镀铬护口盘
内丝弯头 De20×DN15
埋墙管道 De20
龙头剖面
龙头立面

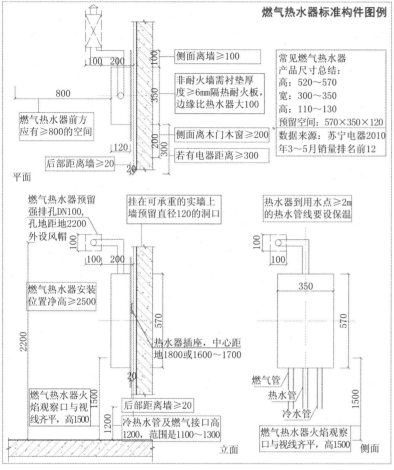

燃气热水器标准构件图例

侧面离墙≥100

非耐火墙需衬垫厚度≥6mm隔热耐火板，边缘比热水器大100

侧面离木门木窗≥200

若有电器距离≥300

常见燃气热水器产品尺寸总结：
高：520～570
宽：300～350
高：110～130
预留空间：570×350×120
数据来源：苏宁电器2010年3～5月销量排名前12

燃气热水器前方应有≥800的空间

后部距离墙≥20

平面

燃气热水器预留强排孔DN100，孔地距地2200外设风帽

挂在可承重的实墙上墙预留直径120的洞口

热水器到用水点≥2m的热水管线要设保温

燃气热水器安装位置净高≥2500

热水器插座，中心距地1800或1600～1700

燃气管
热水管
冷水管

燃气热水器火焰观察口与视线齐平，高1500

后部距离墙≥20

冷水热管及燃气接口高1200，范围是1100～1300

燃气热水器火焰观察口与视线齐平，高1500

立面

侧面

砂浆等不燃材料填充

预制带洞混凝土块

砂浆等不燃材料填充

预埋钢管

排气筒

排气管穿墙细部

项目	集中热水供应系统	家庭用热水器热水供应系统
户内装设设备	·热水循环管路 ·热水水表 ·配套阀门等辅件	·热水器 ·热水管路系统 ·配套阀门等辅件
加热和贮热设备的设置位置	区域或小区集中设置的设备用房	厨房、卫生间、服务阳台、小室或屋顶（太阳能热水器）
热水供应能力	·管路采用循环形式，基本没有热水等待时间 ·满足多个用水点同时使用 ·热水流量稳定，不必担心热水用完	·热水供应有延时，尤其是热水器较远的用水点 ·同时使用有一定困难 ·容积式热水器有必要考虑热水被用完
设置性	·户内占用空间较小 ·户内无需考虑排风 ·无噪声影响	·热水器需要安装控件 ·燃气热水器需考虑进、排风 ·加热运转时有一定噪声影响
操作性	操作简单	具有一定操作技术性
节能性	管道输送距离大，热损失大	管路较短，热损耗小
安全性	安全	有一定安全隐患
经济性	初始一次性投资相对较大，运行维护费用相对较高	投资费用分散至各住户运行维护相对容易

住宅热水供应系统的特征比较

名称	简称	燃烧所需空气取自	燃烧后烟气排向	特征	安全使用性
敞开式	直排式	室内	室内	热负荷较小，注意室内通风	·安全性能低 ·价格较低
半密闭式	自然排风式（烟道式）	室内	室外	用排风筒，靠烟气和空气的温度差，排风压力很小，受到外风压影响很大	·幼体在危险 ·安全性较性 ·过渡产品
	强制排风式（强排式）	室内	室外	用排风筒，靠风机强制排风，风大也可以使用	·安全性较高 ·价格较高
密闭式	自然给排风式（平衡式）	室外	室外	给气筒、排风筒通室外，利用自然抽力给气、排风。因燃烧部分隔绝，抗风能力强，室内空气质量好	·安全性高 ·价格较高
	强制给排风式（强制给排风式（平衡式的一种））	室外	室外	给气筒、排风筒通室外，利用风机给气、排风因燃烧部分隔绝，抗风能力更强，室内空气质量更好	·安全性较高 ·价格较高

燃气热水器分类及适宜位置

要点说明

　　住宅的生活热水供应分为集中热水供应和分散的家庭热水器供热水系统。而家庭热水器供热水系统分为燃气热水器、电热水器以及太阳能热水器三种。其中燃气热水器是在厨房设计中需要考虑的设备。

　　燃气热水器涉及给水、热水、燃气、排气、供电等多种管线设备系统，在厨房的设计中应该给予足够的重视，对其位置和尺寸做出详细安排。

　　安装位置：

　　在厨房中，燃气热水器的位置有两种：有服务阳台时，最好安置在服务阳台；没有服务阳台时，安置在厨房室内墙壁上，其位置要与周边保持必要的安全距离。

　　给水热水：

　　冷热水进出口管宜为DN15，高度宜为1.20m左右。

　　燃气：

　　燃气入口管径宜为DN15。

　　排气：

　　燃气热水器排气筒单独设置通向室外，不得接入抽油烟机的竖向烟道或水平排烟管。建筑设计应在外墙预留排气筒安装孔洞，其外形尺寸、孔洞尺寸由热水器产品安装尺寸决定。孔洞的位置除由室内热水器位置和安装高度确定外，还应与其他排气孔洞或窗之间保持一定的距离。

　　排气口下端高度须距离地面1800mm以上，排气口要对向室外开放空间。

　　供电：

　　插座距地1600～1800mm左右。

要点说明

随着经济的发展，新型电器逐渐进入家庭厨房，微波炉、洗碗机、消毒柜、烤箱等已成为常见电器。

在环保方面，厨房下水的垃圾处理器方便了厨房垃圾的下水排放，日益普及。

家庭事务垃圾处理机选用表

	型号	HZL-1	HZL-2	HZL-3	HZL-4	HZL-5
设备性能	功率（W）	370	370	370	300	460
	转速（转/分）	2560	2660	2800	2600	2950
	频率（Hz）	50				
	电压（V）	AC220				
	电机	直流永碰				
	过载保护	超载断电				
各部位尺寸	D1	135	172	220	155	165
	D2	113	113	113	113	113
	D3	84	84	84	84	84
	D4	20	20	20	20	20
	D5	40	40	40	40	40
	H	330	330	350	330	330
	H1	100	100	100	95	95
	H2	170	180	180	170	170

资料来源：北京首钢设计院．卫生工程 91SB2-1. 2005：74，75.

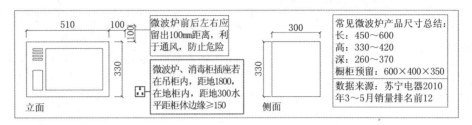

微波炉标准构件图例

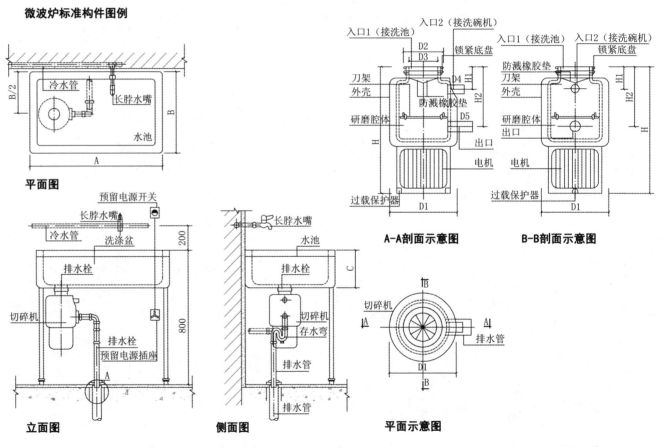

平面图

立面图

侧面图

平面示意图

A-A剖面示意图

B-B剖面示意图

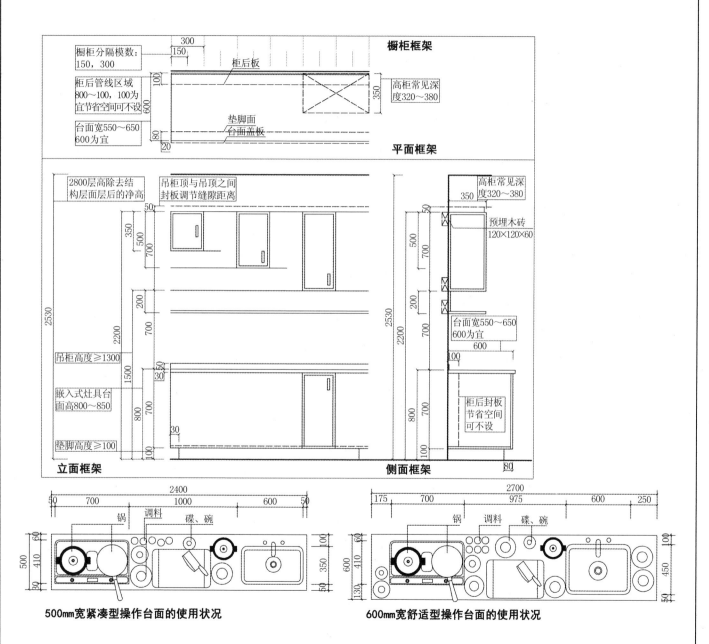

橱柜分隔模数：150，300

柜后管线区域800～100，100为宜节省空间可不设

台面宽550～650，600为宜

柜后板

高柜常见深度320～380

垫脚面
台面盖板

橱柜框架

平面框架

2800层高除去结构层面层后的净高

吊柜顶与吊顶之间封板调节缝隙距离

吊柜高度≥1300

嵌入式灶具台面高800～850

垫脚高度≥100

立面框架

高柜常见深度320～380

预埋木砖120×120×60

台面宽550～650，600为宜

柜后封板节省空间可不设

侧面框架

500mm宽紧凑型操作台面的使用状况

锅　调料　碟、碗

600mm宽舒适型操作台面的使用状况

锅　调料　碟、碗

要点说明

橱柜的框架是厨房构成的基本结构。

《住宅设计规范》GB 50096-1999中规定：

厨房人流交通较少，室内净高可比卧室和起居室（厅）低，但有关煤气设计安装规范要求厨房不低于2.20m。另外，从厨房设备的发展看，室内净高低于2.20m不利于设备及管线的布置。

本图选取层高2800mm的情况为例，综合前部分涉及的人体尺度、橱柜结构和模数以及产品尺寸空间需求，构建成橱柜的基本框架，形成厨房设计的标准构件选用基础。

使用方法：

在具体的情况中，可根据实际情况进行调节。

1. 空间的层高：

对于不同的层高，可调节吊顶的高度、橱柜顶部封板的长度及吊柜产品的长度。

2. 厨房的进深：

以150mm为模数调节橱柜个数的组合，对于零碎尺寸可通过橱柜封板调节。

3. 厨房的面宽：

《住宅设计规范》GB 50096-1999中规定：

单排布置设备的厨房，其操作台最小宽度为0.50m，单排布置设备的厨房净宽不应小于1.50m。双排布置设备的厨房，其两排设备的净距不应小于0.90m。

对于面宽的变化，可以调节橱柜台面和吊柜的进深。例如对于面宽较窄的厨房，可选择500mm紧凑型的台面；面宽较宽时，可选择600mm较舒适的台面。

要点说明

在橱柜框架的基础上，根据人体尺度、产品安装规范等将各厨房主要厨具产品进行组合。组合过程所依据原则如下：

原则之一：

针对每种厨具，挑选市场上最热门或排名最靠前的厨具生产商的产品，对产品尺寸进行总结。

原则之二：

台面给厨具预留尺寸按照产品最大尺寸或适宜常用尺寸确定。

原则之三：

对于各产品之间的空间预留尺寸，采用最小尺寸，以保证得到较舒适合理情况下的最小尺寸。

《住宅设计规范》GB 50096-1999中规定：

厨房应设置洗涤池、案台、炉灶及排油烟机等设施或预留位置，按炊事操作流程排列，操作面净长不应小于2.10m。

当空间宽裕，可设置更多的台面，其使用和安放设备可能性如下：

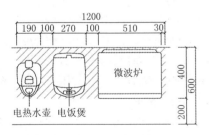

电热水壶　电饭煲

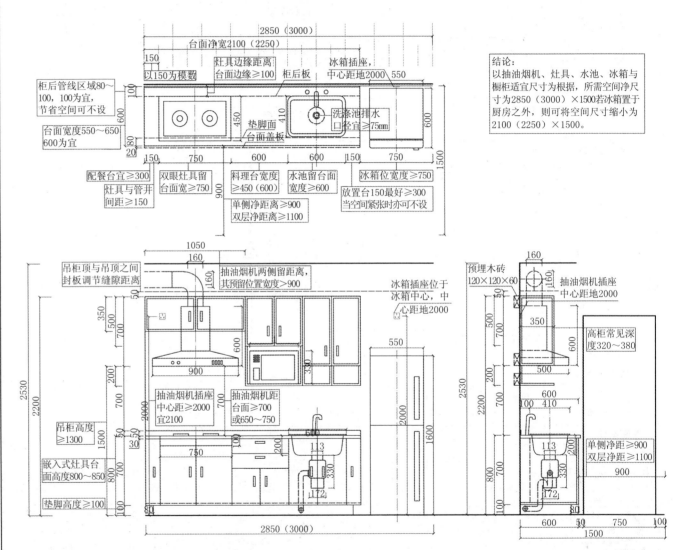

单排直线型厨房较舒适型各产品组合尺寸

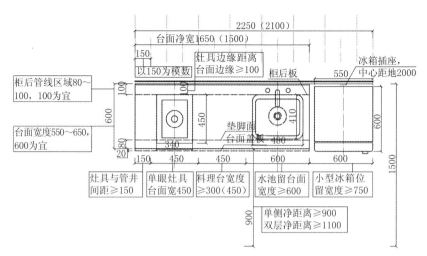

柜后管线区域80～100，100为宜

台面宽度550～650，600为宜

台面净宽1650（1500）

2250（2100）

150 以150为模数

灶具边缘距离 台面边缘≥100

柜后板

冰箱插座，中心距地2000

550

灶具与管井间距≥150

单眼灶具台面宽450

料理台宽度台面宽450

水池留台面宽度≥600

小型冰箱位留宽度≥750

垫脚面 台面盖板

单侧净距离≥900 双层净距离≥1100

结论：

节约空间的一种极端情况：设单灶眼灶具，所需台面宽度450，操作台面采用300（450），冰箱采用嵌入式或小型冰箱，宽度600则空间净尺寸可缩小为2250（2100）×1500

根据住宅设计规范，厨房最小使用面积为4m²，此类设计并不符合规范要求。

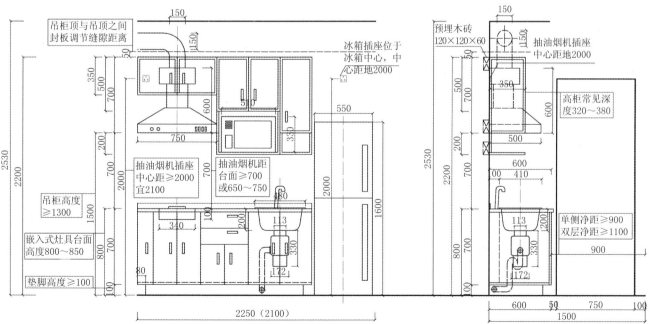

吊柜顶与吊顶之间封板调节缝隙距离

冰箱插座位于冰箱中心，中心距地2000

预埋木砖 120×120×60

抽油烟机插座中心距地2000

高柜常见深度320～380

抽油烟机插座中心距≥2000宜2100

抽油烟机距台面≥700 或650～750

单侧净距≥900 双层净距离≥1100

吊柜高度≥1300

嵌入式灶具台面高度800～850

垫脚高度≥100

单排直线型厨房空间紧张型各产品组合尺寸

要点说明

　　此类极端情况常出现在小户型或公寓式住宅中。根据住宅设计规范，厨房最小使用面积为4m²，此类厨房不符合规范要求，但实际中很常见。

　　此类厨房设置有两类：

　　单侧直线型，在公寓走廊一侧呈开放式；

　　L形或U形，位于客厅外侧阳台上。

直线型位于入口处走廊一侧

客厅

L形位于客厅处侧阳台

≥1800

客厅

U形位于客厅处侧阳台

≥2100

要点说明

给水布置要点：

1.给水立管与水表可在住宅楼梯间管道竖井中集中布置，也可分户在套内设置。考虑到保护居民隐私权利，方便物业管理，提倡选择集中设置给水立管与水表，避免入户抄表。

设置给水管与水表的方式有两种：

多层楼集中设置：节省空间，方便管理。

每层楼集中设置：可共用一根给水管，节省投资。

在设计中综合实际条件灵活选择。

2. 每户给水管径：一个厨房和一个卫生间DN15，给水管道较长时DN20，一个厨房多个卫生间DN25。

3.进户给水支管的水平敷设有明敷和暗敷两种。一次性精装修商品房中适宜采用暗敷，竖管嵌入墙槽，横管埋入地面垫层。其优点和依据为：

（1）水管管材通常采用PPR、PB等高分子材料，稳定性好、易于加工（热熔接头）、使用寿命长（标称为50年），而一般较高防水等级的防水材料使用年限为20年。防水材料更换频率高于管材，因而给水管可以敷设在防水材料下面。

（2）一般地面泛水至少距地250mm，卫生间常规给水点高度也都在距地250mm以上。将原本出地面给水的管线暗埋于墙体内，在准确的给水点定位上改为墙出，可以减少防水层的破水点，更好地减少渗漏的发生。

（3）减少了垫层的厚度。

排水布置要点：

1.厨房排水立管设在专用管井内，设检查口，并高于该层洗涤器具上边缘150mm，检查口朝外。

2.厨房内排水管线敷设在橱柜下的踢脚板内，一般不需要厨房地面降板或架空用以同层排水。排水立管一般在顶端设置伸顶通气管，在要求较高的多层住宅或10层及10层以上的高层住宅中设置专用的通气立管。

3.厨房不设地漏。但安放洗衣机的阳台需要设防止溢流和干涸的专用排水地漏，地漏位于洗衣机出水口一侧，离橱柜距离不小于200mm。

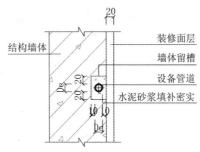

混凝土墙体上水走管平面

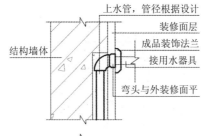

混凝土墙体上水走管做法

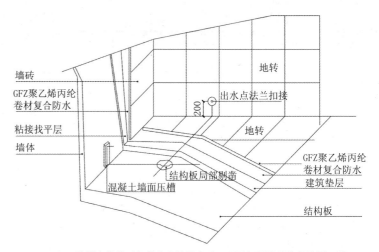

垫层内敷管时如果存在管线交叉，可局部剔除结构保护层，采用专用管件下弯过管（下弯跨越部分不会超过100mm×100mm范围，符合结构规范要求）。

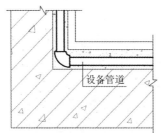

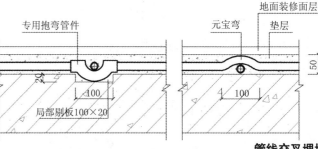

管线交叉埋地做法

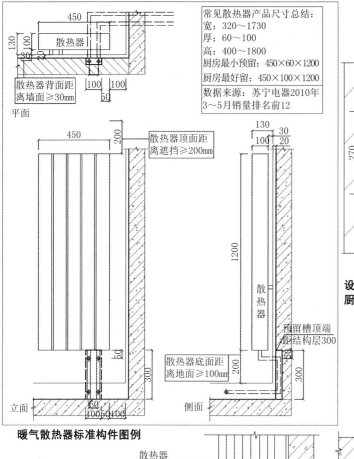

常见散热器产品尺寸总结：
宽：320～1730
厚：60～100
高：400～1800
厨房最小预留：450×60×1200
厨房最好做：450×100×1200
数据来源：苏宁电器2010年
3～5月销量排名前12

散热器背面距
离墙面≥30mm

散热器顶面距
离遮挡≥200mm

散热器底面距
离地面≥100mm

预留槽顶端
距结构层300

暖气散热器标准构件图例

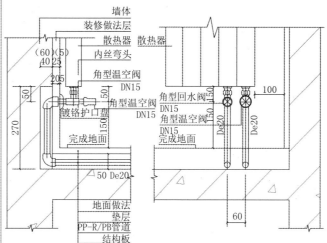

设备专业暖气管做法剖面
厨房内墙面贴瓷砖做法

设备专业暖气管做法立面

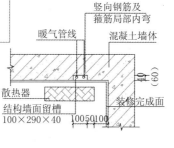

土建专业预留暖气走管做法立面

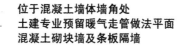

位于混凝土墙体墙角处
土建专业预留暖气走管做法平面
混凝土砌块墙及条板隔墙

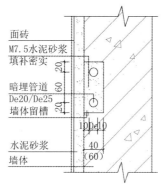

局部做法

要点说明

供暖热水布置要点：

1. 住宅供暖的方式多种多样，目前很受欢迎的地板式采暖，因其舒适性好而被广泛采用。

但由于厨房空间面积较小，并不适宜采用地板式采暖，故仍然选择传统的暖气散热器方式。

2. 集中供暖的热水竖管在楼梯间的管道区域集中布置，支管通过地埋方式进入户内。

3. 暖气散热器的布置尽可能不占用空间，位于窗下或门后等。

4. 暖气散热器出入水管采用与给水管类似的墙出做法，不破坏地面防水层，不造成地面难清理的死角，干净美观。

厨房暖气散热器布置位置：

地板式采暖构造示意：

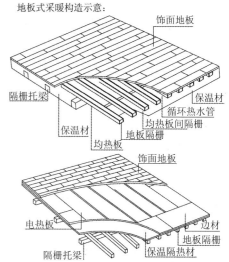

要点说明

厨房通风排烟系统由进风、排风两部分构成。

《住宅设计规范》GB 50096-1999 中规定：

厨房的通风开口面积不应小于该房间地板面积的 1/10，并且不得小于 0.60m²；

厨房门应在下部设有效截面积不小于 0.02m² 的固定百叶，或距地面留出不小于 30mm 的缝隙。

由于厨房内油烟污染过大，因而不提倡自然排风，而广泛使用抽油烟机及风道的机械通风。

机械通风的排风烟道分类及优缺点见右图。

序号	项目＼类型	ZRF主次式	变压式	BPS止回阀式
1	烟道材质	无碱纤维网格布普通水泥砂浆	抗碱玻纤无捻粗纱网格布 水泥砂浆（掺粉煤灰）	无碱玻璃纤维网格布 "变通水泥砂浆 排成一排"
2	单节长度（m）	2.8	2.7～3.0	2.8
3	截面尺寸（mm）	350×450（主、次双烟道）	400×700（主、次双烟道）	400×500（只有主烟道）
4	烟道壁厚（mm）	10	12～25	10、15
5	单节重量（kg）	83	108	70
6	构造特点	①次烟道出口设百叶逆止阀②有主、次烟道③烟道出风口向上④设置变压风帽	①次烟道接主烟道接口处有导流管及变压板有两孔、三孔两种型号③屋面设风帽	①次烟道与主烟道接口处设有BPS止逆阀，属专利技术②排烟道为单烟道③屋面设无动力风帽

烟道产品类型结构比较（25层为例）

序号	项目＼类型	ZRF主次式	变压式	BPS止逆阀式
1	占地面积（m²）	0.35×0.45 =0.1575	0.70×0.40 =0.2800	0.40×0.50 =0.2000
2	造价（元/户）	120	180	130
3	安装技术	居中	重	轻
4	与厨房灶台配合	不好	较好	较好
5	通风能力	主、次烟道断面小，空气流动阻力大，通风能力小	烟道断面尺寸大，故烟道与变压式主烟道相同，故通风能力较好	主烟道断面尺寸大，空气流动阻力小，通风能力好
6	防串味性能	较差	较好	好
7	上下层性能差别	上层风量相差较大，各层排油烟量不均匀	上下层排风量相差很小，与ZRF相似	上下层排风量和差很小，即排风均匀

烟道产品类型技术经济指标综合比较

进风百叶　　　　距地缝隙
不少于0.02m²　　不少于30mm

厨房的自然进风

风道	风道尺寸	楼板预留洞	风道	风道尺寸	楼板预留洞	风帽
6层以下	320×250	350×280	6层以下	250×250	350×300	300
7～12层	320×300	350×330	7～12层	320×250	350×420	300
13～18层	400×320	450×350	13～18层	400×300	350×500	450
19～24层	450×400	480×430	19～24层	500×350	400×600	600
25～32层	550×450	580×480	25～32层	500×400	450×600	600

来源：《住宅厨卫排风道》88JZ8　　来源：《住宅建筑构造》03J930-1

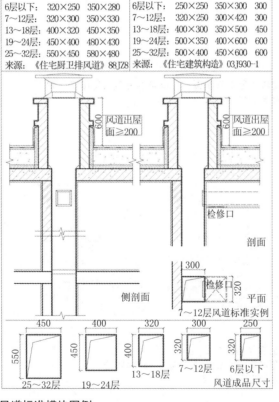

风道出屋面≥200　　风道出屋面≥200

剖面

检修口

侧剖面

检修口

平面

7～12层风道标准实例

450	400	320	300	250
550	450	400	320	320
25～32层	19～24层	13～18层	7～12层	6层以下

风道成品尺寸

风道标准模块图例

厨房烟道类型及优缺点对比

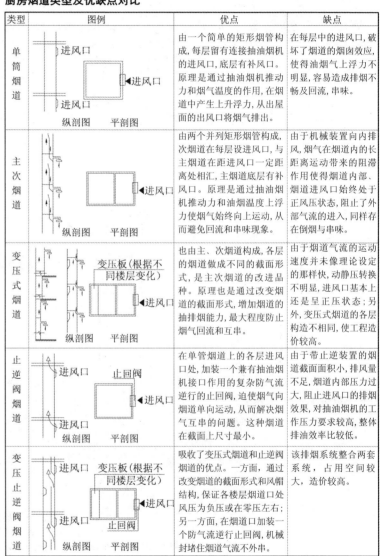

类型	图例	优点	缺点
单筒烟道	进风口 进风口 进风口 纵剖图 平剖图	由一个简单的矩形烟管构成，每层留有连接抽油烟机的进风口，底层有补风口。原理是通过抽油烟机推动力和烟气温度的作用，在烟道中产生上升浮力，从屋面的出风口将烟气排出。	在每层中的进风口，破坏了烟道的烟囱效应，使得油烟气上浮力不明显，容易造成排烟不畅及回流，串味。
主次烟道	进风口 纵剖图 平剖图	由两个并列矩形烟管构成，次烟道在每层设进风口，与主烟道在距进风口一定距离处相汇，主烟道底层有补风口。原理是通过抽油烟机推动力和油烟温度上浮力使烟气始终向上运动，从而避免回流和串味现象。	由于机械装置向内排风，烟气在烟道内的长距离运动带来的阻滞作用使得烟道内部、烟道进风口始终处于正压状态，阻止了外部气流的进入，同样存在倒流与串味。
变压式烟道	变压板（根据不同楼层变化）进风口 纵剖图 平剖图	也由主、次烟道构成，各层的烟道做成不同的截面形式，是主次烟道的改进品种。原理也是通过改变烟道的截面形式，增加烟道的抽排烟能力，最大程度防止烟气回流和互串。	由于烟道气流的运动速度并未像理论设定的那样快，动静压转换不明显，进风口基本上还是呈正压状态；另外，变压式烟道的各层构造不相同，使工程造价较高。
止逆阀烟道	进风口 止回阀 进风口 纵剖图 平剖图	在单管烟道上的各层进风口处，加装一个兼有抽油烟机接口作用的复杂防气流逆行的止回阀，迫使烟气向烟道单向运动，从而解决烟气互串的问题。这种烟道在截面上尺寸最小。	由于带有逆装置的烟道截面面积小，排风量不足，烟道内部压力过大，阻止进风口的排烟效果，对抽油烟机的工作压力要求较高，整体排油效率比较低。
变压止逆阀烟道	变压板（根据不同楼层变化）进风口 止回阀 进风口 纵剖图 平剖图	吸收了变压式烟道和止逆阀烟道的优点。一方面，通过改变烟道的截面形式和风帽结构，保证各楼层烟道口处风压为负压或在零压左右；另一方面，在烟道口加装一个防气流逆行止回阀，机械封堵住烟道气流不外串。	该排烟系统整合两套系统，占用空间较大，造价较高。

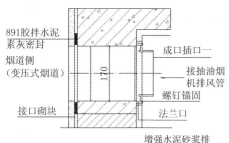

891胶拌水泥
素灰密封
烟道侧
（变压式烟道）

成口插口

接抽油烟
机排风管
螺钉锚固

法兰口

接口砌块

接口件
固定于排风道内

增强水泥砂浆排
风道（钢丝网或
玻纤网增强）

排气口
装置可
插入接
口件内

导向
风斗

ZDA止回阀

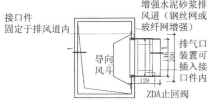

成品风道平面

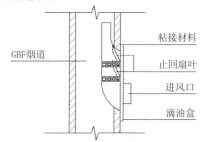

GBF烟道

粘接材料

止回扇叶

进风口

滴油盒

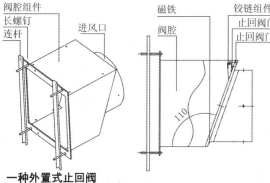

阀腔组件

长螺钉
连杆

进风口

磁铁

阀腔

铰链组件

止回阀门
止回阀门密封垫

共用烟道

烟道止回阀
吸油烟机出风管

一种外置式止回阀

烟道接口

抽油烟机与灶具应邻近烟道布置，连接方便，并使排烟管尽量短。当排烟管有一个弯头时，其长度不应超过2.5m，有两个弯头时，其长度不应超过1.5m。烟道进风口应通过专用接口配件与抽油烟机排烟管连接。连接件材料以塑料较为可取，接口设置密封垫。

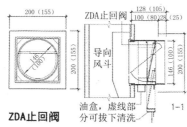

ZDA止回阀

GBF烟道止回阀结构安装示意

特点：双止回扇叶的止回阀，止回阀接口尺寸为150mm。

止回阀在烟道中起到局部变截面作用，上层烟道接口附近由于气流流速提高，形成局部低压区，利于上层烟气排放；如果烟道内出现较大反向压力或烟气逆流，在反向压力和止回扇叶重力作用下，双止回扇叶关闭，将逆向烟气阻断，避免烟道产生倒烟或串味。

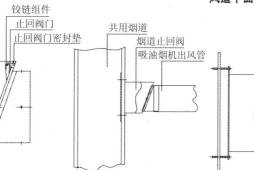

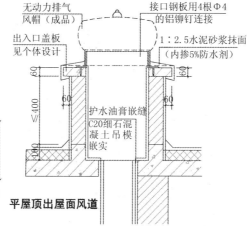

无动力排气
风帽（成品）

出入口盖板
见个体设计

接口钢板用4根Φ4
的铝铆钉连接

1：2.5水泥砂浆抹面
（内掺5%防水剂）

护水油膏嵌缝
C20细石混
凝土吊模
嵌实

平屋顶出屋面风道

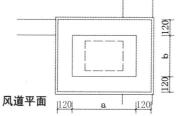

风道平面

要点说明

《住宅建筑规范》GB 50368-2005中规定：

当排烟机的排气管排至竖向通风道时，竖向通风道的断面应根据所担负的排气量计算确定，应采取支管无回流、竖井无泄漏的措施；

厨房燃具排气罩排出的油烟不得与热水器或采暖炉排烟合用一个烟道。

烟道设计的重点之一是防止烟气回流、串味，目前防止烟气回流的方法有如下几类：

1. 依靠垂直烟道内部特殊结构来止回
主次型烟道：本层厨房排气先进入次烟道，上升一个层高后再转入主烟道。
变压型烟道：依靠用户支管入口处主烟道内截面收缩，动压提高而产生静压负值来避免回流。

2. 依靠垂直烟道外支管上止回阀来止回
重力式：结构简单，造价低。
电磁式：性能可靠，价格高。
两种方法比较，前一类结构复杂，占地面积大，制作调试要求高，难排故障，无法质检，而后一类为单筒烟道，制作、安装、验收都方便，故主要采用此类单筒烟道＋止回阀的方法。

3. 风帽
类似水平放置的离心机叶轮，在室外风作用下可自由旋转，造成风帽中心局部负压，有效地防止了室外风的倒灌，且有利于烟气的排放。

要点说明

燃气接口应设置两个，以供给燃气灶具和燃气热水器或壁挂炉使用。

燃气管道布置要点：

1. 燃气管线要明装，不能进入封闭管井，防止煤气泄漏在小空间内引起爆炸。

燃气管道输送距离不大于8m。

2. 燃气立管安装位置：

燃气立管为方便两侧使用，常安装于台面中间，但由于破坏台面完整且不美观，可统一安装于管井内侧。

燃气管也常安装于封闭阳台中，如在露明阳台，需要一定的维持温度设施防冻。

3. 燃气管与其他管线距离：

水平平行敷设时，净距不宜小于150mm；

竖向平行敷设时，净距不宜小于100mm，并应位于其他管道的外侧；

交叉敷设时，净距不宜小于50mm。

同时，煤气管不宜穿越水斗下方。当必须穿越时，应加设套管，且煤气管与套管均应无接口，管套两端应伸出水斗侧边约20mm。

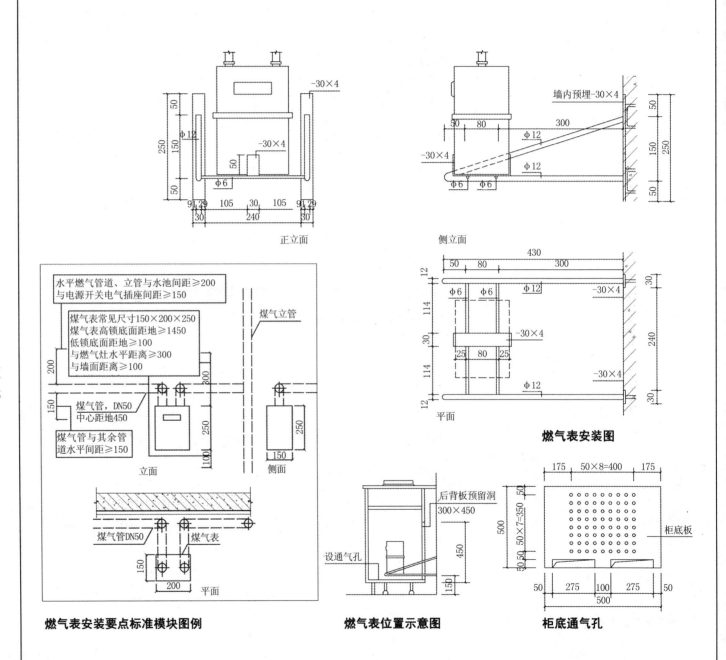

正立面

侧立面

燃气表安装图

燃气表安装要点标准模块图例

燃气表位置示意图

柜底通气孔

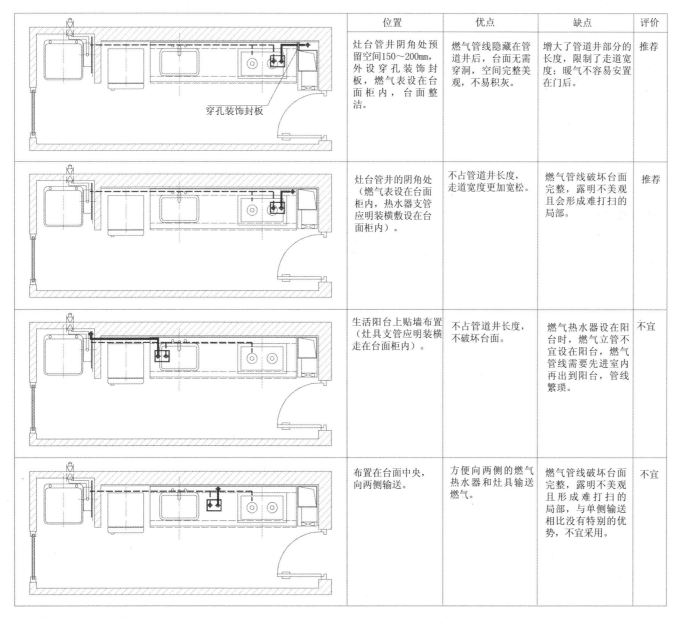

位置	优点	缺点	评价
灶台管井阴角处预留空间150~200mm，外设穿孔装饰封板，燃气表设在台面柜内，台面整洁。	燃气管线隐藏在管道井后，台面无需穿洞，空间完整美观，不易积灰。	增大了管道井部分的长度，限制了走道宽度；暖气不容易安置在门后。	推荐
灶台管井的阴角处（燃气表设在台面柜内，热水器支管应明装横敷设在台面柜内）。	不占管道井长度，走道宽度更加宽松。	燃气管线破坏台面完整，露明不美观且会形成难打扫的局部。	推荐
生活阳台上贴墙布置（灶具支管应明装横走在台面柜内）。	不占管道井长度，不破坏台面。	燃气热水器设在阳台时，燃气立管不宜设在阳台，燃气管线需要先进室内再出到阳台，管线繁琐。	不宜
布置在台面中央，向两侧输送。	方便向两侧的燃气热水器和灶具输送燃气。	燃气管线破坏台面完整，露明不美观且形成难打扫的局部，与单侧输送相比没有特别的优势，不宜采用。	不宜

穿孔装饰封板

煤气管线设置位置比较

要点说明

　　燃气接口应设置两个，以供给燃气灶具和燃气热水器或壁挂炉使用。

　　燃气管道布置要点：

　　1. 燃气管线要明装，不能进入封闭管井，防止煤气泄漏在小空间内引起爆炸。

　　燃气管道输送距离不大于8m。

　　2. 燃气立管安装位置：

　　燃气立管为方便两侧使用，常安装于台面中间，但由于破坏台面完整且不美观，可统一安装于管井内侧。

　　燃气管也常见安装于封闭阳台中，如在露明阳台需要一定的维持温度的设施防冻。

　　3. 燃气管与其他管线距离

　　水平平行敷设时，净距不宜小于150mm；

　　竖向平行敷设时，净距不宜小于100mm，并应位于其他管道的外侧；

　　交叉敷设时，净距不宜小于50mm。

　　同时，煤气管不宜穿越水斗下方。当必须穿越时，应加设套管，且煤气管与套管均应无接口，管套两端应伸出水斗侧边约20mm。

要点说明

厨房照明首先应尽量满足自然采光，在采光不足时采取电气照明。

《住宅建筑规范》GB 50368-2005 中规定：

厨房的窗地面积比不应小于 1：7，

当采光口上方有深度大于 1m 的外廊或阳台等遮挡物时，其有效面积可按采光面积的 70% 计算。

一般设计都能符合规范的要求。但当厨房设有服务阳台时，厨房实际为间接采光，服务阳台的深度会影响厨房空间的采光量，因此厨房设有服务阳台时，开窗应尽可能大些。

由于一般设有外阳台，厨房直接采光较小，需电气照明：

整体照度 50 ~ 100lx，暖光源；

操作区需要局部照明 200 ~ 500lx，冷光源。

1. 洗涤池、操作台的照明：注意避免眩光和光线直射眼睛，一般常与调料架、吊顶柜等结合进行遮光处理，但要做到遮而不封，以免灯具的热量散发不出去。

2. 灶台的照明：灶台的照明一般与排油烟机罩结合处理。由于烹饪时温度高，油烟大，所以此处的灯具在设计上要注意安装、防污和便于更换、清扫。一般使用球形白炽灯，瞬间既可以点亮，又能正确反映颜色。

平开窗或推拉窗
设在水池上方不宜平开，外开后不易关闭，内开时影响水龙头。

凸窗

门连窗

厨房窗的形式

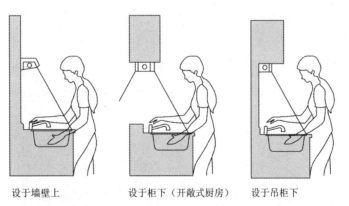

设于墙壁上　　　设于柜下（开敞式厨房）　　　设于吊柜下

局部照明设置位置

厨房内宜设置250V、10A防溅水型电插座8组以上，插座应设置单独回路，电源回路应设漏电保护装置。

插座对象	插座位置
冰箱	冰箱中心线上，距地高度2000mm
	若空间足够，也可设置于侧墙距地400mm处
抽油烟机	距地高度1200mm以上
微波炉	吊柜内距地1800mm，水平距离柜体150mm，或与小型电器插座共用
电饭煲等小型电器	台面上方，中心距地高度1200mm，两侧与洗池和灶台保持距离，可设于中间
洗碗机、粉碎机等	距地高度为400mm，水平距柜体边缘150mm
洗衣机	距地高度宜为300mm
燃气热水器	距地高度为1600~1800mm
局部照明	插座在柜体内，中心距地1400mm

厨房的插座设置

	美国	日本	俄罗斯	建筑照明设计标准GB 50034-2004
一般活动	300（一般）	500~100（一般）	100	100
操作台	500（困难）	200~500（烹调距水槽）		150

各国照明标准比较

管井整合

根据前部分对管线设备的分别研究，厨房内设六类管线设备：

给水、热水、排水、排风、燃气、电气。

其中给水、热水的立管宜集中设置在核心筒，支管通过地埋墙埋至用水点。

电气线路贴墙内布线，对空间影响很小。

只有排水立管、风道、燃气需要集中设置竖向管井以及水平支管敷设。

厨房内风道与管井分开设置导致橱柜台面不完整，浪费空间且不美观，因而宜综合考虑管线敷设，集中布置管井，保证空间完整。

将两者整合如下：

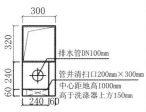

300 / 320 / 60 / 240
排水管DN100mm
管井清扫口200mm×300mm
中心距地高1000mm
高于洗涤器上方150mm
240 / 60

200 / 300 / 150
管井清扫口200mm×300mm
中心距地高1000mm
高于洗涤器上方150mm

管井位置设置比较

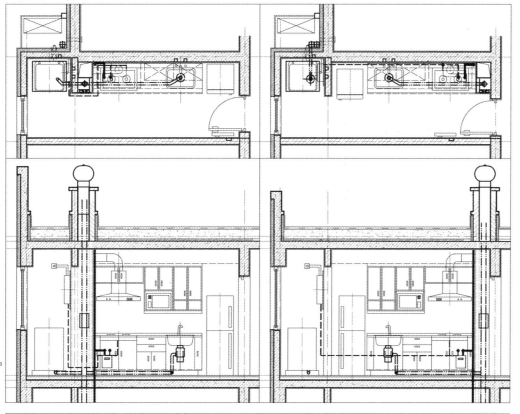

1. 入口门洞相对宽松，暖气散热器更可能安装在门后	1. 入口门洞宽度受到管井长度影响，门宽受限，门后不容易装暖气散热器
2. 限制对外或对阳台开门开窗，不利于采光	2. 有利于风流，利于对外或对阳台开门开窗采光
3. 灶具靠服务阳台较近，阳台上洗衣机易受油烟污染	3. 灶具远离服务阳台，阳台上洗衣机不易受油烟污染
4. 接热水器的燃气管线较短，但需要绕管井	4. 接热水器的燃气管线较长，但比较顺，不需要绕管井
5. 燃气管线不影响冰箱和水池，利于两者布置	5. 燃气管线穿过冰箱和水池后方，不利于两者布置
6. 洗衣机排水管可接入厨房排水立管	6. 洗衣机排水管要在阳台另设排水立管
7. 风帽离檐口较近，为不影响立面需要加高女儿墙	7. 风帽离檐口较远，不需要加高女儿墙，不影响立面

这两种情况需要根据厨房形态、热水源、生活阳台功能等统筹考虑。

要点说明

给水排水及接口综合布置要点：

1. 冷热水管上、下平行敷设时，冷水管在热水管下方；垂直平行敷设时，冷水管应在其右侧。

2. 厨房冷水应设置 4 个或 4 个以上的接口，以供给水池、洗碗机、洗衣机和热水器等使用。水池与洗碗机也可共用给水排水接口。

3. 排水管线和水槽与厨房家具的结合应严密、防臭、不漏水，同时排水接口能有效防止管道系统的噪声问题。

4. 洗涤池必须配置过滤和水封装置，洗涤池与排水立管相连时优先采用硬管连接，并按规范保证坡度。

《住宅建筑规范》GB 50368-2005 中规定：水、暖、电、气管线穿过楼板和墙体时，孔洞周边应采取密封隔声措施。

给水排水噪声控制：

1. 为减少建筑物内给水噪声，在住户每户进户给水支管上装设可挠曲橡胶接头等隔振降噪装置。

2. 控制给水流速，过快的给水流速会增大噪声。

3. 选择螺旋塑料管排水管材，螺旋管靠内壁上凸起的螺旋形导流线，起到了改善水利条件的作用，因而降低了流水噪声。

4. 有条件时，可采用双立管排水系统，设置专用通气立管。双立管系统能有效增加立管排水能力，平衡排水立管内正负气压，避免压力波动影响器具水封，减少气塞现象，降低排水噪声。

要点说明

　单排直线型厨房——灶具靠室内

整体概况：

　选择最大或常见产品尺寸，根据人体尺度和规范要求采用最小的空间尺寸，厨房为3500mm×1700mm，外接1000mm阳台，阳台为封闭阳台，有外保温。

　当实际应用尺寸大于本图则时，可放宽面宽，加大台面长度。

产品布置：

　灶具靠室内一侧，按照灶具、水池、冰箱的顺序依次排放。

　燃气热水器与洗衣机布置在服务阳台。

管井设置：

　燃气、风道与水管井集中设置成管道井墙，靠台面一侧布置，尽可能少地占据台面，外观整洁。

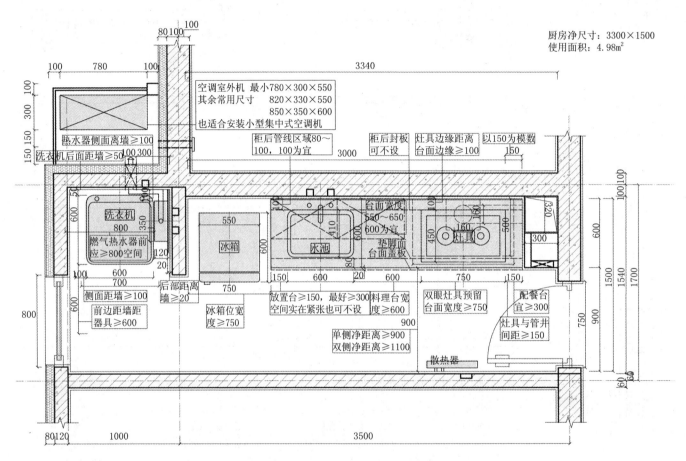

厨房净尺寸：3300×1500
使用面积：4.98m²

空调室外机 最小780×300×550
其余常用尺寸 820×330×550
850×350×600
也适合安装小型集中式空调机

热水器侧面离墙≥100
洗衣机后面距墙≥50

柜后管线区域80～100，100为宜
柜后封板可不设
灶具边缘距台面边缘≥100
以150为模数

燃气热水器前应≥800空间

台面宽度550～650 600为宜
垫脚面台面盖板

侧面距墙≥100
后部距离墙≥20
前边距墙距器具≥600
冰箱位宽度≥750
放置台≥150，最好≥300空间实在紧张也可不设
料理台宽度≥600
双眼灶具预留台面宽度≥750
配餐台宜≥300
灶具与管井间距≥150

单侧净距离≥900
双侧净距离≥1100

散热器

家具布置平面图则

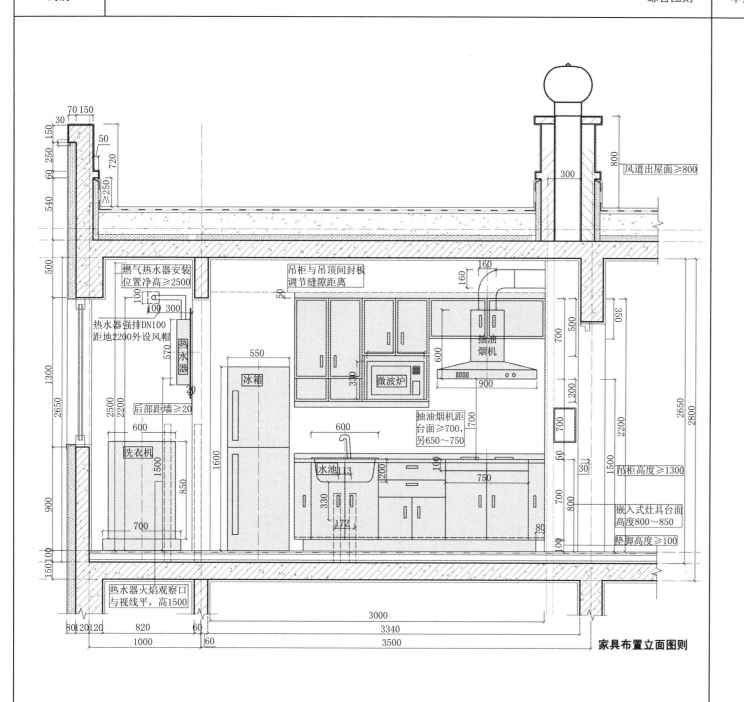

家具布置立面图则

风道出屋面≥800

燃气热水器安装位置净高≥2500

吊柜与吊顶间封板调节缝隙距离

热水器强排DN100距地2200外设风帽

热水器

冰箱

微波炉

抽油烟机

后部距墙≥20

洗衣机

水池

抽油烟机距台面≥700,另650~750

吊柜高度≥1300

嵌入式灶具台面高度800~850

踢脚高度≥100

热水器火焰观察口与视线平,高1500

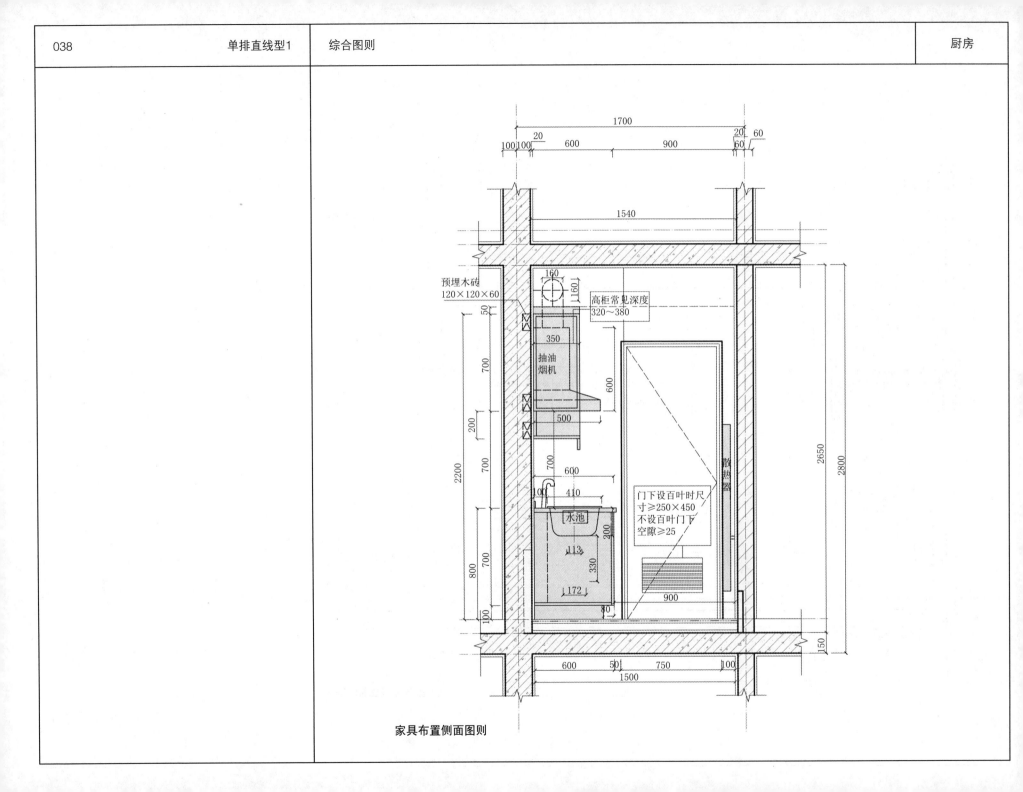

家具布置侧面图则

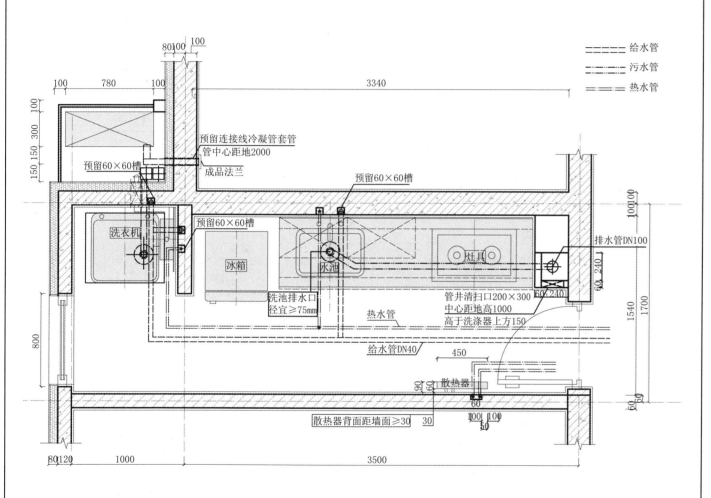

给排热水平面图则

预留连接线冷凝管套管
管中心距地2000
预留60×60槽
成品法兰
预留60×60槽
预留60×60槽
洗衣机
冰箱
水池
灶具
排水管DN100
洗池排水口
径宜≥75mm
管井清扫口200×300
中心距地高1000
高于洗涤器上方150
热水管
给水管DN40
散热器
散热器背面距墙面≥30

给水管
污水管
热水管

要点说明

单排直线型厨房——灶具靠室内一侧特点总结：

优点：

1. 管井离立面较远，对立面影响小。

2. 燃气热水器和灶具在煤气立管一侧，比较顺，煤气管线可以从冰箱后面走线穿墙，没有大量露明。

3. 灶具远离阳台洗衣机，油烟污染少。

4. 燃气热水器热水管线比较短。

缺点：

1. 洗衣机排水管线要在阳台另设排水立管。

2. 接入燃气热水器的煤气管线比较长，要横穿整个厨房。

3. 由于管井和风道占据宽度，入口处比较局促，暖气难以安在门后，但当面宽稍微可以放松时，暖气有可能安在门后。

4. 灶具离室内近，容易向室内扩散油烟。

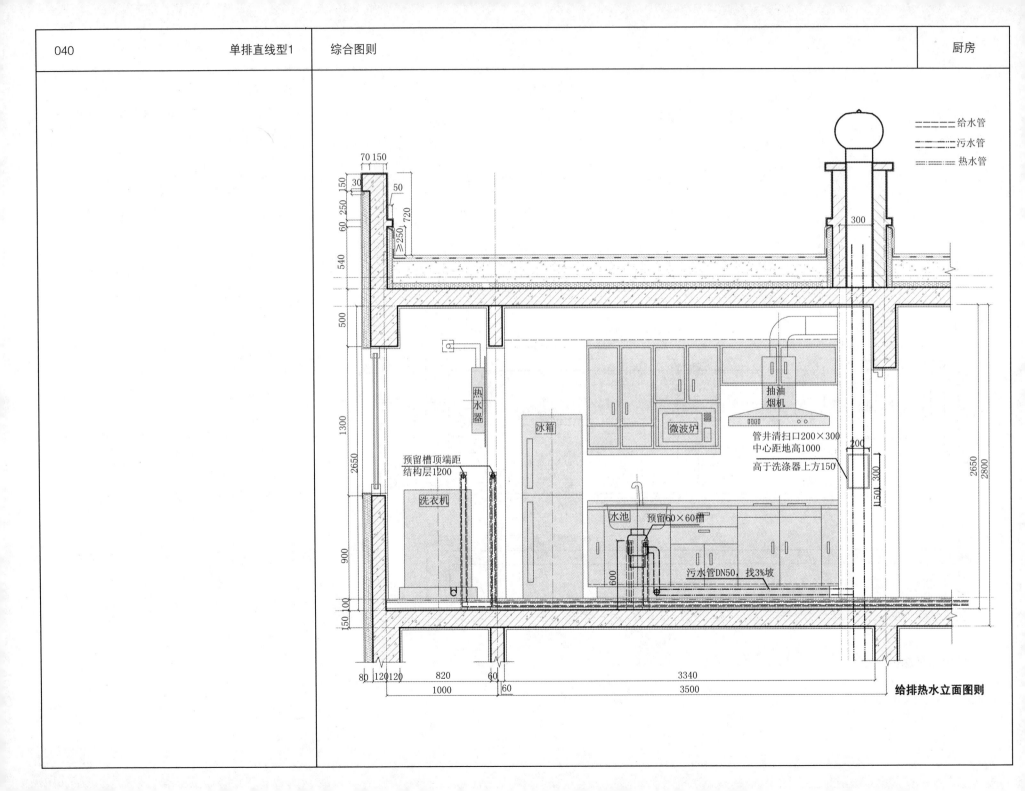

给水管
污水管
热水管

70 150
30
50
150
60 250 150
720
≥250
540
500
1300
2650
热水器
冰箱
抽油烟机
微波炉
管井清扫口200×300
中心距地高1000
200
300
2650
2800
高于洗涤器上方150
预留槽顶端距
结构层1200
洗衣机
水池
预留60×60槽
污水管DN50, 找3%坡
900
600
150 100
80 120120 820 60
3340
1000 60 3500

给排热水立面图则

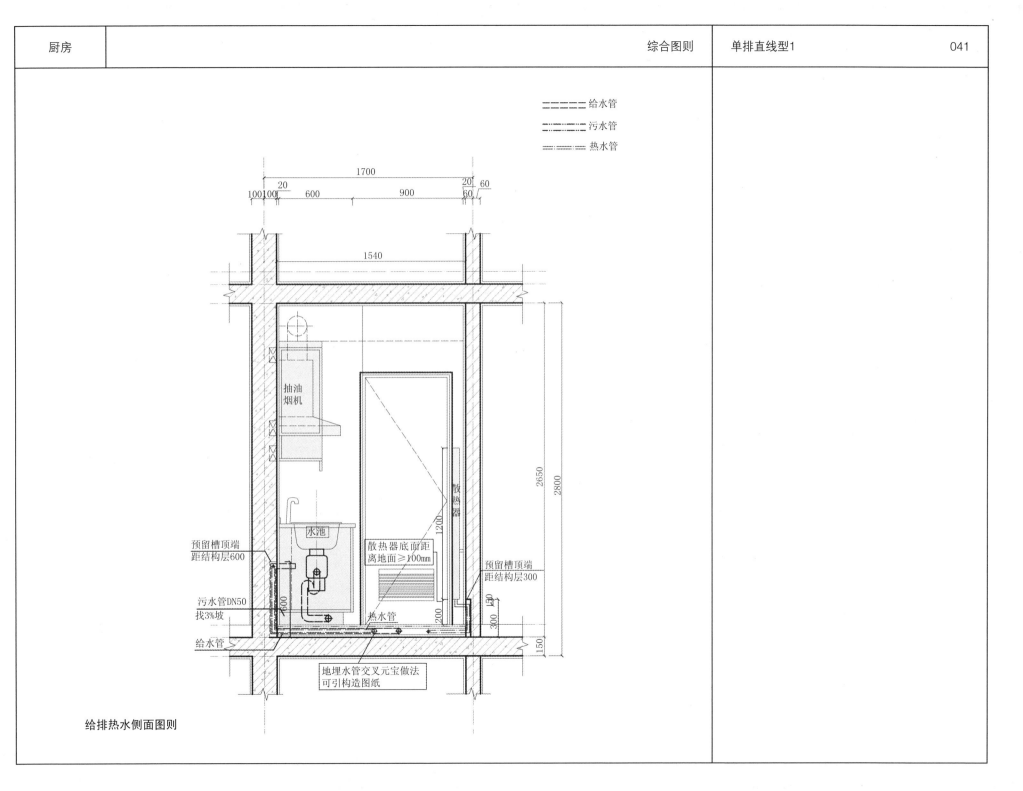

给排热水侧面图则

要点说明

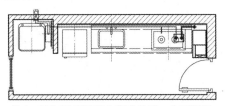

优点：煤气管线隐藏在管道井后，台面无需穿洞，完整美观，不易积灰。
缺点：增大了管道井部分的长度，限制了走道宽度；暖气不容易安置在门后。

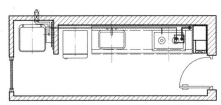

优点：不占管道井长度，走道宽度更加宽松。
缺点：煤气管线破坏台面完整，露明不美观且形成难打扫的局部。

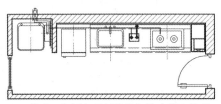

✕ 优点：方便向两侧的燃气热水器和灶具输送煤气。
缺点：煤气管线破坏台面完整，露明不美观且形成难打扫的局部，与单侧输送相比没有特别的优势，不宜采用。

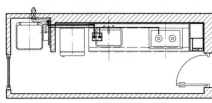

✕ 不宜：燃气热水器设在阳台时，燃气立管不宜设在阳台，煤气管线需要先进室内再出到阳台，管线繁琐。

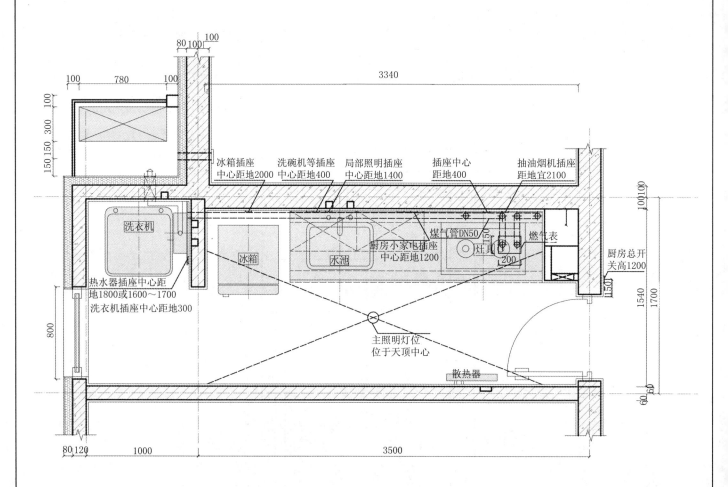

燃气电气平面图则

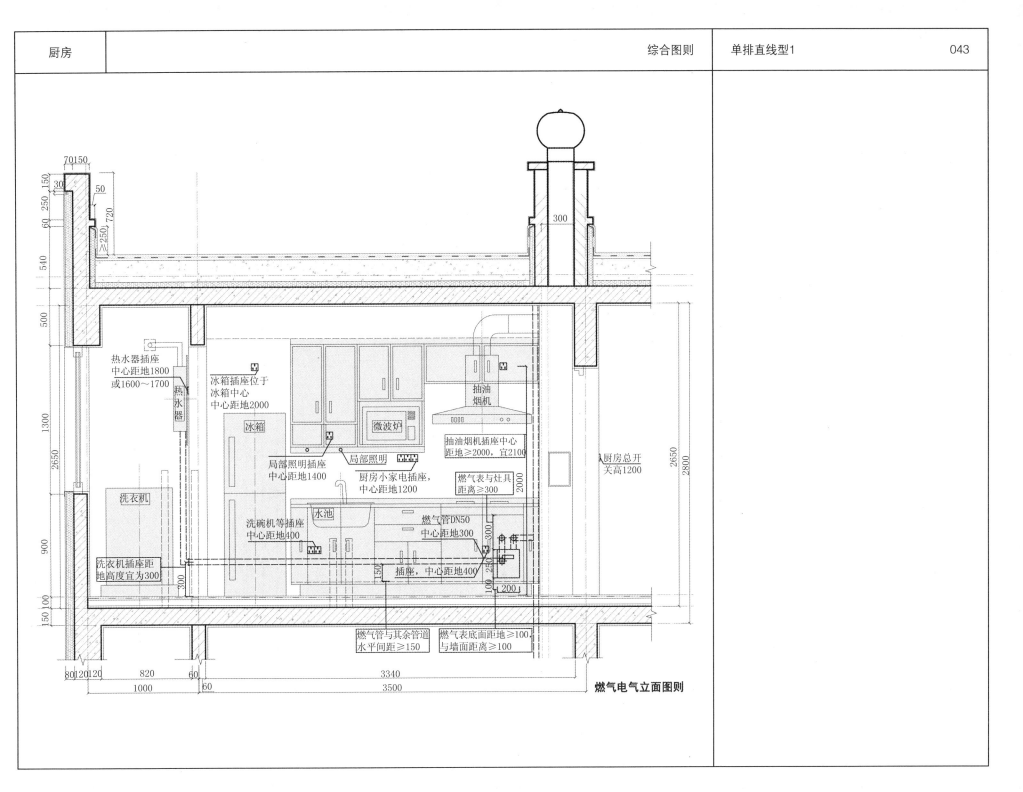

热水器插座
中心距地1800
或1600～1700

热水器

冰箱插座位于
冰箱中心
中心距地2000

冰箱

微波炉

抽油
烟机

抽油烟机插座中心
距地≥2000，宜2100

厨房总开
关高1200

局部照明插座
中心距地1400

局部照明

厨房小家电插座，
中心距地1200

燃气表与灶具
距离≥300

洗衣机

水池

洗碗机等插座
中心距地400

燃气管DN50
中心距地300

洗衣机插座距
地高度宜为300

插座，中心距地400

燃气管与其余管道
水平间距≥150

燃气表底面距地≥100，
与墙面距离≥100

70 150
30 150
50
250
60 720
≥250
540
500
1300
2650
900
150 100
80 120 120
820
60
1000
60
3340
3500
150
250 300
100
200
2000
2650
2800
300

燃气电气立面图则

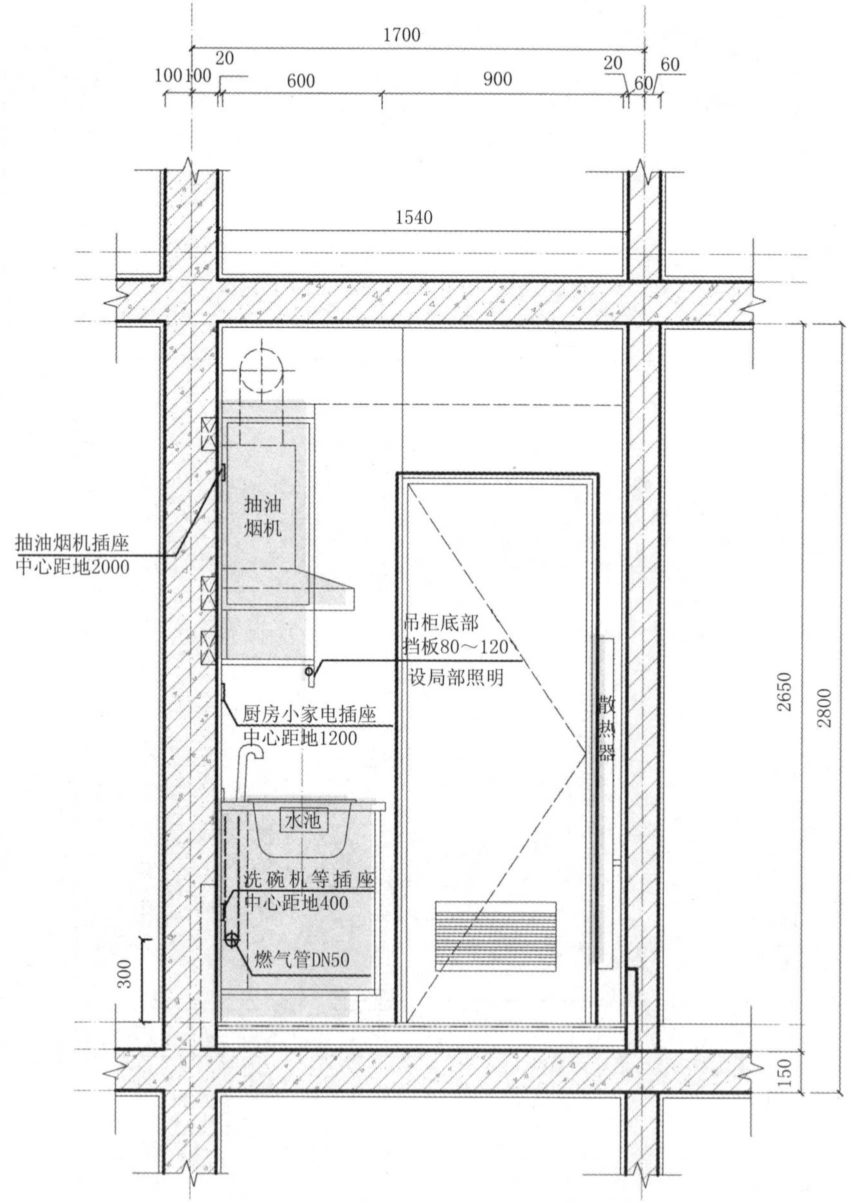

1700

20   20   60

100 100   600   900   60

1540

抽油烟机

抽油烟机插座
中心距地2000

吊柜底部
挡板80～120
设局部照明

散热器

厨房小家电插座
中心距地1200

水池

洗碗机等插座
中心距地400

燃气管DN50

300

2650

2800

150

燃气电气侧面图则

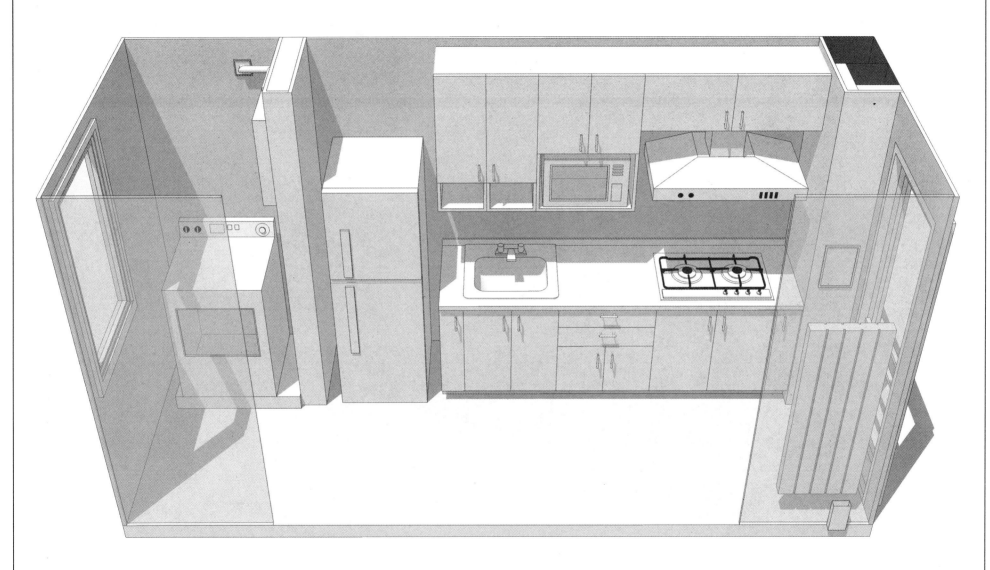

俯视图

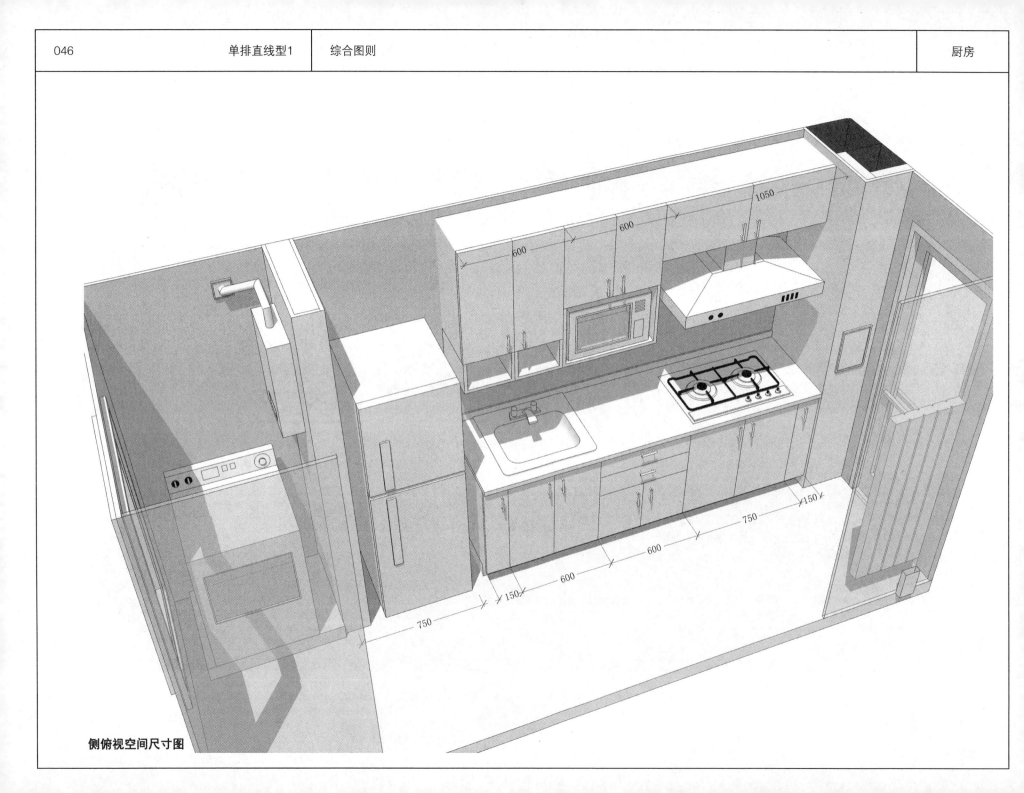

侧俯视空间尺寸图

电气
燃气
给水
热水
排水

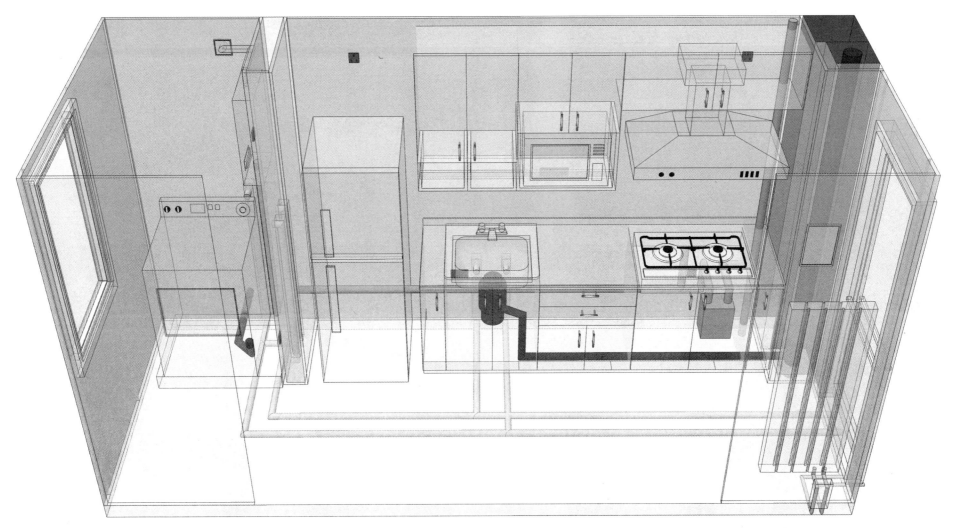

俯视管线设备图

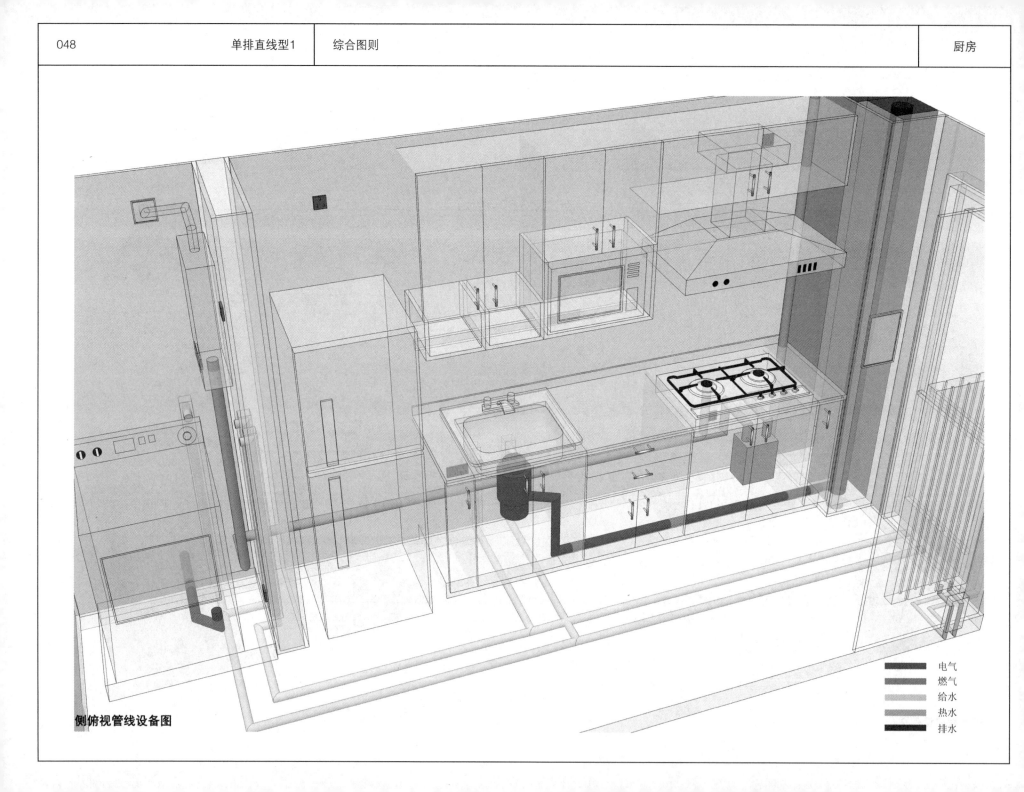

侧俯视管线设备图

电气
燃气
给水
热水
排水

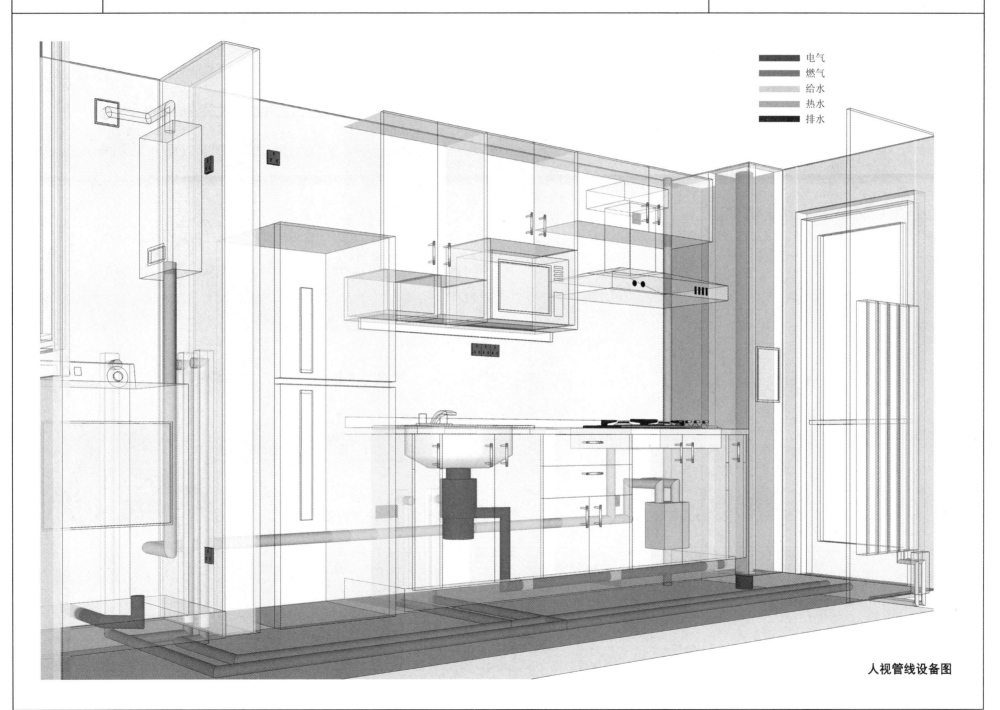

电气
燃气
给水
热水
排水

人视管线设备图

俯视效果图

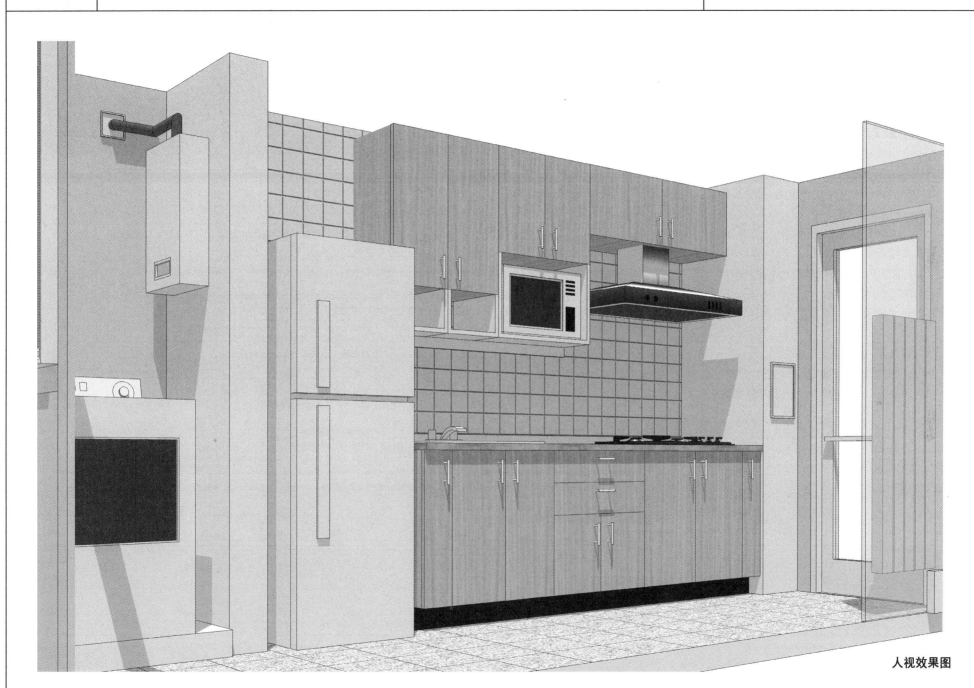

人视效果图

要点说明

单排直线型厨房——灶具靠阳台

整体概况：

选择最大或常见产品尺寸，根据人体尺度和规范要求采用最小的空间尺寸，厨房为3500mm×1700mm，外接1000mm阳台，阳台为封闭阳台，有外保温。

当实际应用尺寸大于本图则时，可放宽面宽，加大台面长度。

产品布置：

灶具靠阳台一侧，按照灶具、水池、冰箱的顺序依次排放。

燃气热水器与洗衣机布置在服务阳台。

管井设置：

燃气、风道与水管井集中设置成管道井墙，靠台面一侧布置，尽可能少地占据台面，外观整洁。

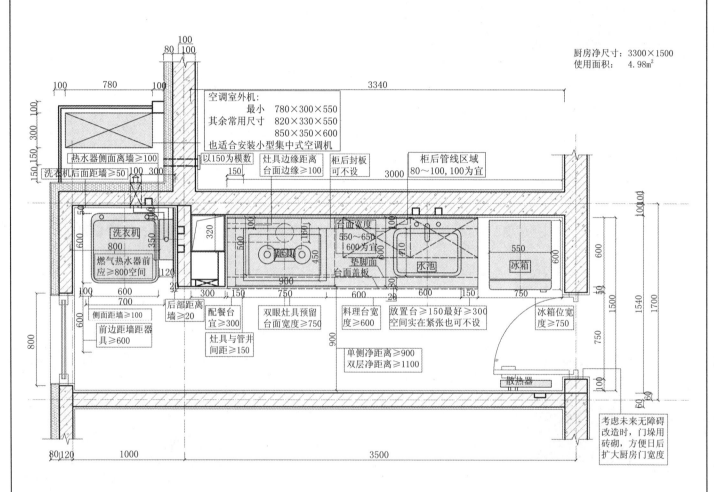

厨房净尺寸：3300×1500
使用面积：4.98m²

家具布置平面图则

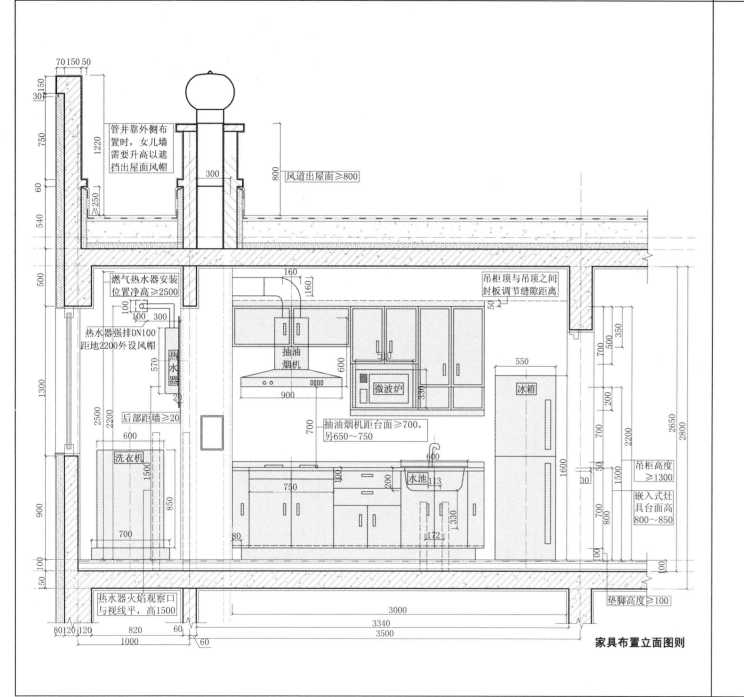

管井靠外侧布置时，女儿墙需要升高以遮挡出屋面风帽

300

800 风道出屋面≥800

燃气热水器安装位置净高≥2500

吊柜顶与吊顶之间封板调节缝隙距离

热水器强排DN100距地2200外设风帽

热水器

抽油烟机

微波炉

冰箱

后部距墙≥20

洗衣机

抽油烟机距台面≥700，另650～750

水池

吊柜高度≥1300

嵌入式灶具台面高800～850

热水器火焰观察口与视线平，高1500

垫脚高度≥100

3000

3340

3500

家具布置立面图则

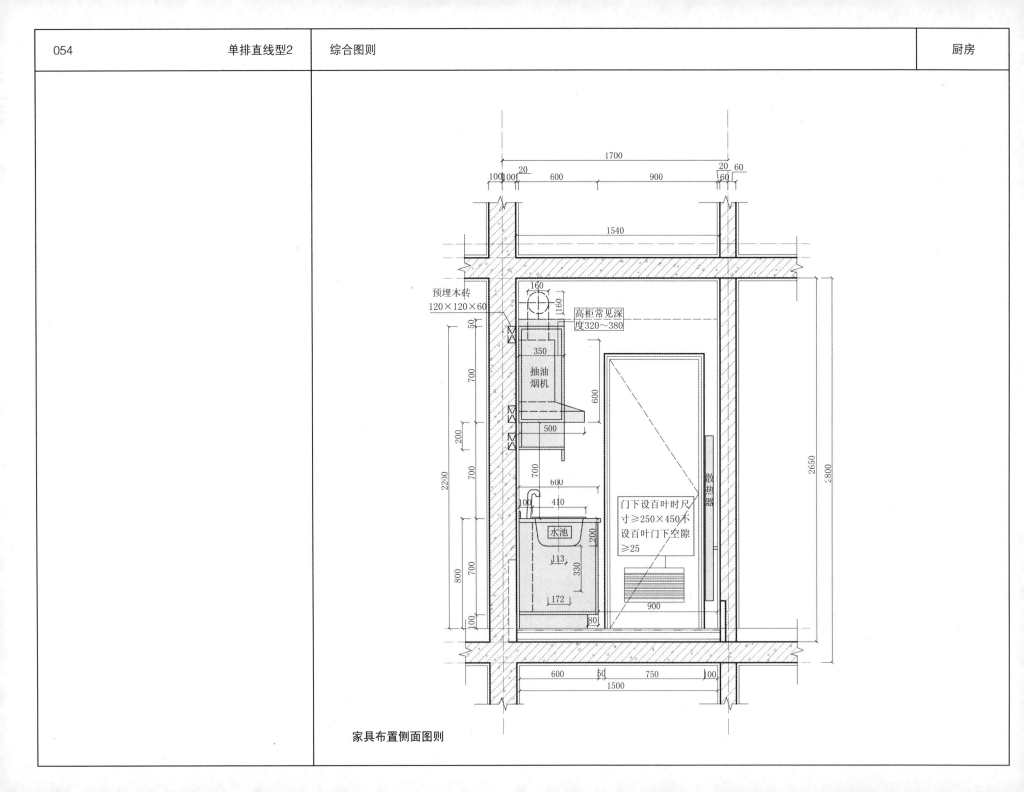

预埋木砖
120×120×60

高柜常见深
度320～380

抽油
烟机

水池

门下设百叶时尺
寸≥250×450不
设百叶门下空隙
≥25

散热器

家具布置侧面图则

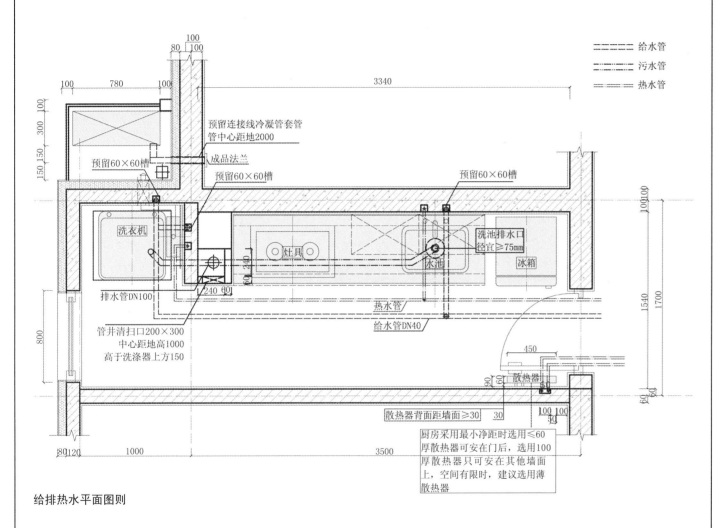

给水管
污水管
热水管

100
80 100
100 780 100
3340
100
100
300
150 150
预留60×60槽
预留连接线冷凝管套管
管中心距地2000
成品法兰
预留60×60槽
预留60×60槽
洗衣机
洗池排水口
径宜≥75mm
灶具
水池
冰箱
排水管DN100
热水管
给水管DN40
管井清扫口200×300
中心距地高1000
高于洗涤器上方150
800
450
散热器
90 60
散热器背面距墙面≥30 30
80 120 1000 3500
1540 1700
60 60
100 100
30

厨房采用最小净距时选用≤60
厚散热器可安在门后,选用100
厚散热器只可安在其他墙面
上,空间有限时,建议选用薄
散热器

给排热水平面图则

要点说明

  单排直线型厨房——灶具靠阳台一侧特点
总结:

优点:

  1. 灶具与燃气热水器很近,有利于缩短燃
气管线长度,无需穿越整个厨房。

  2. 洗衣机排水管线可接入厨房排水立管,
无需在阳台另设。

  3. 入口门处宽度较为宽松,暖气散热器有
可能安在门后以及进行无障碍改造。

  4. 阳台没有洗衣机时,灶具烟气远离室内,
有利于减少室内油烟污染。

缺点:

  1. 管井离立面较近,有可能在立面屋顶露
出,影响立面。

  2. 接入燃气热水器的煤气管线要露明绕过
阳台的墙。

  3. 阳台有洗衣机时,灶具靠近洗衣机,油
烟污染衣物。

要点说明

单排直线型厨房——灶具靠阳台一侧特点总结：

优点：

1. 灶具与燃气热水器很近，有利于缩短燃气管线长度，无需穿越整个厨房。

2. 洗衣机排水管线可接入厨房排水立管，无需在阳台另设。

3. 入口门处宽度较为宽松，暖气散热器有可能安在门后以及进行无障碍改造。

4. 阳台没有洗衣机时，灶具烟气远离室内，有利于减少室内油烟污染。

缺点：

1. 管井离立面较近，有可能在立面屋顶露出，影响立面。

2. 接入燃气热水器的煤气管线要露明绕过阳台的墙。

3. 阳台有洗衣机时，灶具靠近洗衣机，油烟污染衣物。

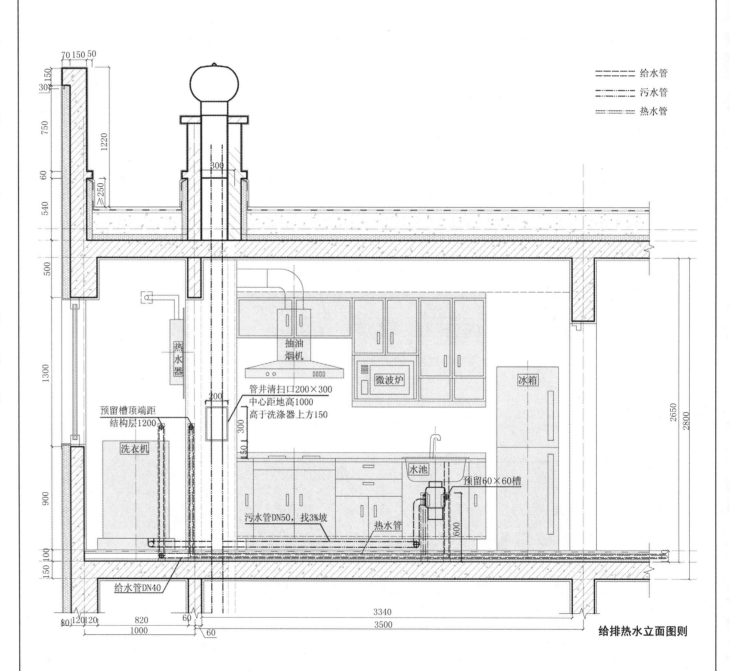

给排热水立面图则

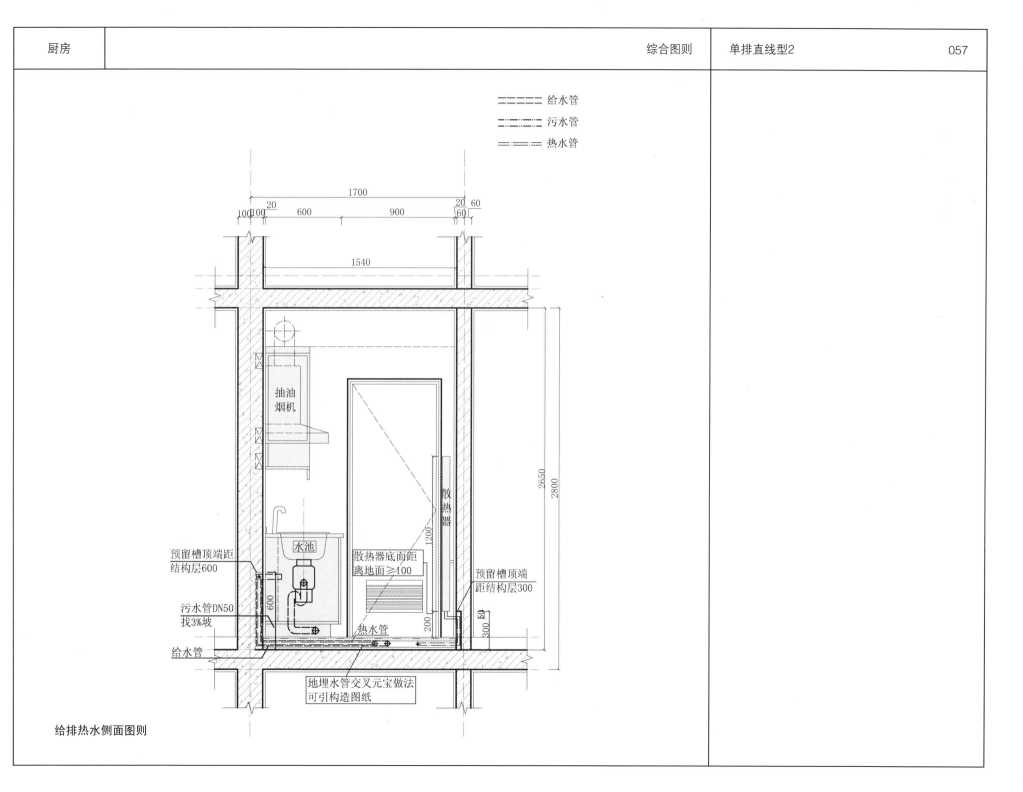

====== 给水管
····· 污水管
=·=·= 热水管

1700
20　600　900　20 60
100 100　　　　　　60

1540

抽油烟机

散热器

2650
2800

1200

水池

预留槽顶端距结构层600

散热器底面距离地面≥100

预留槽顶端距结构层300

600

200

300 50

污水管DN50找3%坡

热水管

给水管

地埋水管交叉元宝做法可引构造图纸

给排热水侧面图则

要点说明

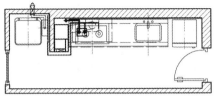

优点：煤气管线隐藏在管道井后，台面无需穿洞，完整美观，不易积灰。
缺点：增大了管道井长度，限制了走道宽度；抽油烟机排气管不能正对排风道。

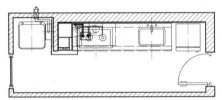

优点：不占管道井长度，走道宽度更加宽松。
缺点：煤气管线破坏台面完整，露明不美观且形成难打扫的局部。

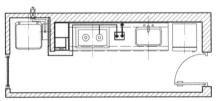

✕ 不宜：灶具在靠阳台燃气热水器一侧时，燃气立管不宜设在台面中间，破坏台面，煤气表占用正常的橱柜。

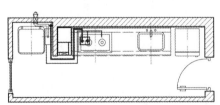

✕ 不宜：燃气热水器设在阳台时，燃气立管不宜设在阳台，煤气管线需要先绕进室内再绕出到阳台，管线繁琐。

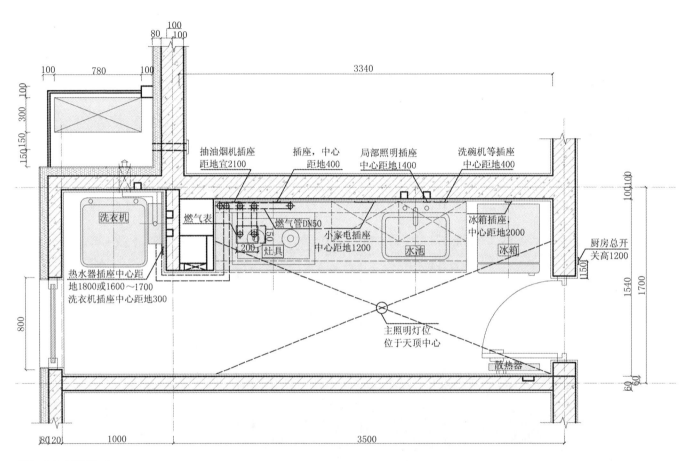

燃气电气平面图则

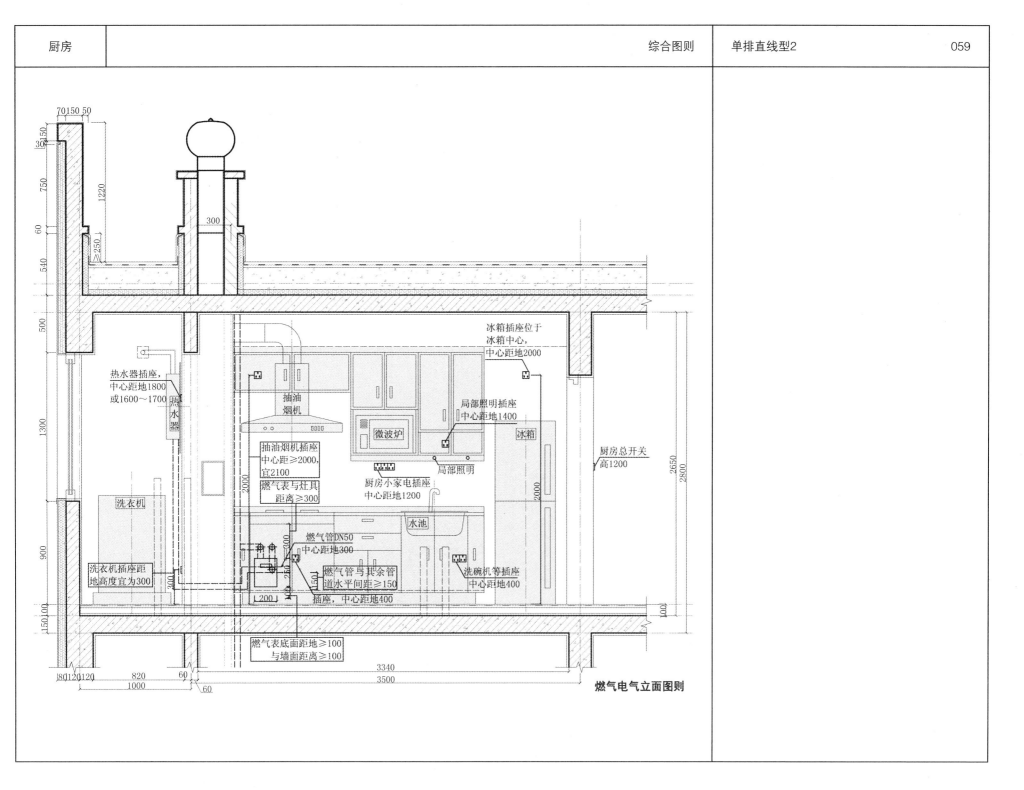

热水器插座，
中心距地1800
或1600～1700

抽油烟机

热水器

抽油烟机插座
中心距≥2000,
宜2100
燃气表与灶具
距离≥300

微波炉

冰箱插座位于
冰箱中心，
中心距地2000

局部照明插座
中心距地1400

冰箱

局部照明

厨房总开关
高1200

厨房小家电插座
中心距地1200

洗衣机

水池

燃气管DN50
中心距地300

燃气管与其余管
道水平间距≥150

插座，中心距地400

洗衣机插座距
地高度宜为300

洗碗机等插座
中心距地400

燃气表底面距地≥100
与墙面距离≥100

燃气电气立面图则

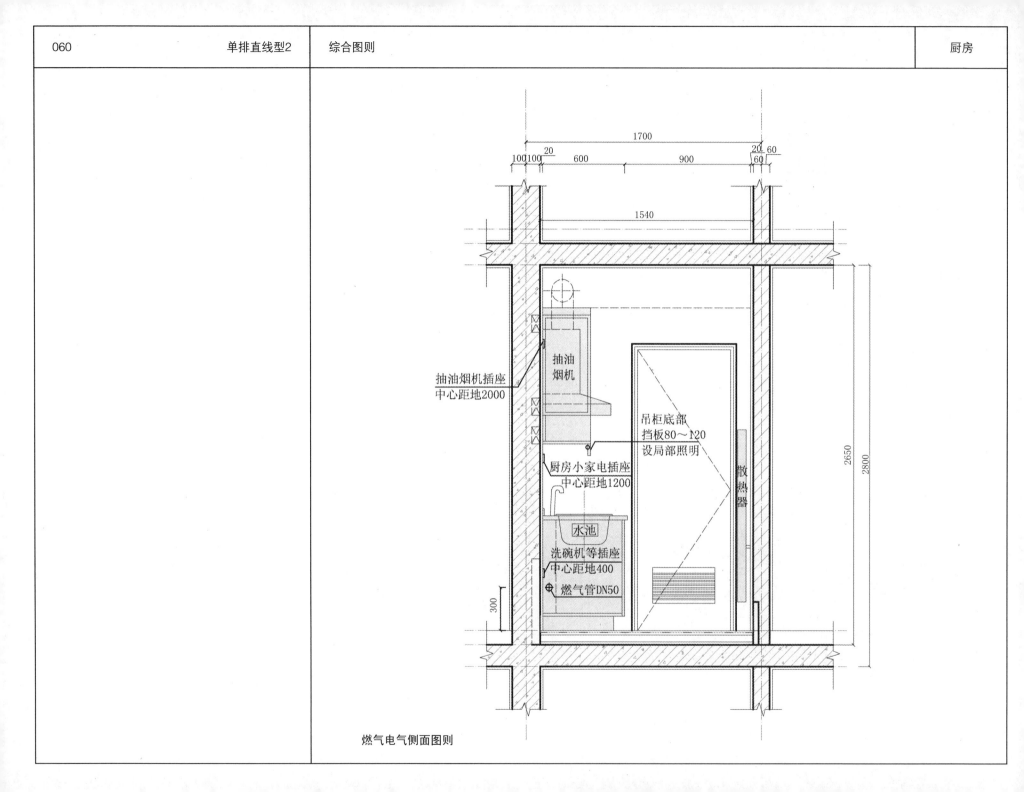

燃气电气侧面图则

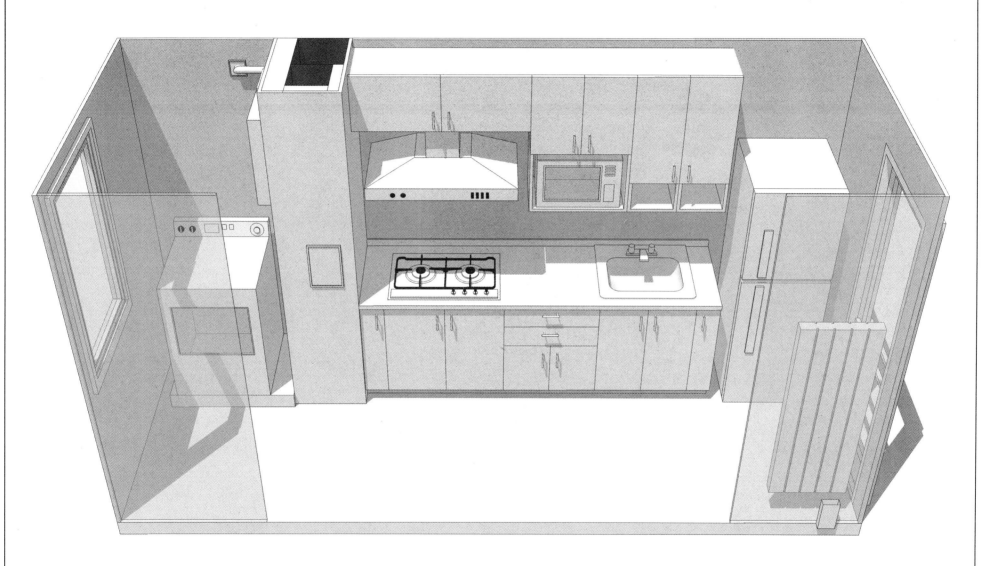

俯视图

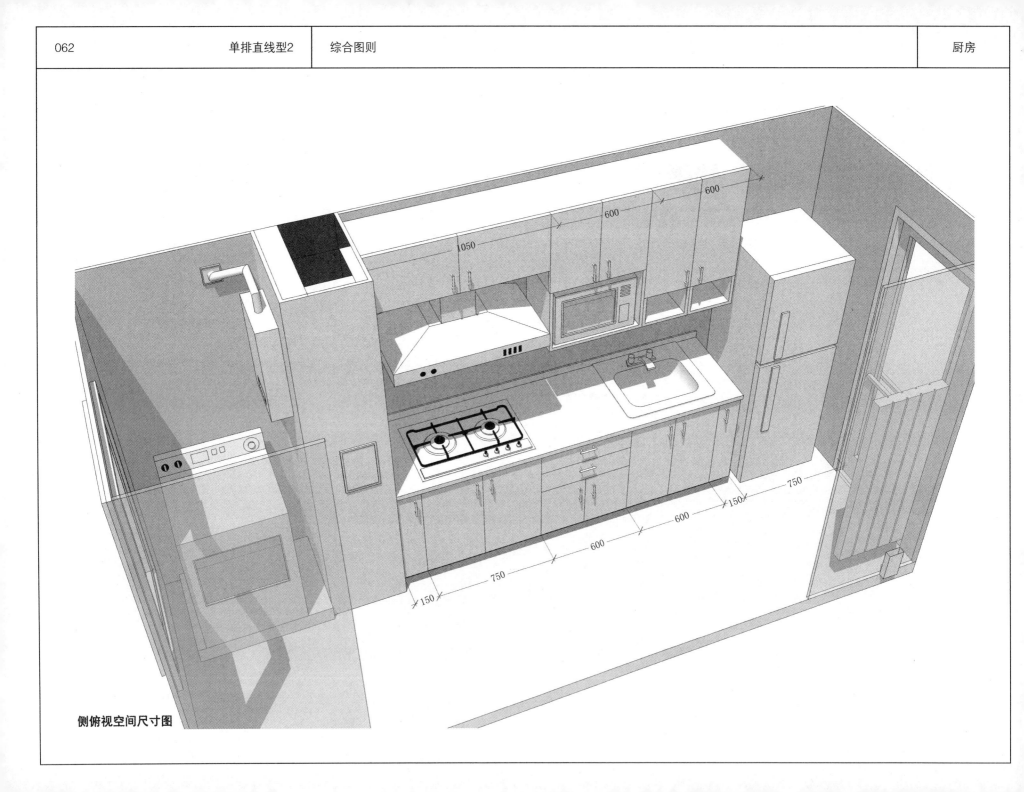

侧俯视空间尺寸图

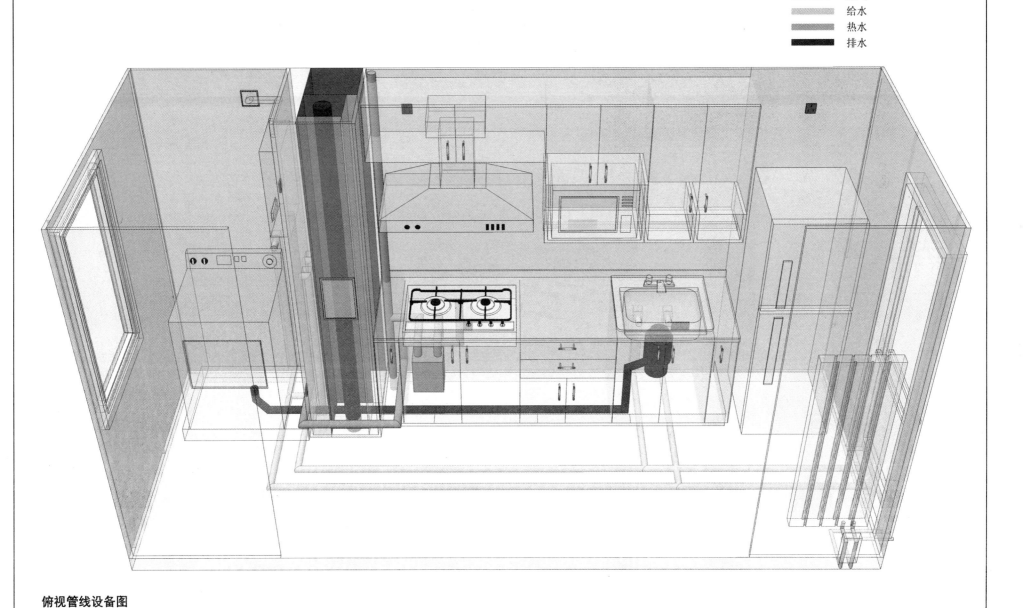

电气
燃气
给水
热水
排水

俯视管线设备图

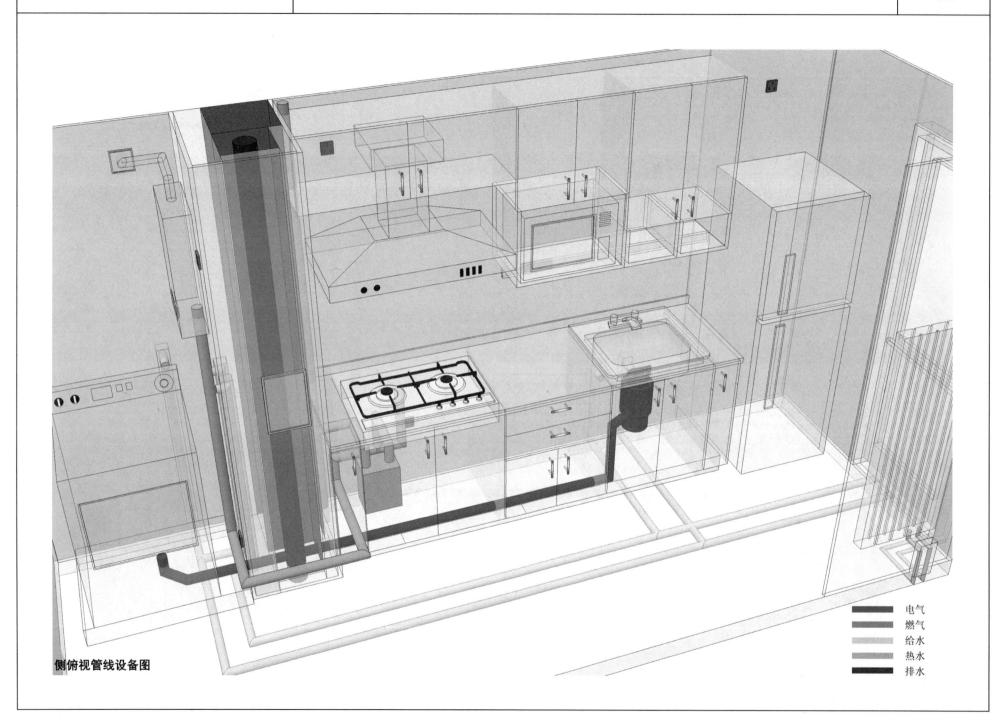

侧俯视管线设备图

电气
燃气
给水
热水
排水

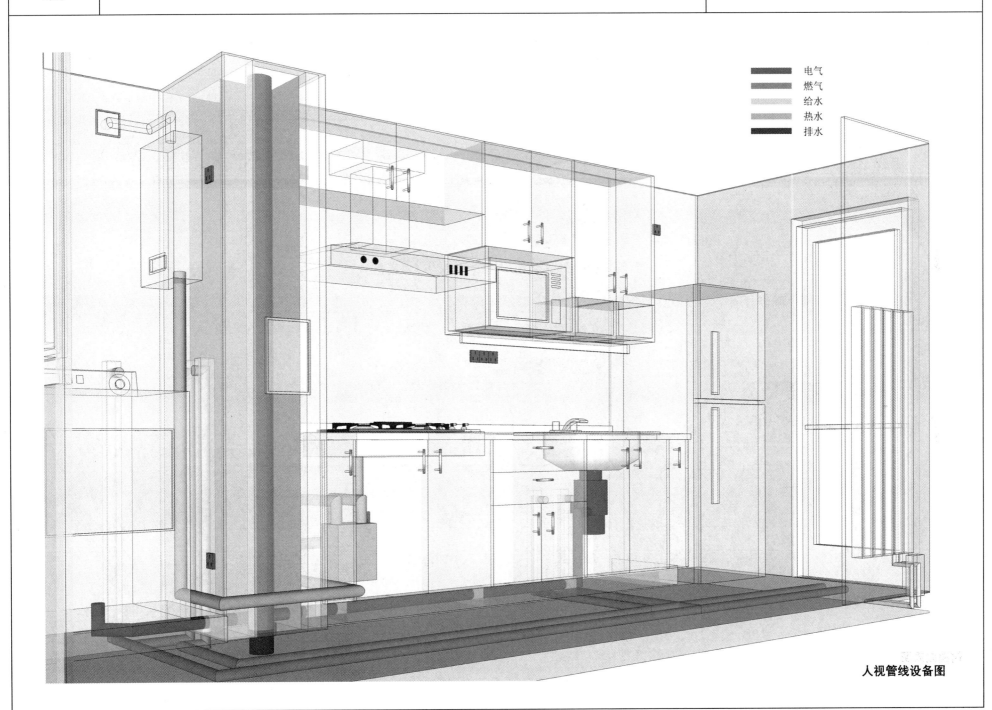

电气
燃气
给水
热水
排水

人视管线设备图

俯视效果图

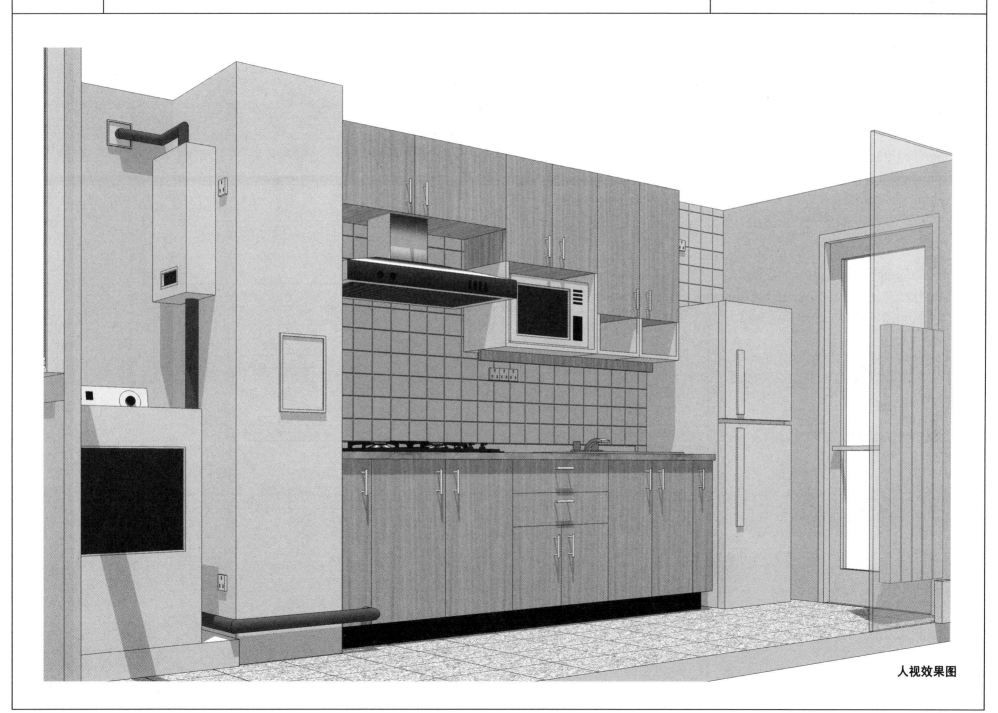

人视效果图

要点说明

《老年人居住建筑设计标准》GB/T 50340-
2003 中规定：

　　老年人使用的厨房宜适当加大，轮椅使用
者使用的厨房应留有轮椅回转面积。

　　操作台的安装尺寸以方便老年人和轮椅使
用者使用为原则。

　　老年人使用的厨房应设置自动报警、关闭
燃气装置。

　　老年人使用的厨房，面积不应小于 4.5m²，
供轮椅使用者使用的厨房，面积不应小于
6m²，轮椅回转面积宜不小于 1.50m×1.50m。

　　供轮椅使用者使用的台面高度不宜高于
0.75m，台下净高不宜小于 0.70m，深度不宜小
于 0.25m。

　　应选用安全型灶具。使用燃气灶时，应安
装熄火自动关闭燃气的装置。

厨房净尺寸：3300×1600
使用面积：　5.28m²

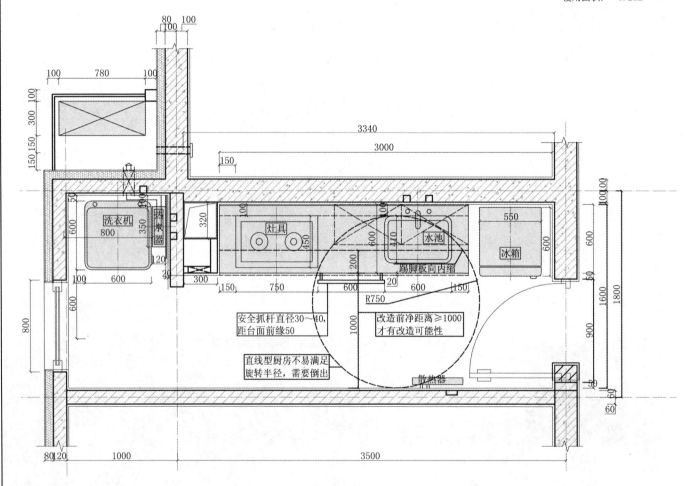

安全抓杆直径30～40，
距台面前缘50

改造前净距离≥1000
才有改造可能性

直线型厨房不易满足
旋转半径，需要倒出

家具布置平面图则

要点说明

《老年人居住建筑设计标准》GB/T 50340–
2003中规定：

　　厨房操作台面高不宜小于0.75～0.80m，
台面宽度不应小于0.50m，台下净空高度不应
小于0.60m，台下净空前后进深不应小于0.25m。

　　厨房宜设吊柜，柜底离地高度宜为1.40～
1.50m，轮椅操作厨房，柜底离地高度宜为
1.20m，吊柜深度应比案台退进0.25m。

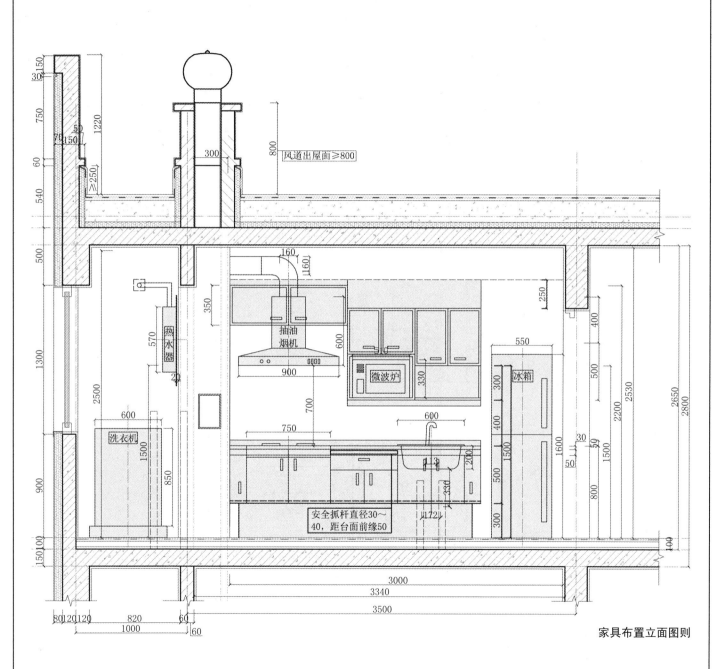

风道出屋面≥800

抽油烟机

微波炉

冰箱

热水器

洗衣机

安全抓杆直径30～
40，距台面前缘50

家具布置立面图则

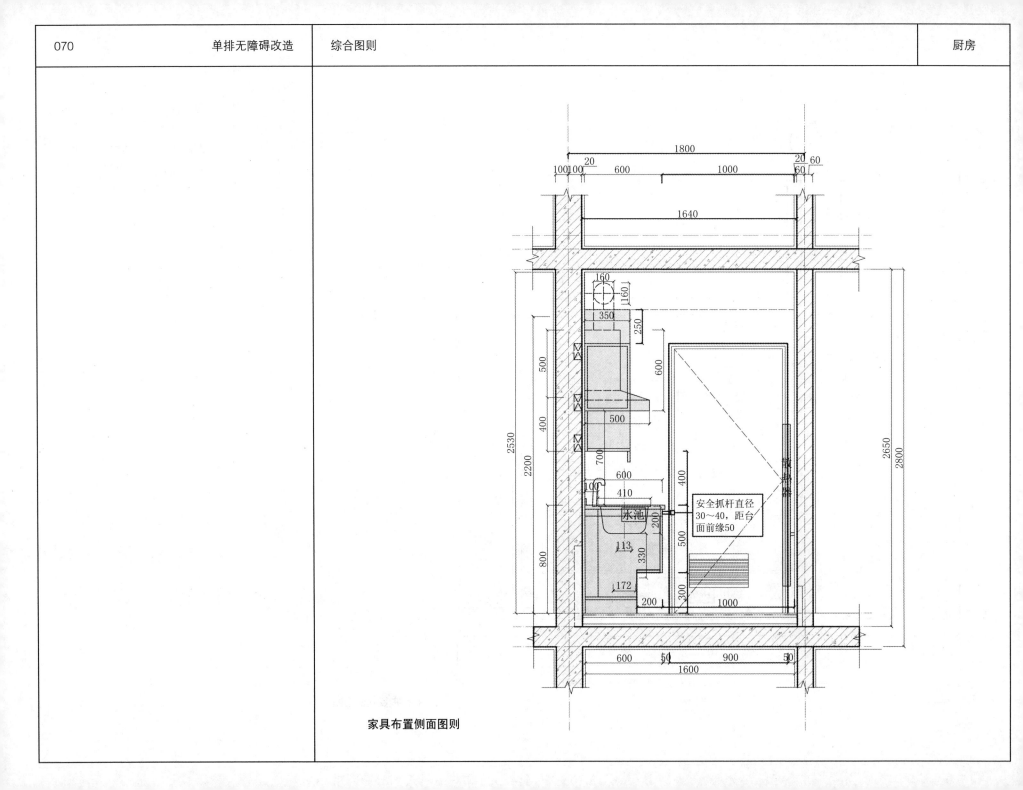

家具布置侧面图则

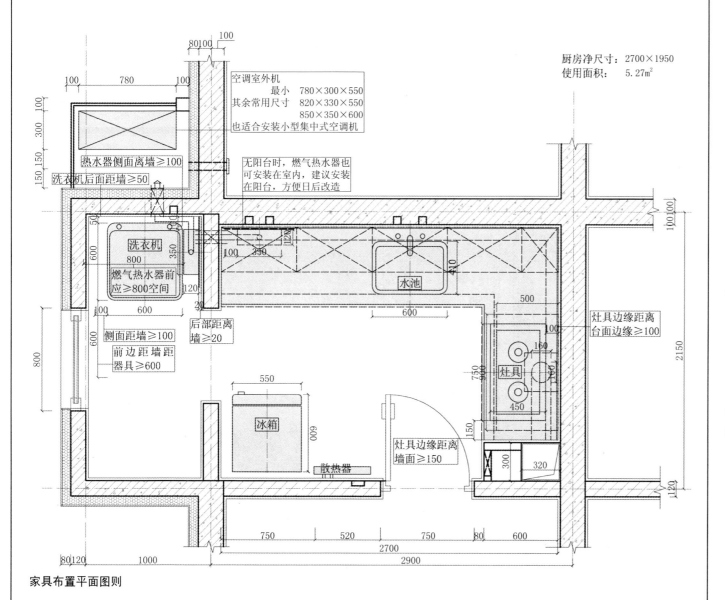

家具布置平面图则

厨房净尺寸：2700×1950
使用面积：5.27m²

空调室外机
　最小　780×300×550
　其余常用尺寸　820×330×550
　　　　　　　　850×350×600
也适合安装小型集中式空调机

无阳台时，燃气热水器也可安装在室内，建议安装在阳台，方便日后改造

热水器侧面离墙≥100
洗衣机后面距墙≥50

洗衣机
800

燃气热水器前应≥800空间

侧面距墙≥100
前边距墙距器具≥600

后部距离墙≥20

水池

灶具边缘距离台面边缘≥100

灶具

冰箱

散热器

灶具边缘距离墙面≥150

要点说明

L形厨房——燃气热水器在室内

整体概况：

选择最大或常见产品尺寸，根据人体尺度和规范要求采用最小的空间尺寸，厨房为2900mm×2150mm，外接1000mm阳台，阳台为封闭阳台，有外保温。

产品布置：

灶具、水池、冰箱呈三角形布局。

燃气热水器位置可有两种：

① 在室内靠阳台一侧的吊柜中；

② 设置在服务阳台。

考虑空间利用和安全以及未来无障碍改造，在有服务阳台的情况下尽可能布置在服务阳台。

洗衣机布置在服务阳台。

管井设置：

燃气、风道与水管井集中设置成管道井墙，靠入口台面一侧布置，尽可能少地占据台面，外观整洁。

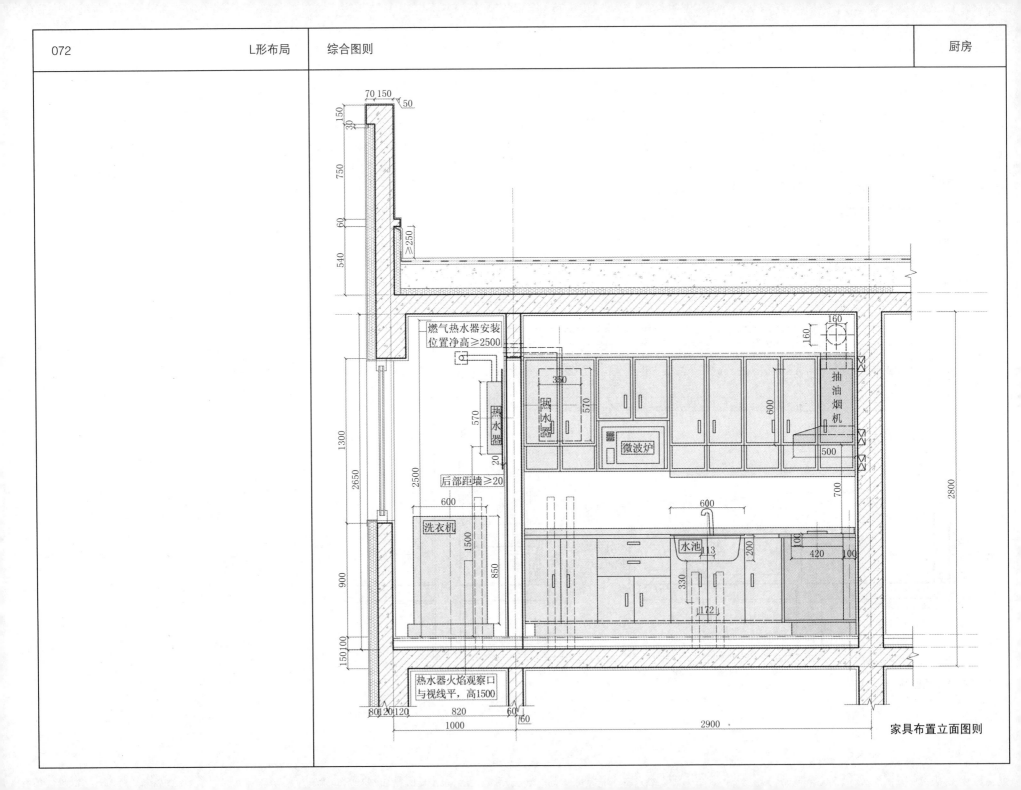

燃气热水器安装
位置净高≥2500

热水器

后部距墙≥20

热水器火焰观察口
与视线平，高1500

洗衣机

热水器

微波炉

抽油烟机

水池

家具布置立面图则

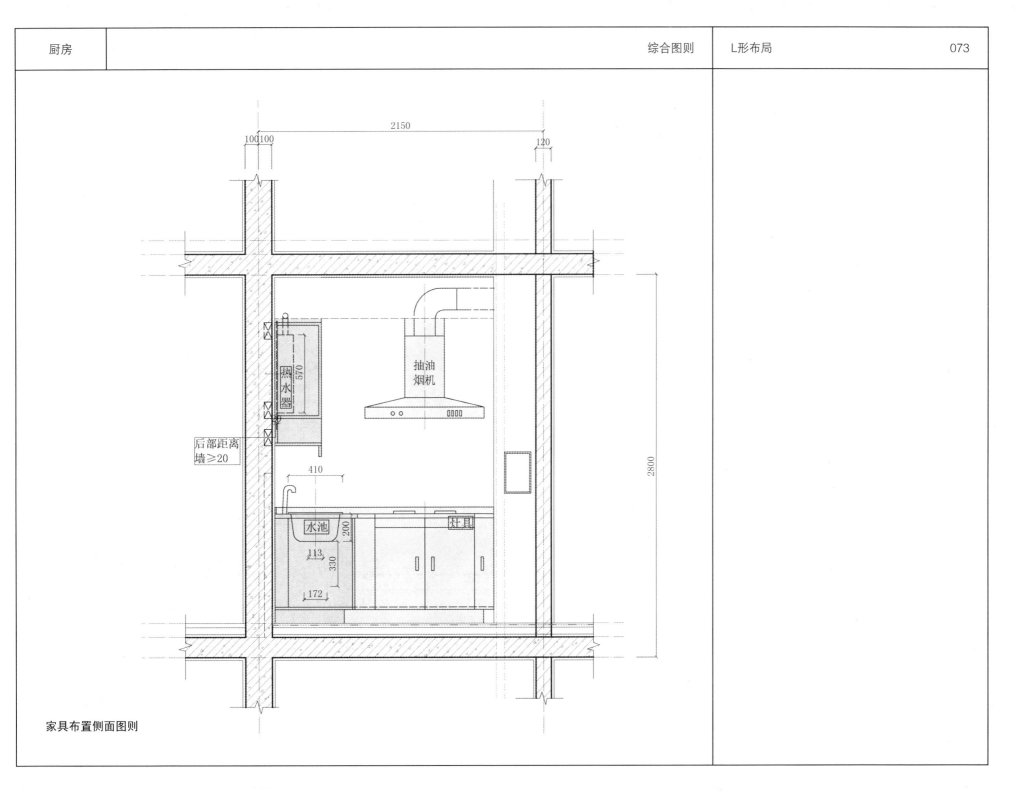

2150

100 100

120

2800

热水器

570

后部距离墙≥20

抽油烟机

410

水池

200

113

330

172

灶具

家具布置侧面图则

要点说明

L形厨房——燃气热水器在室内特点总结

优点：

1. 操作台面较长，完整，有足够的操作空间。

2. 燃气管线、给水和热水管线不用穿墙或绕到阳台，管线输送距离较短。

缺点：

1. 散热器的位置局促，挡在了排水管井检修口前门，造成不便。

2. 入口门的宽度和空间比较紧张，无法作无障碍改造。

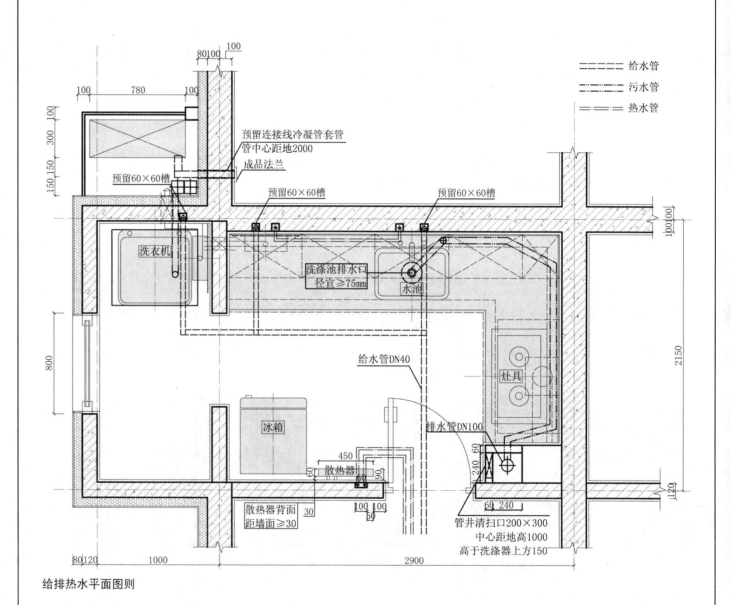

给排热水平面图则

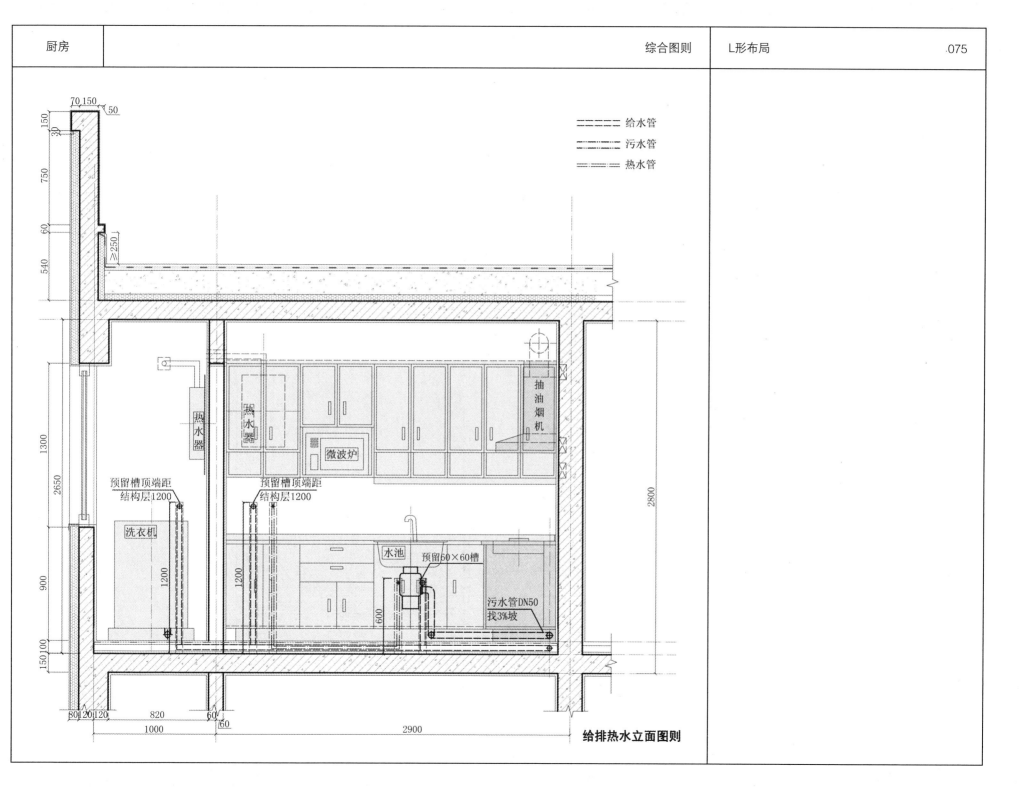

给水管

污水管

热水管

热水器

热水器

微波炉

抽油烟机

预留槽顶端距
结构层1200

预留槽顶端距
结构层1200

洗衣机

水池

预留60×60槽

污水管DN50
找3%坡

给排热水立面图则

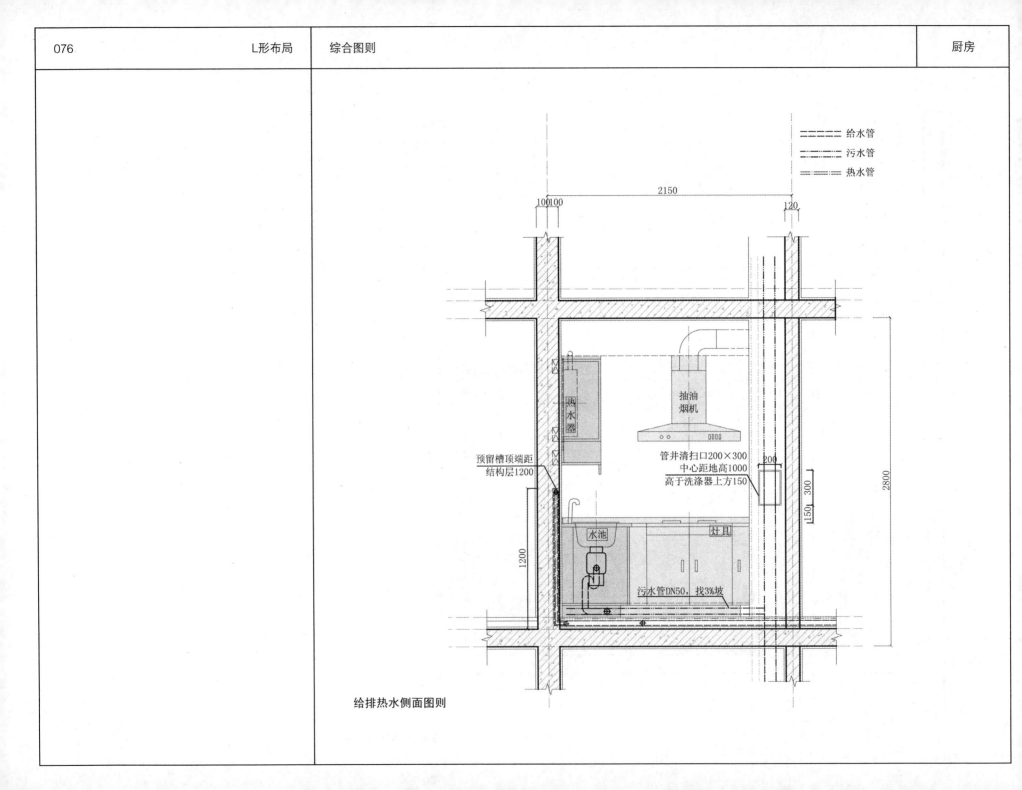

给排热水侧面图则

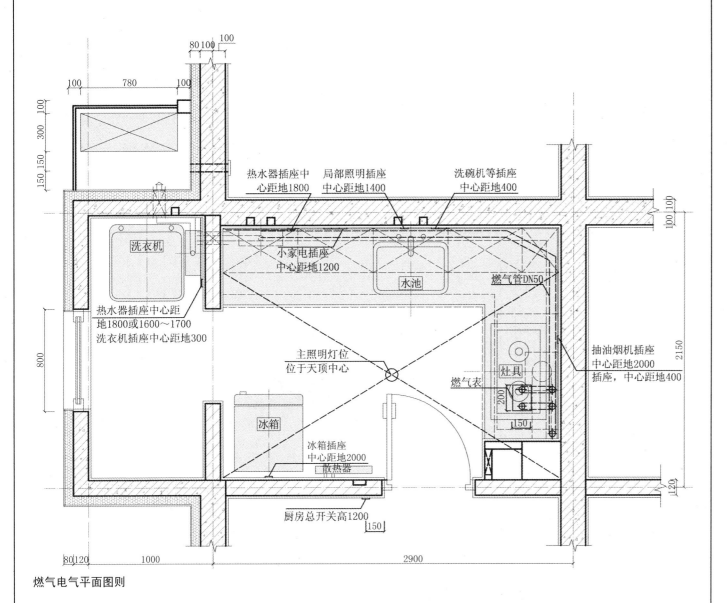

燃气电气平面图则

热水器插座中心距地1800

局部照明插座中心距地1400

洗碗机等插座中心距地400

小家电插座中心距地1200

水池

燃气管DN50

热水器插座中心距地1800或1600～1700 洗衣机插座中心距地300

主照明灯位位于天顶中心

灶具

抽油烟机插座中心距地2000 插座，中心距地400

燃气表

冰箱

冰箱插座中心距地2000

散热器

厨房总开关高1200

洗衣机

要点说明

L 形厨房——燃气热水器在室内特点总结

优点：

1. 操作台面较长，完整，有足够的操作空间。

2. 燃气管线、给水和热水管线不用穿墙或绕到阳台，管线输送距离较短。

缺点：

1. 散热器的位置局促，挡在了排水管井检修口前门，造成不便。

2. 入口门的宽度和空间比较紧张，无法作无障碍改造。

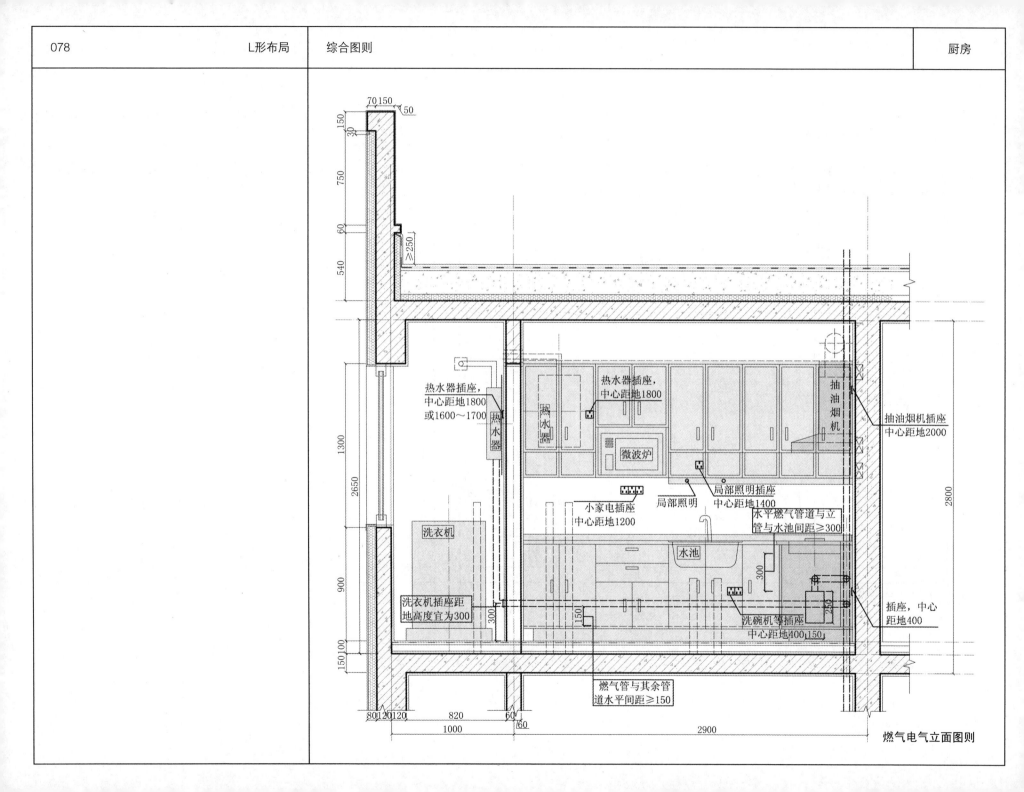

热水器插座,
中心距地1800
或1600~1700

热水器插座,
中心距地1800

抽油烟机

抽油烟机插座
中心距地2000

热水器

微波炉

局部照明插座
中心距地1400

局部照明

小家电插座
中心距地1200

水平燃气管道与立
管与水池间距≥300

洗衣机

水池

洗衣机插座距
地高度宜为300

洗碗机等插座
中心距地400

插座,中心
距地400

燃气管与其余管
道水平间距≥150

燃气电气立面图则

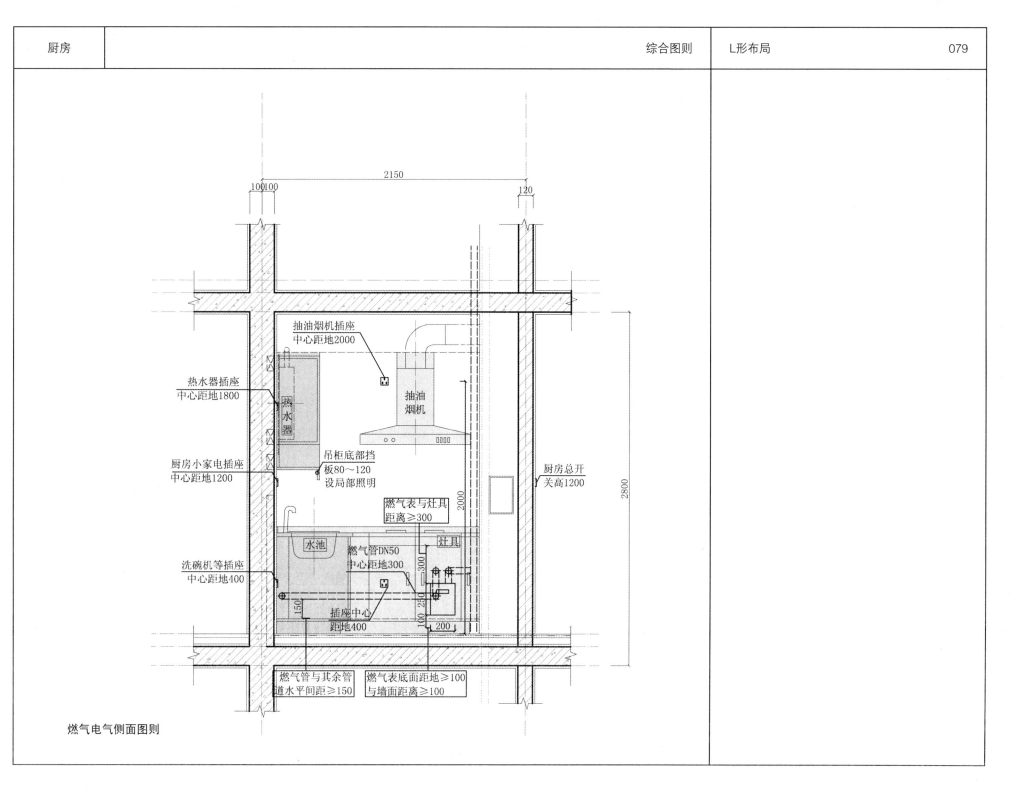

抽油烟机插座
中心距地2000

热水器插座
中心距地1800

热水器

抽油烟机

厨房总开
关高1200

吊柜底部挡
板80～120
设局部照明

厨房小家电插座
中心距地1200

燃气表与灶具
距离≥300

水池

灶具

燃气管DN50
中心距地300

洗碗机等插座
中心距地400

插座中心
距地400

2150

100 100

120

2800

2000

300

150

100 230

200

燃气管与其余管
道水平间距≥150

燃气表底面距地≥100
与墙面距离≥100

燃气电气侧面图则

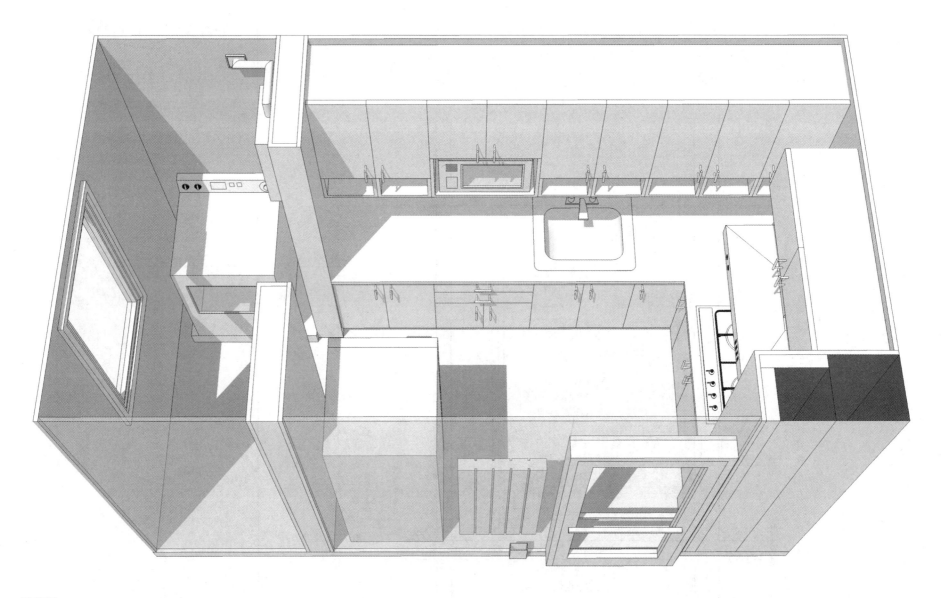

俯视图

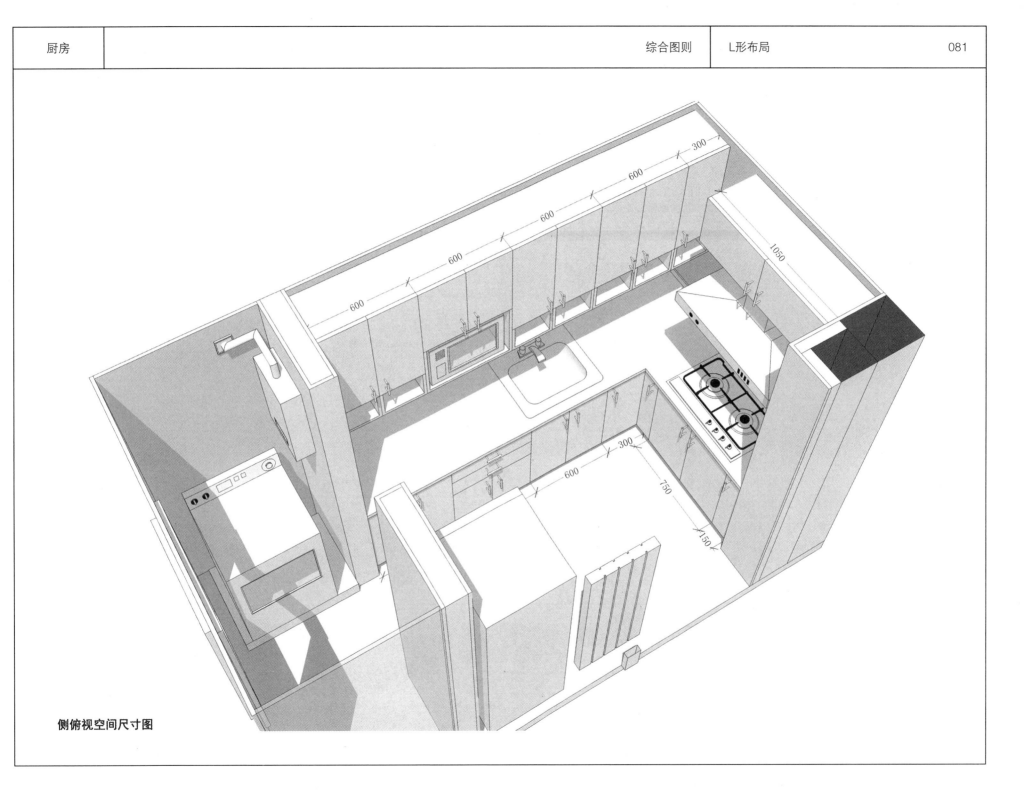

侧俯视空间尺寸图

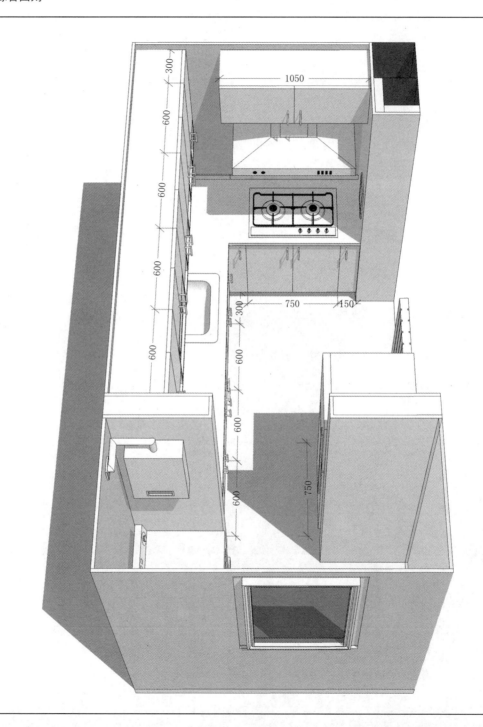

俯视空间尺寸图

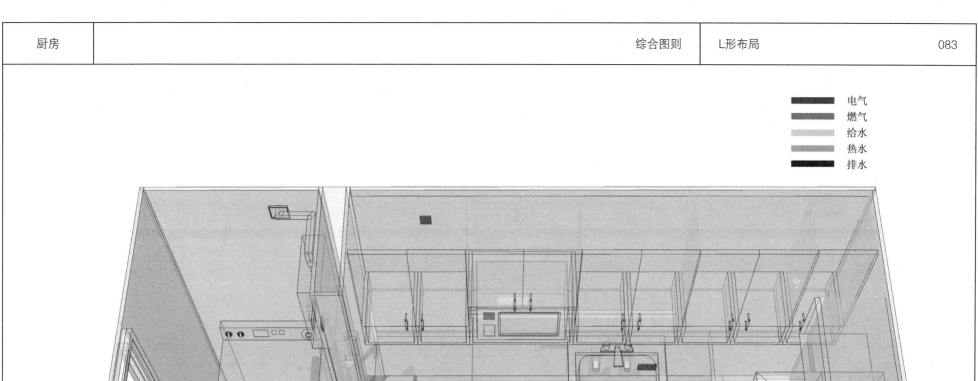

电气
燃气
给水
热水
排水

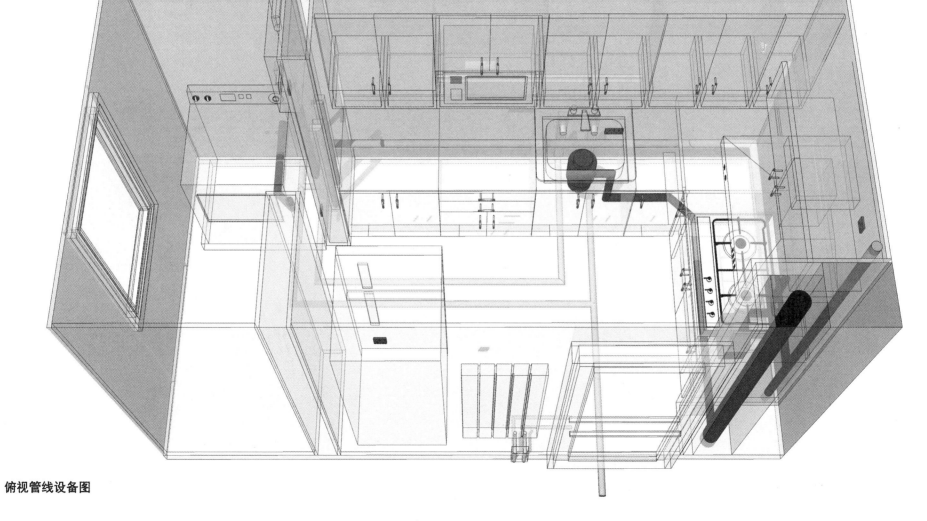

俯视管线设备图

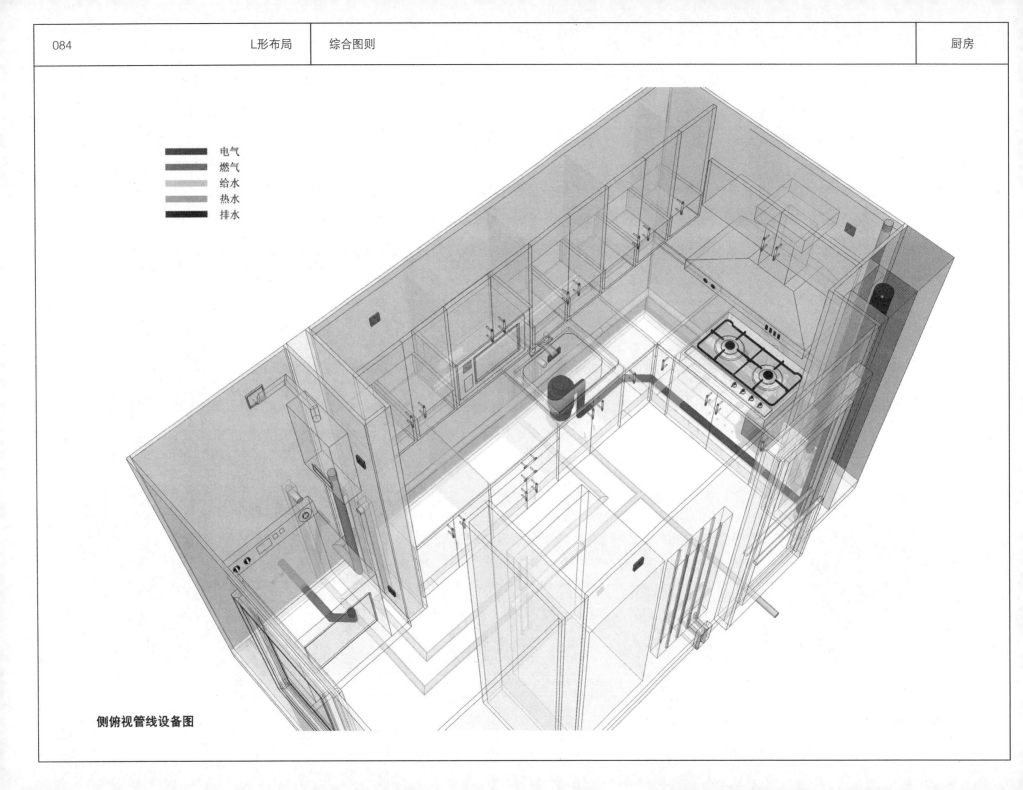

电气
燃气
给水
热水
排水

侧俯视管线设备图

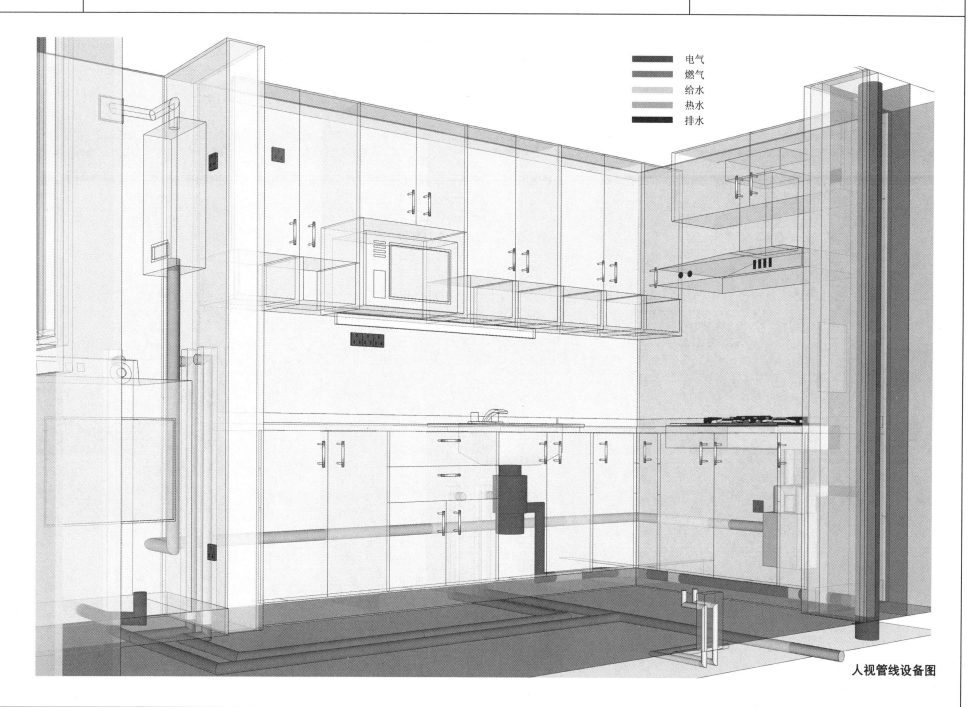

电气
燃气
给水
热水
排水

人视管线设备图

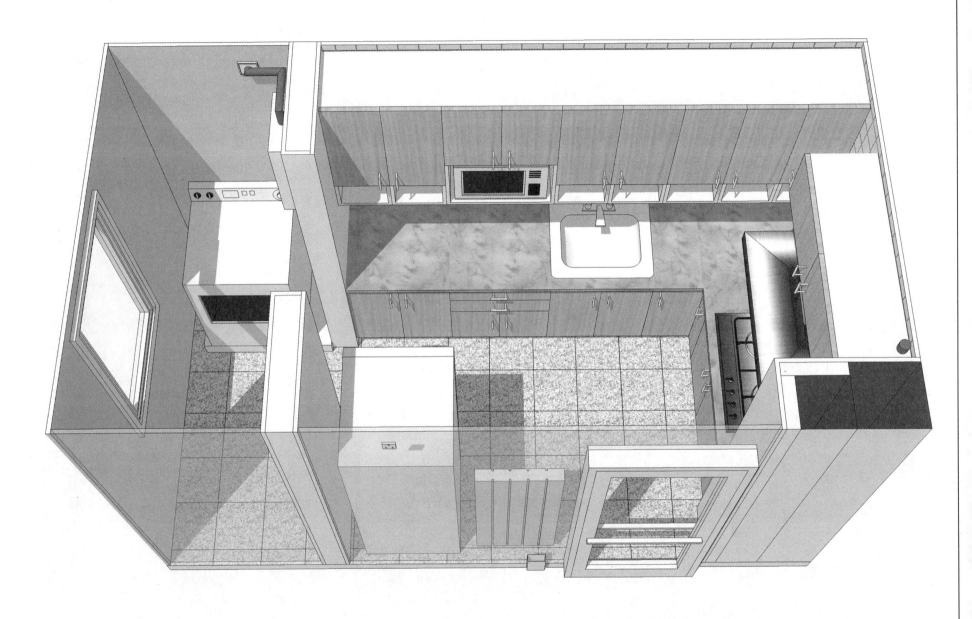

俯视效果图

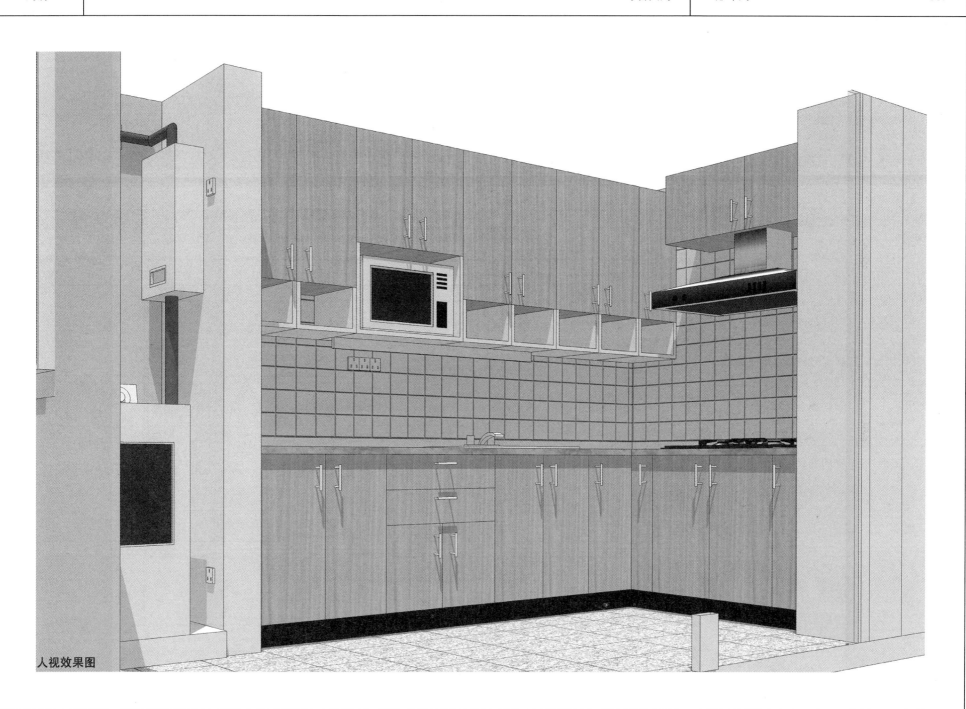

人视效果图

要点说明

《老年人居住建筑设计标准》GB/T 50340-2003 中规定:

老年人使用的厨房宜适当加大,轮椅使用者使用的厨房应留有轮椅回转面积。

操作台的安装尺寸以方便老年人和轮椅使用者使用为原则。

老年人使用的厨房应设置自动报警、关闭燃气装置。

老年人使用的厨房面积不应小于 4.5m²,供轮椅使用者使用的厨房,面积不应小于 6m²,轮椅回转面积宜不小于 1.50m×1.50m。

供轮椅使用者使用的台面高度不宜高于 0.75m,台下净高不宜小于 0.70m,深度不宜小于 0.25m。

应选用安全型灶具。使用燃气灶时,应安装熄火自动关闭燃气的装置。

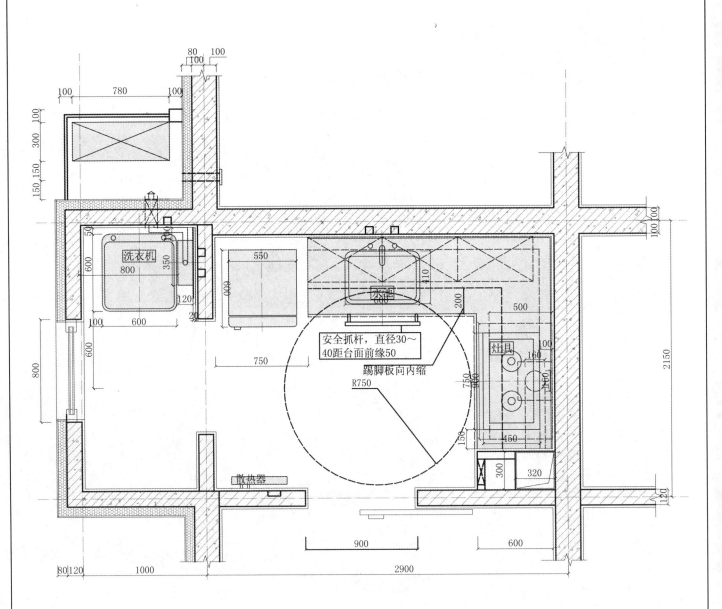

洗衣机 800

安全抓杆,直径30～40距台面前缘50

踢脚板向内缩

R750

灶具

散热器

家具布置平面图则

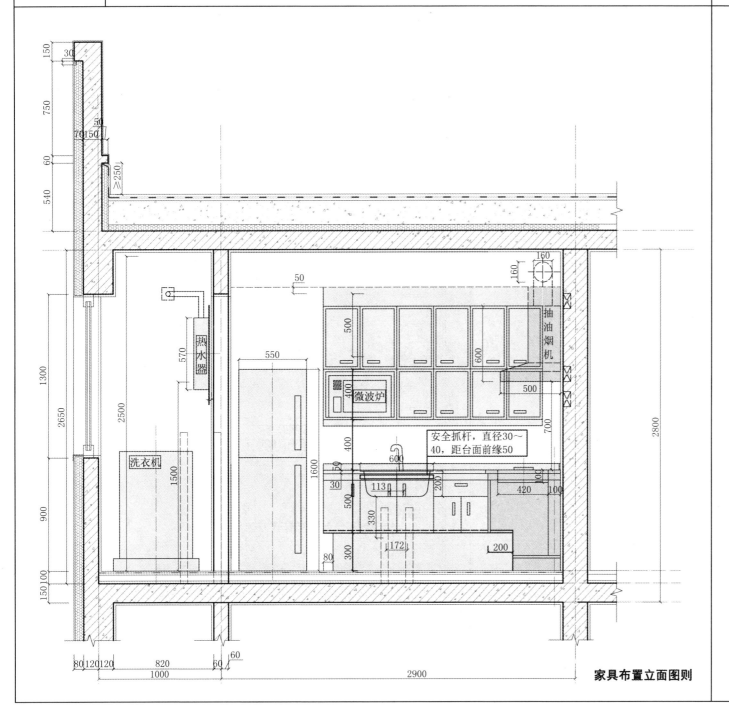

安全抓杆,直径30～40,距台面前缘50

家具布置立面图则

要点说明

《老年人居住建筑设计标准》GB/T 50340-2003 中规定:

厨房操作台面高度不宜小于 0.75 ~ 0.80m,台面宽度不应小于 0.50m,台下净空高度不应小于 0.60m,台下净空前后进深不应小于 0.25m。

厨房宜设吊柜,柜底离地高度宜为 1.40 ~ 1.50m,轮椅操作厨房,柜底离地高度宜为 1.20m,吊柜深度应比案台退进 0.25m。

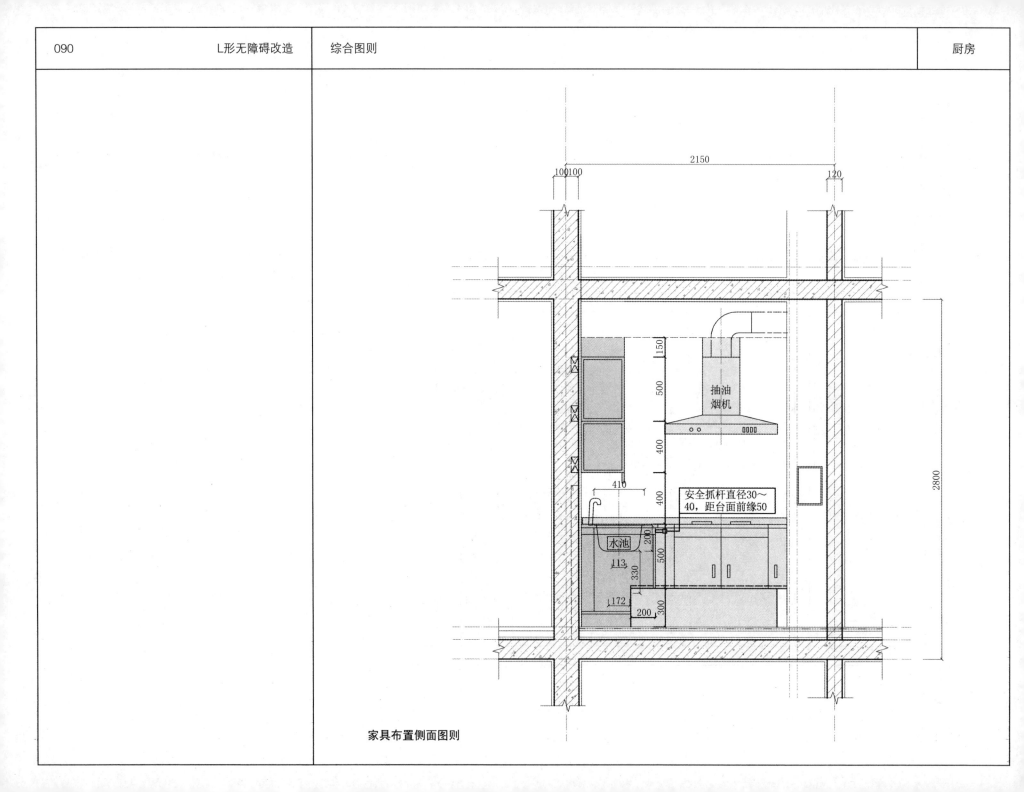

家具布置侧面图则

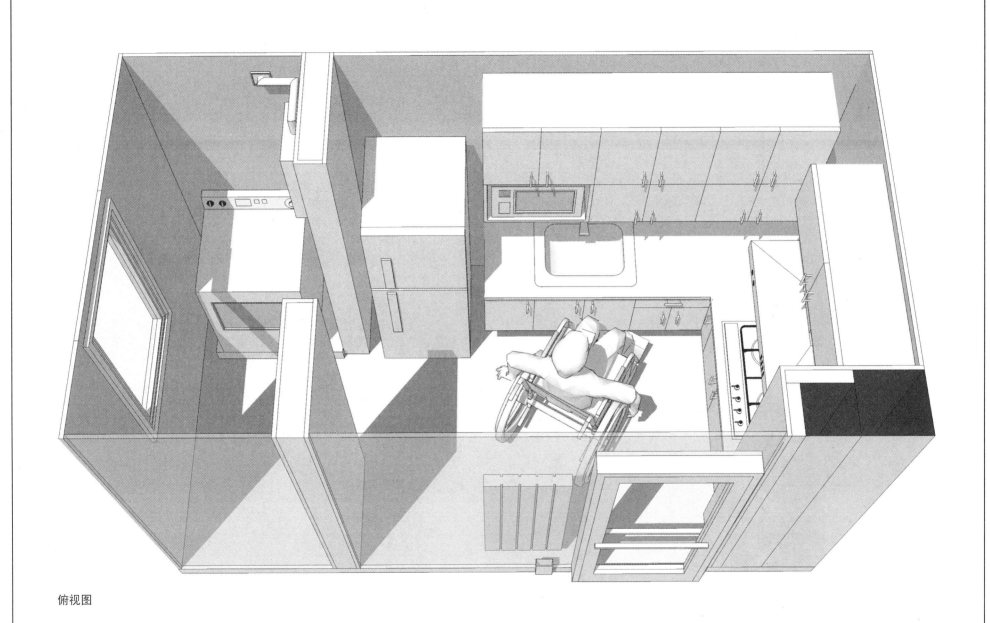

俯视图

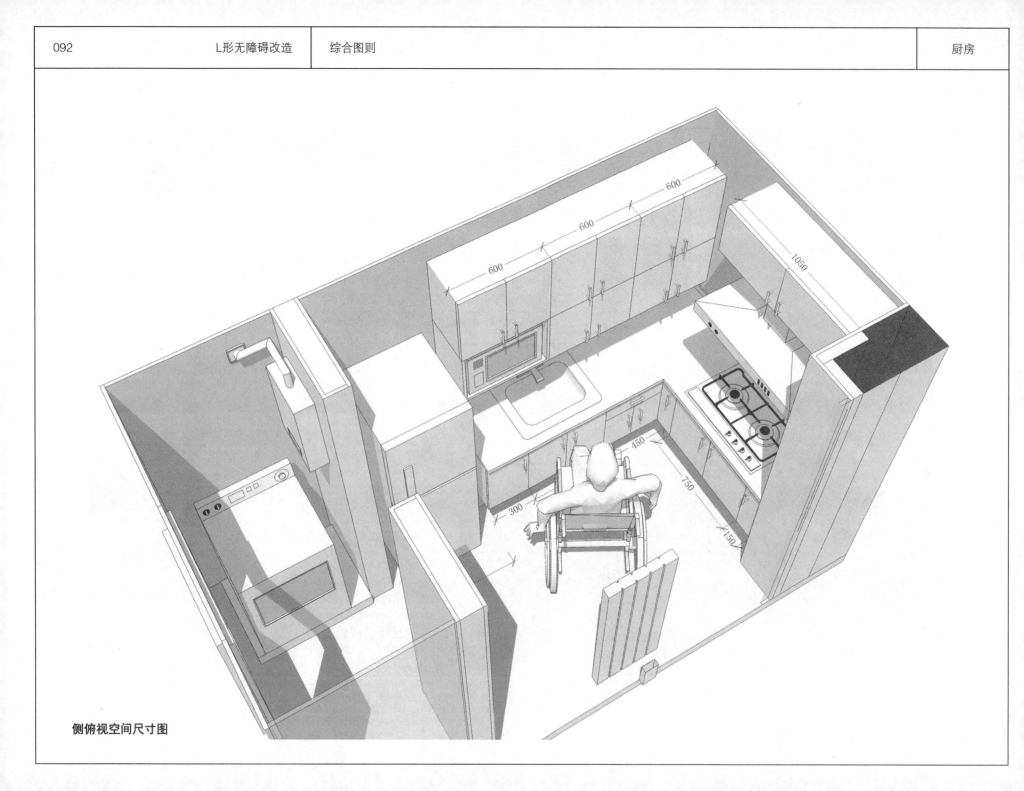

侧俯视空间尺寸图

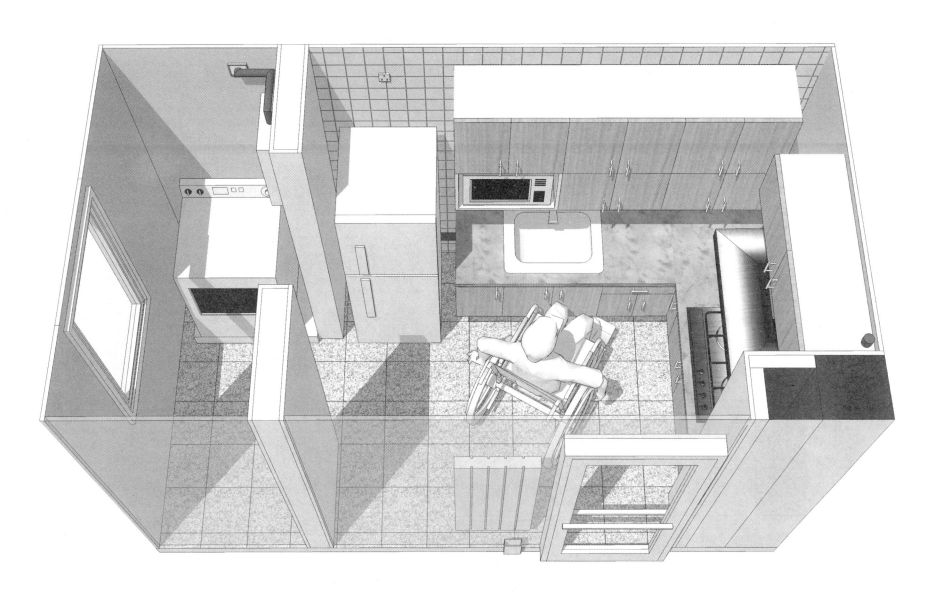

俯视效果图

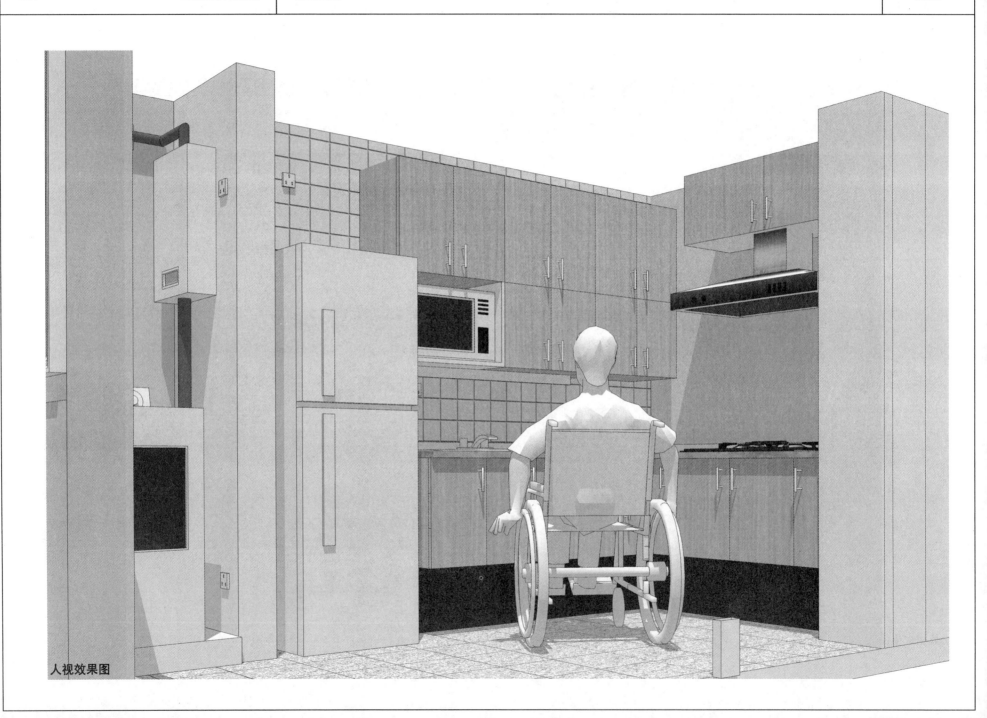

人视效果图

B 卫生间

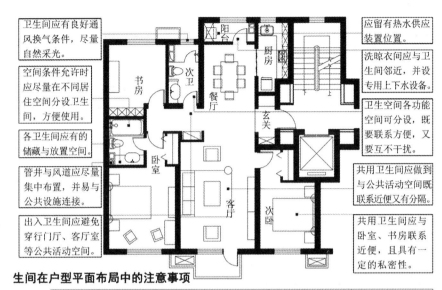

卫生间应有良好通风换气条件，尽量自然采光。

空间条件允许时应尽量在不同居住空间分设卫生间，方便使用。

各卫生间应有的储藏与放置空间。

管井与风道应尽量集中布置，并易与公共设施连接。

出入卫生间应避免穿行门厅、客厅室等公共活动空间。

应留有热水供应装置位置。

洗晾衣间应与卫生间邻近，并设专用上下水设备。

卫生空间各功能空间可分设，既要联系方便，又要互不干扰。

共用卫生间应做到与公共活动空间既联系近便又有分隔。

共用卫生间应与卧室、书房联系近便，且具有一定的私密性。

生间在户型平面布局中的注意事项

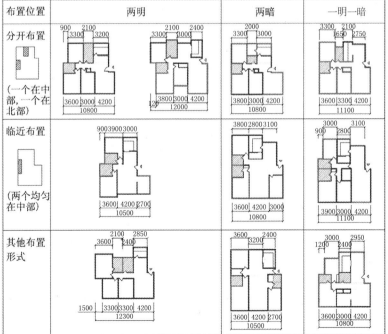

布置位置	两明	两暗	一明一暗
分开布置（一个在中部，一个在北部）	900 2100 / 3300 3200 … 3600 3000 4200 / 10800；2100 2400 / 3300 3000 … 3800 3000 4200 / 12000	2000 / 3300 3000 … 3800 3000 4200 / 10800	3300 2100 / 1650 2750 … 3600 3300 4200 / 11100
临近布置（两个均匀在中部）	900 3900 3000 … 3600 4200 2700 / 10500	3800 2800 3100 … 3800 3000 4200 / 10800	3000 3100 / 900 2800 … 3900 3000 4200 / 11100
其他布置形式	2100 2850 / 3600 2400 … 1500 3300 3300 4200 / 12300	3600 3200 2400 … 3600 4200 2700 / 10500	3000 2950 / 1200 2400 … 3600 3000 4200 / 10800

主用卫生间和客用卫生间分设

主卧卫生间和客卧卫生间分设

常见主客卫生间位置

要点说明

《住宅设计规范》GB 50096-1999 中规定：

每套住宅都应设卫生间，第四类住宅宜设2个或2个以上卫生间，每套住宅至少应配置三件卫生洁具。

不同洁具组合卫生间使用面积不应小于下列标准：

（1）设便器、洗浴器（浴缸或喷淋）、洗面器3件卫生洁具的为3.00m²；

（2）设便器、洗浴器2件卫生洁具的为2.50m²；

（3）设便器、洗面器2件卫生洁具的为2.00m²；

（4）单设便器的为1.10m²。

无前室的卫生间的门不应直接开向起居室（厅）或厨房。

1. 卫生间与厨房邻近

这两个空间面宽较小，设在一起可共用一个开间参数，有利于统一南北开间。

便于管线集中，节约管道器材，简化给水排水设计。采用家庭热水器供热系统，厨卫相邻设计减少热水在管路中的热量损失，有利节能。

厨卫楼板均须留洞并作防水处理，相邻布置也有利于结构设计。

2. 卫生间与卧室及客厅

卫生间与卧室的关系在国外一直很受重视，强调卫生间是卧室的扩充功能空间，合理的住宅设计应根据卧室的数量来确定卫生间的数量及大小。

近年我国住宅设计，套内卫生间数量与卧室数量之比显著增加，两卫及以上户型方便主卧室的使用，保证私密性，在北京、上海等大城市，"两厅两卫"的住宅设计成了合理户型首选。

其中"两卫"分为两种：

主用卫生间和客用卫生间分设；

主卧卫生间和共用卫生间分设。

设计中，当卫生间由于空间面积关系不得不将门开向餐厅或起居时应尽量避免直对，出入卫生间应尽量避免穿行门厅、起居室、餐厅等公共活动空间。

要点说明

按照卫生间内部各部分的关系，设计平面组合可分为四类：

BTW 集中型；

BT+W 部分分离型；

B+TW 部分分离型；

B+T+W 分离型。

具体分类说明及优缺点分析见右图。

类型名称	图例	优点	缺点
BTW 集中型： 把卫生间内浴盆、洗脸盆、便器等卫生设备集中在一个空间中	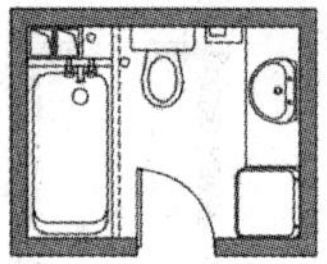 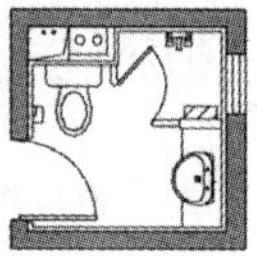	节省空间，经济，管线布置简单。	一人占用卫生间时影响其他人使用，面积较小时，贮藏等空间很难设置，不适合人口多的家庭。 同时，也不适合放洗衣机，卫生间的湿气会影响洗衣机的寿命。
BT+W 部分分离型： 卫生间内洗浴、便溺的空间和洗漱、洗衣空间分隔布置	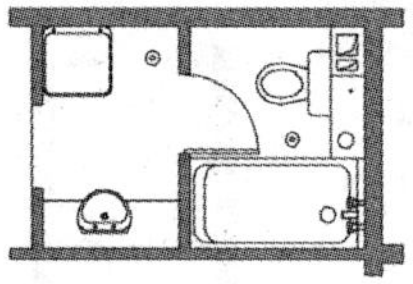 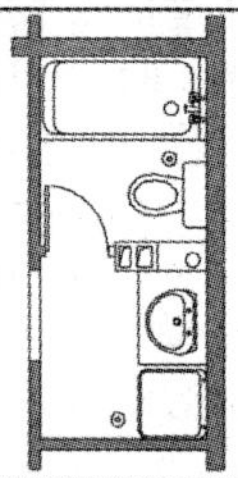	一人洗浴或便溺时不影响其他人洗漱，适合多口之家。 空间上形成干湿分区，提高舒适度。 洗池开放后可与走道共用空间，节省空间，集合住宅采用较多。	洗手池开放于室内空间，可能产生湿气或洗手水渍污染地面。
B+TW 部分分离型： 卫生间内洗浴的空间和便溺、洗漱的空间分隔布置	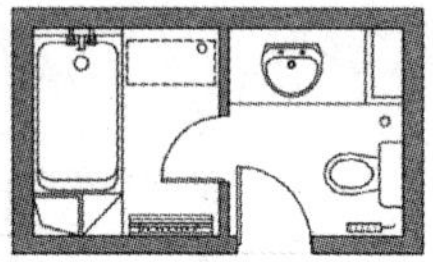	一个人洗浴时不影响其他人洗漱或便溺。 空间上形成干湿分区，浴室的水得到很好的控制。	两个空间均需要封闭空间，减少了卫生间各洁具的共用空间，各空间彼此无法借用，比较浪费空间。
B+T+W 分离型： 将卫生间中的沐浴、便溺、洗漱化妆和洗衣等各自单独设置	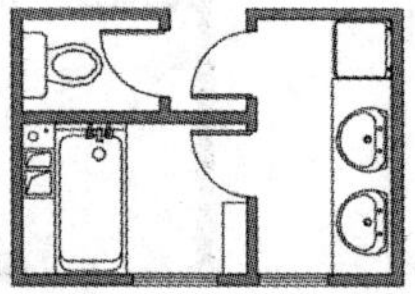 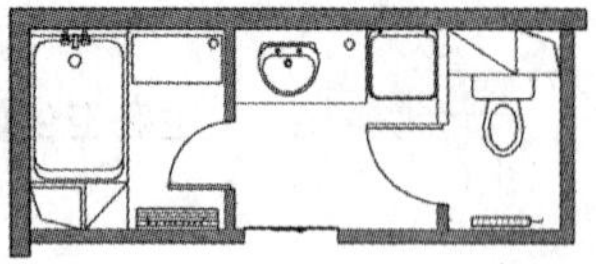	各室可以同时使用，特别是在高峰期，可以减少互相干扰，各空间功能明确，使用起来方便、舒适。	空间面积占用多，建造成本高，各空间彼此无法借用。 各个小空间比较闭塞，不利于通风。 这种类型在目前我国城市住宅单元面积标准不高的情况下不适用。

各类型厨房平面优缺点对比

功能空间组成——
基本空间功能分区

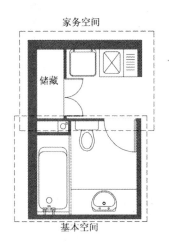

功能空间组成——
基本空间+家务空间

功能空间组成——
基本空间+扩展空间

功能及设施需求

功能空间	基本功能	需要设施
基本空间	便溺	坐便器、卷筒纸架、垃圾纸篓
	洗漱（洗脸刷牙、化妆剃须等）	洗池、镜子、置物架、毛巾架、电吹风等
	沐浴清洁	淋浴器或浴缸、更衣架、洁身器等
家务空间	洗衣	洗衣机、烘干机、晾衣架
	清扫	清洁器具盆、垃圾篓
	储藏	储物柜储物篮等
设备空间	管道管线及接口	排水立管、排风道、给水口、插座等
		其他设施：热水器、暖气散热器、浴霸等

要点说明

　　卫生间根据功能归类分为两大主要空间：基本的便洗空间和家务空间。

　　基本空间：便溺、洗漱和沐浴等活动。

　　家务空间：洗衣、清洁和储藏物品。

　　此外，由于管线设备需要，还需一定的设备空间，供排水立管和排风道的管井使用。

　　每个空间根据功能需要所需的设施设备见表格。

　　另外，现代卫生间除基本功能外，可与健身房、更衣间、绿色庭院等相结合，创造更加舒适、人性化的绿色清洁空间。

要点说明

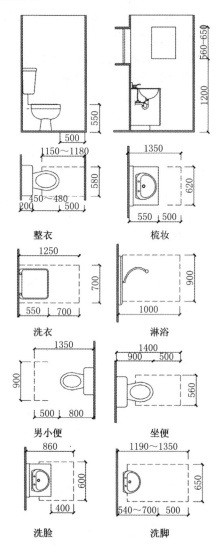

整衣　　　　　梳妆

洗衣　　　　　淋浴

男小便　　　　坐便

洗脸　　　　　洗脚

（资料来源：建筑设计资料集编委会．建筑设计资料集．北京：中国建筑工业出版社，2000：104）

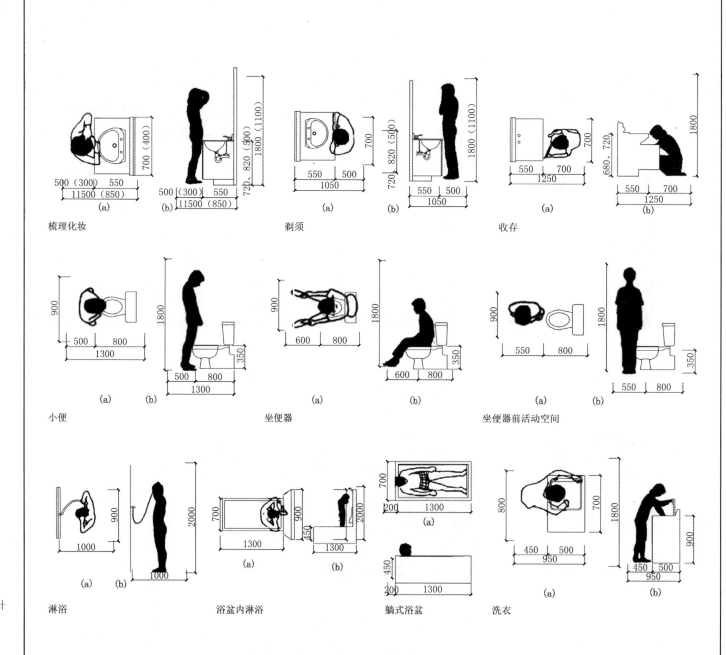

梳理化妆　　　　　剃须　　　　　收存

小便　　　　　坐便器　　　　　坐便器前活动空间

淋浴　　　　　浴盆内淋浴　　　　　躺式浴盆　　　　洗衣

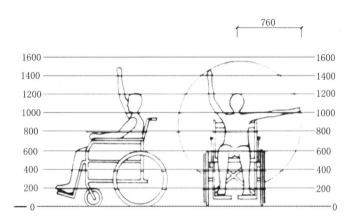

轮椅使用者身体活动范围

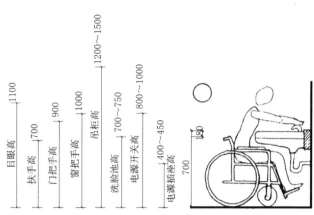

目眼高 1100
扶手高 700
门把手高 900
窗把手高 1000
吊柜高 1200～1500
洗脸池高 700～750
电源开关高 800～1000
电源插座高 400～450

洗漱

水池台面高700mm，水池深度要较浅，使轮椅扶手插入水池下方，身体充分接近水池。

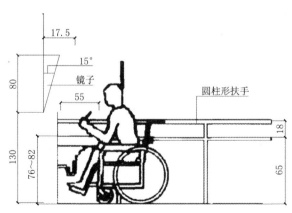

轮椅使用者身体活动范围

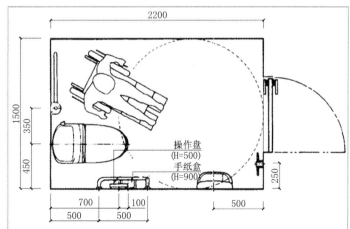

2200
1500
350
450
250
操作盘
(H=500)
手纸盒
(H=900)
700　100
500　500　500

坐便使用

使用轮椅不能自主站立者使用的坐便空间，轮椅可从斜向或侧面接近便器，并可在内旋转，最低限活动空间直径为1500mm。

要点说明

　　可持续性的卫生间设计，要考虑到在使用者不同生理时期的使用需要。

　　当使用者步入老年阶段，尤其是针对行动不便使用轮椅的老人，卫生间需要作一定的改造，以适应轮椅老人的操作尺度。

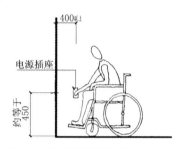

400以上
电源插座
约等于 450

适合坐轮椅者使用的开关位置

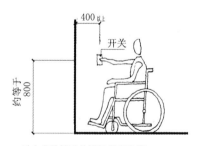

400以上
开关
约等于 800

适合坐轮椅者使用的插座位置

要点说明

　　卫生间洗池的常用类型分为三类：

　　背挂式，立柱式和台面式。

　　一般情况下，首要选择为台面式，外表整洁美观，台面下有可利用的储藏空间；

　　老龄化或无障碍使用的卫生间，应选择背挂式或者立柱式，洗池下方悬空，方便轮椅或座椅接近洗池。若选择台面式，应对下部储藏柜进行调整改造。

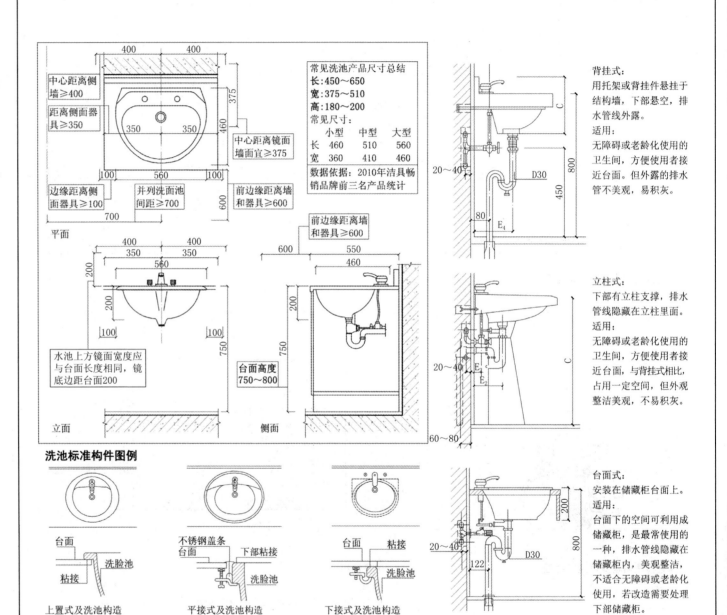

常见洗池产品尺寸总结
长:450~650
宽:375~510
高:180~200
常见尺寸:

	小型	中型	大型
长	460	510	560
宽	360	410	460

数据依据: 2010年洁具畅销品牌前三名产品统计

平面

立面

侧面

洗池标准构件图例

台面　洗脸池　粘接
上置式及洗池构造

不锈钢盖条　台面　下部粘接　洗脸池
平接式及洗池构造

台面　粘接　洗脸池
下接式及洗池构造
建议选用平接或下接式，台面美观且易清洁。

洗池与台面衔接形式

背挂式:
用托架或背挂件悬挂于结构墙，下部悬空，排水管线外露。
适用:
无障碍或老龄化使用的卫生间，方便使用者接近台面。但外露的排水管不美观，易积灰。

立柱式:
下部有立柱支撑，排水管线隐藏在立柱里面。
适用:
无障碍或老龄化使用的卫生间，方便使用者接近台面，与背挂式相比，占用一定空间，但外观整洁美观，不易积灰。

台面式:
安装在储藏柜台面上。
适用:
台面下的空间可利用成储藏柜，是最常使用的一种，排水管线隐藏在储藏柜内，美观整洁，不适合无障碍或老龄化使用，若改造需要处理下部储藏柜。

洗池分类

不使用轮椅但行动不便的老年人，长时间站立洗漱造成劳累，可考虑降低台面到650mm，采用坐姿洗漱。

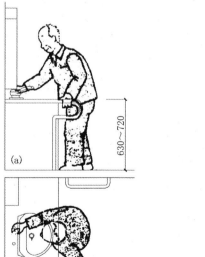

除降低洗池高度外，洗池旁最好设扶手，也可利用扶手兼作毛巾挂杆。

行动不便老年人洗池

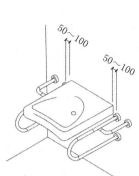

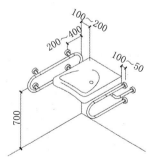

扶手形式，直径40mm

轮椅使用者洗池

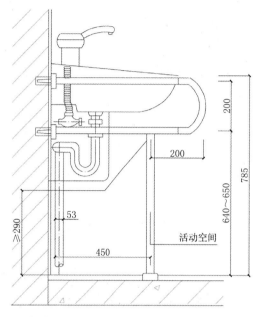

背挂式侧面

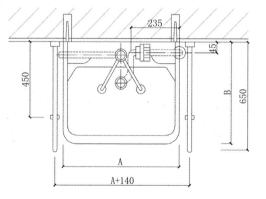

背挂式平面

要点说明

　　可持续性的卫生间设计，要考虑到在使用者不同生理时期的使用需要。

　　当使用者步入老年阶段，尤其是针对行动不便使用轮椅的老人，洗池需要作一定的改造，增加扶手，降低洗池高度，以适应轮椅老人的操作尺度。

　　轮椅使用洗池同样可以使用台面式，以保持使用台面的长度，但台面下应留出轮椅进入的空间。

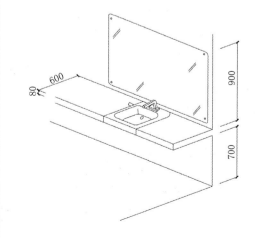

要点说明

坐便器按照结构方式分为：

挂箱式，坐箱式，连体式，隐蔽式水箱。

比较常见的是坐箱式，管道墙后排水选择隐蔽式水箱。

坐便器按照排水口方式分为：

下排式，后排式。

常见下排式，后排式需专用管道井，适用于整体卫生间集成设计生产的模式，设专用管道墙同层排水。

坐便器按照排水冲洗方式分为：

冲落式，虹吸式，虹吸喷射式，虹吸冲落式，虹吸漩涡式。

不同排水冲洗方式的坐便器产生的噪声：

1. 冲落式：

依靠水落差将污物冲掉，构造简单，噪声最大。

2. 虹吸式：

用虹吸原理，噪声小。

3. 虹吸涡旋式：

冲水的同时利用虹吸和涡旋原理，噪声在各种方式中最小。

4. 喷射虹吸式：

采用独特喷射孔，喷射水流引起强烈虹吸作用，噪声也比较小。

5. 虹吸冲落式：

介于虹吸式冲水和冲落式冲水之间的冲水方式，噪声也介于二者之间。

《住宅建筑规范》GB 50368-2005 中规定：

卫生器具和配件应采用节水型产品，不得使用一次冲水量大于 6L 的坐便器。

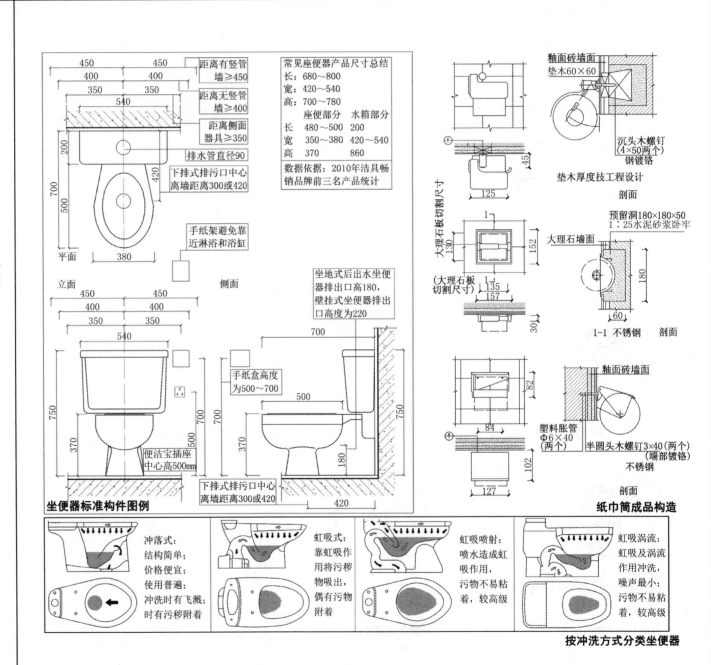

常见座便器产品尺寸总结

长：680～800
宽：420～540
高：700～780

	座便部分	水箱部分
长	480～500	200
宽	350～380	420～540
高	370	860

数据依据：2010年洁具畅销品牌前三名产品统计

距离有竖管墙≥450
距离无竖管墙≥400
距离侧面器具≥350
排水管直径90
下排式排污口中心离墙距离300或420

手纸架避免靠近淋浴和浴缸

坐地式后出水坐便器排出口高180，壁挂式坐便器排出口高度为220

手纸盒高度为500～700

便洁宝插座中心高500mm

下排式排污口中心离墙距离300或420

坐便器标准构件图例

平面　立面　侧面

釉面砖墙面
垫木60×60
沉头木螺钉(4×50两个)
钢镀铬
垫木厚度技工程设计
剖面

大理石板切割尺寸
（大理石板切割尺寸）
1-1 不锈钢　剖面

预留洞180×180×50
1：25水泥砂浆卧牢
大理石墙面

釉面砖墙面
塑料胀管Φ6×40(两个)
半圆头木螺钉3×40(两个)(端部镀铬)
不锈钢
剖面

纸巾筒成品构造

冲落式：结构简单；价格便宜；使用普遍；冲洗时有飞溅时有污秽附着

虹吸式：靠虹吸作用将污秽物吸出，污物不易粘着，偶有污物附着

虹吸喷射：喷水造成虹吸作用，污物不易粘着，较高级

虹吸涡流：虹吸及涡流作用冲洗，噪声最小；污物不易粘着，较高级

按冲洗方式分类坐便器

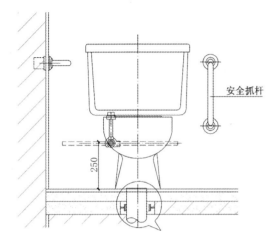

立面图　　剖面图

轮椅使用者坐便器

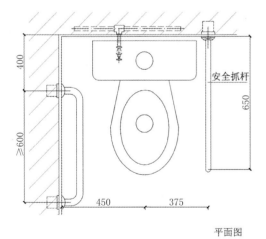

平面图

便器高于小腿

行动不便的老年人使用的坐便器高度应相对高一些，以减轻下蹲时的负担。

普通坐便器不够高时，可在上面另加坐圈或在下面加设垫层。

行动不便老年人坐便器

要点说明

　　可持续性的卫生间设计，要考虑到在使用者不同生理时期的使用需要。

　　当使用者步入老年阶段，尤其是针对行动不便使用轮椅的老人，坐便器需要作一定的改造，增加扶手，增加坐便器坐垫高度，以适应轮椅老人的操作尺度。

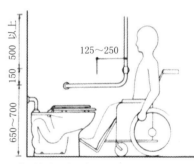

L形扶手高度及与坐便器间的距离

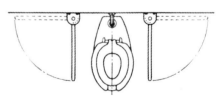

两侧可动扶手

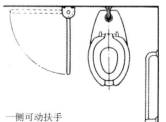

一侧可动扶手

要点说明

浴缸按照形状分为：

浅尝型，折中型，深方型

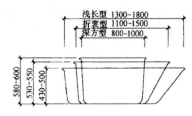

浴盆形状

浴缸按安装方式

搁置式：施工方便，移换、检修容易，适合于地面已装修完的情况下放入。

嵌入式：浴盆嵌入台面里，台面对于放置洗浴用品、坐下稍事休息等有利，并且看上去豪华、气派，占用空间较大。出入浴盆的一边，台子平面宽度应限制在10cm以内，否则跨出跨入不方便，或宽20cm以上，坐姿进出。

半下沉式：一般把浴盆的1/3埋入地面下，浴盆在浴室地面上所余高度在400mm左右。与搁置式相比，出入浴盆轻松方便，适合于老年体弱的人使用。

淋浴有成品淋浴盘，但由于与卫生间地面有120mm左右高差，不方便进出。

目前有产品设计无高差平地淋浴盘。

另外，也可留出淋浴空间，周边设排水沟，玻璃隔断，在喷淋头下部居中距墙400mm设地漏。

《住宅建筑规范》GB 50368-2005中规定：

设有淋浴器的部位应设置地漏，其水封深度不得小于50mm。构造内无存水弯的卫生器具与生活排水管道连接时，在排水口以下应设存水弯，其水封深度不得小于50mm。

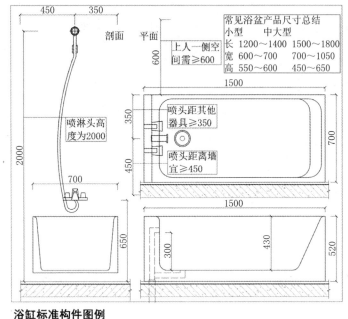

浴缸标准构件图例

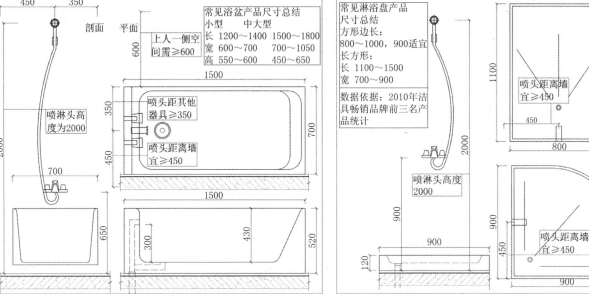

淋浴盘标准构件图例

淋浴杆构造

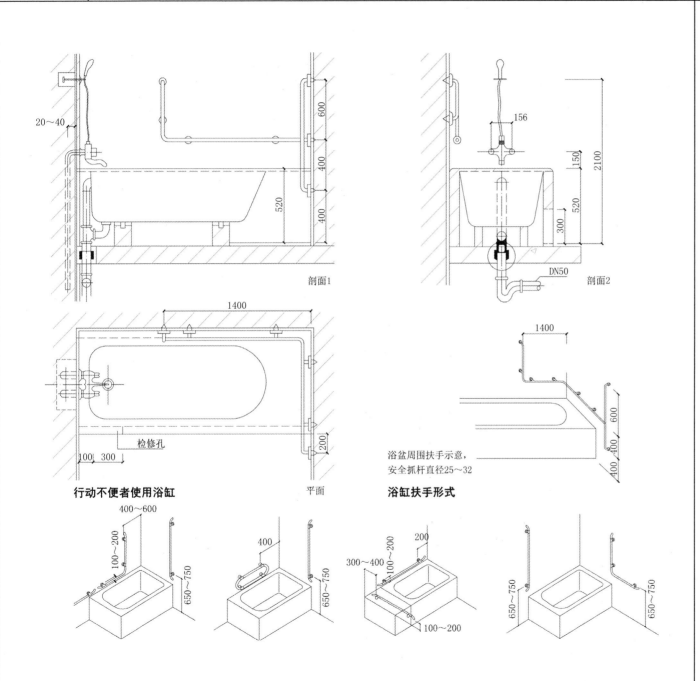

行动不便者使用浴缸   平面   浴缸扶手形式

浴盆周围扶手示意,
安全抓杆直径25～32

要点说明

可持续性的卫生间设计,要考虑到在使用者不同生理时期的使用需要。

当使用者步入老年阶段,尤其是针对行动不便使用轮椅的老人,浴缸需要作一定的改造,增加扶手以适应轮椅老人的操作尺度。

淋浴椅

老年人使用淋浴需要坐姿,以避免疲劳。

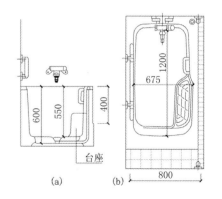

老年人浴缸

此浴缸为老年人专用浴缸,为半下沉式,方便跨进跨出,缸内设有台座,有利于老人浴中休息和洗脚动作,端头较宽的台面方便老人以坐姿出入浴缸。

要点说明

卫生间除洁具产品外，有诸多电气设施。

电热水器是最常见的布置在卫生间的电器。

住宅的生活热水供应分为集中热水供应和分散的家庭热水器供热水系统。家庭热水器供热水系统分为燃气热水器、电热水器以及太阳能热水器三种。

其中燃气热水器因考虑安全因素而多安置在厨房；

电热水器和太阳能热水器的出水罐通常安置在卫生间，设计中，需要对其安放位置加以考虑。

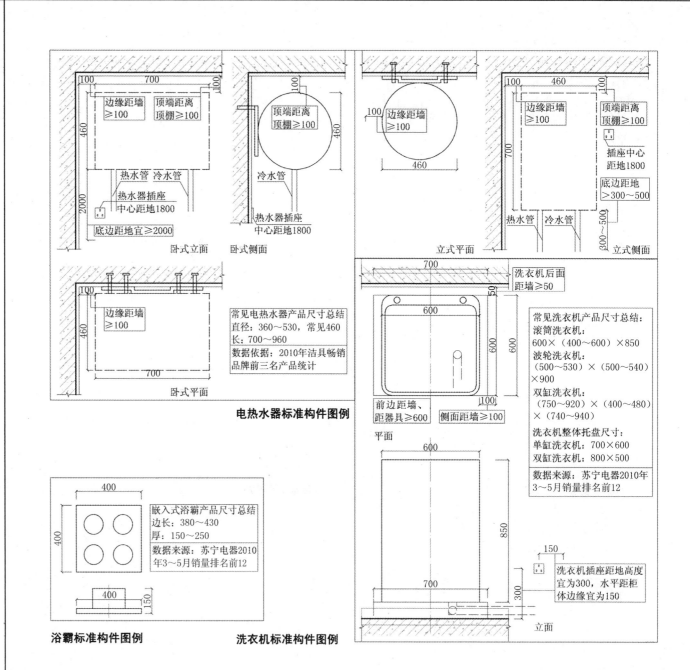

电热水器标准构件图例

浴霸标准构件图例　　　**洗衣机标准构件图例**

坐便器墙体上水构造图

在常规设计中，马桶的后期安装，预留条件仅包括上下水管，且上水管大多为地面出管。这种预留的做法往往流于简单，通常业主需要改造装修后才能达到使用要求。此外，水管"地出"处不仅装修时铺贴瓷砖不易处理美观，且日常清洁时容易形成死角，还会穿破防水层。上水管采用墙内暗埋方式上引到给水点，然后再从墙面出管并安装法兰。这种上水管"墙出"做法配合上节所述将卫生间给水管敷设在防水层下的做法也比较恰当。

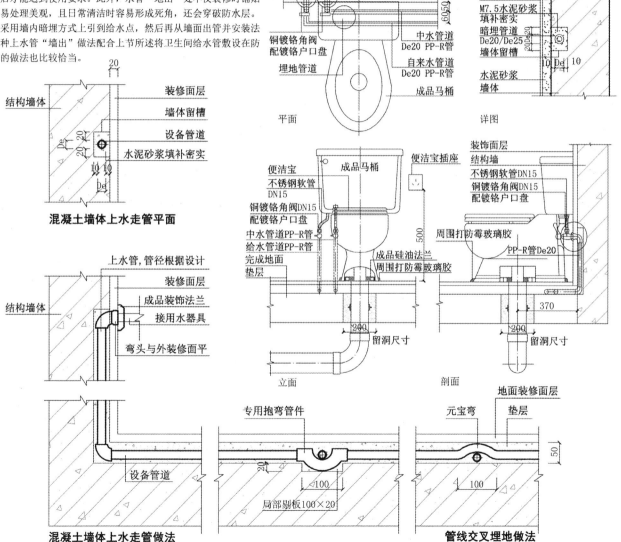

混凝土墙体上水走管平面

混凝土墙体上水走管做法

管线交叉埋地做法

要点说明

给水布置要点：

1. 给水立管与水表可在住宅楼梯间管道竖井中集中布置，也可分户在套内设置。考虑到保护居民隐私权利，方便物业管理，提倡选择集中设置给水立管与水表，避免入户抄表。

设置给水管与水表的方式有两种：

多层楼集中设置：节省空间，方便管理。

每层楼集中设置：可共用一根给水管，节省投资。

在设计中综合实际条件灵活选择。

2. 每户给水管径：一个厨房和一个卫生间DN15，给水管道较长时DN20，一个厨房多个卫生间DN25。

3. 进户给水支管的水平敷设有明敷和暗敷两种。

一次性精装修商品房中适宜采用暗敷，竖管嵌入墙槽，横管埋入地面垫层。其优点和依据为：

（1）水管管材通常采用PPR、PB等高分子材料，稳定性好、易于加工（热熔接头）、使用寿命长（标称为50年），而一般较高防水等级的防水材料使用年限为20年。防水材料更换频率高于管材，因而给水管可以敷设在防水材料下面。

（2）一般地面泛水至少距地250mm，卫生间常规给水点高度也都在距地250mm以上。将原本出地面给水的管线暗埋于墙体内，在准确的高度上的给水点定位后改为墙出，可以减少防水层的破水点，更好地减少渗漏发生的可能。

（3）减少了垫层的厚度。

4. 卫生间冷水应设置多个接口，以供给水槽、抽水马桶、洗衣机和热水器等使用。

要点说明

排水布置要点：

1. 排水接口能有效解决管道系统的噪声问题。

2. 排水横管必须设有坡度，排水横管宜在同层内进入排水立管。管道区内排水立管应设置检查口，应高于洗涤器具上边缘150mm，检查口朝外。

考虑到尊重业主产权、维修管线方便等问题，现代住宅多采用同层排水方式，有降板、局部降板、抬高地面、管道墙几种方式。

根据比较，目前多采用降板和管道墙两种方式。

同层排水优点：

1. 产权明确

每户排水管不需进入楼下住户，可在本户内设置。

2. 维修管理方便

管线出现问题时，不影响其他用户，可在本户内修理。

3. 防噪降噪

旧有的排水管穿楼板做法，对楼板的完整密闭性造成破坏，成为传导噪声的主要部分。同层排水有效地解决了楼板噪声问题。

4. 防止渗漏

排水管设在本户内，管下设防水层，可防止管线漏水时影响到楼下住户。

各种同层排水做法对比

	做法	优点	缺点
降板	将卫生间地板整体降低350mm左右，排水管敷于板上，再用轻质材料垫层找平，如粉煤灰及其混合材料，垫层上加设活动盖板，下水管及弯头藏于垫层内，垫层下面做防水层。采用后排水式便器时，垫层厚度为160～170mm。采用下排水式便器时，垫层厚度为200～300mm。	卫生间面积所占比率小，对整体造价增加不多。 每层卫生间顶棚是平的，美观可不吊顶。	结构有些复杂，降低了卫生间高度。 一旦上层漏水，会在垫层内积水，不易排出，增加自重。
局部降板	洁具布置时尽量靠一侧墙，即可只降一条容纳排水管线的地沟。	结构相对简单。	对平面布局产生限制，缺乏灵活性。
抬高地面	抬高卫生间地面20～30cm，管道位于抬高的地板之内，敷设方式与降板处理类似，防水层做在垫层下面，上层楼板可加设活动盖板，便于更换和检修。	结构相对简单，可应用于本身有地板架空的住宅。	抬高后与室内地坪有高差，造成不便。
管道墙	洁具布置时尽量靠一侧墙，采用后排式坐便器，地漏用侧排式，浴缸排水可采用浴缸地面局部抬高，靠墙一侧作管廊，形成管道墙，所有排水器具的排水均流向管道墙内的排水横管，横管在墙内与排水立管相连。	单独卫生间，管道墙上方可做台面用于置物。两卫生间相靠时，可将管道墙直接作为隔墙。由于管道墙宽度会占据面宽，可采用隐蔽式水箱，水箱设于管道墙内。	对卫生间平面布局产生限制，对洁具产品等要求较高，使用有局限性。

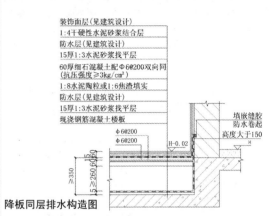
降板同层排水构造图

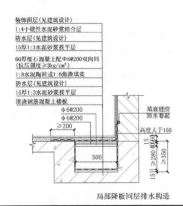
局部降板同层排水构造

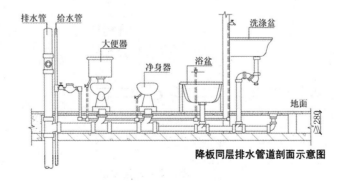
降板同层排水管道剖面示意图

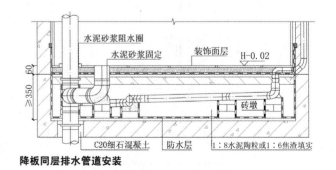
降板同层排水管道安装

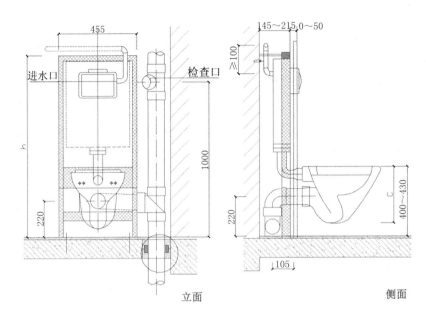

立面 · 侧面

进水口　检查口

455

1000

220

145~215,0~50

≥100

220

400~430

C

105

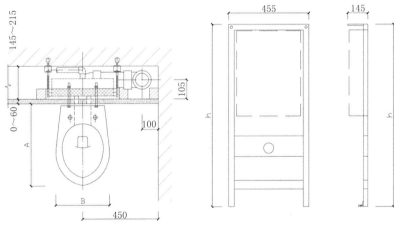

平面

145~215

455

145

105

0~60

A

B

450

100

隐蔽式水箱坐便器

面层材料见工程设计
1:4干硬性水泥砂浆结合层
1:2:4细石混凝土并找泛水
防水层
钢筋混凝土楼板
不锈钢地漏
PVC-U排水管

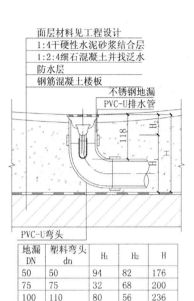

PVC-U弯头

地漏 DN	塑料弯头 dn	H₁	H₂	H
50	50	94	82	176
75	75	32	68	200
100	110	80	56	236

面层材料见工程设计
1:4干硬性水泥砂浆结合层
1:2:4细石混凝土并找泛水
防水层
钢筋混凝土楼板
不锈钢地漏
PVC-U排水管

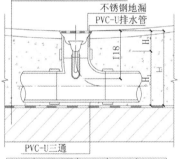

PVC-U三通

地漏 DN	塑料三通 dn	H₁	H₂	H
50	50×50	88	58	146
	110×50	150	40	190
75	75×75	136	40	176
100	110×110	186	40	226

同层排水式地漏

要点说明

同层排水的做法同时需要部分产品的配合，如同层排水地漏、隐蔽式水箱后排水坐便器等。

卫生间噪声：

卫生间用水产生的噪声是卫生间噪声的主要来源，如洁具龙头开启时的共振噪声、水管内水流动引起的水流噪声、便器冲水噪声、洗衣机转动噪声。

卫生间隔声减噪的细节：

1. 减少噪声源。条件相同时优先采用 UPVC 塑料消声排水管材（隔噪效果优于普通硬聚氯乙烯排水管），并注意墙体连接件的软接。选用低噪声电机的电器、低噪声洁具等。

2. 立管隔声。排水立管噪声来自于污水快速下落冲击管壁引起的振动。将它设置于管道井内暗装或在管道外包裹吸声材料如玻璃纤维等可减轻噪声传播。管井宜设在与便器、浴缸附近内墙角处。

3. 横管隔声。采用同层排水，楼板降低300~400mm 左右的措施，水管暗敷于水泥焦渣垫层中，可起到降噪的作用。

4. 墙体隔声。根据固体隔声质量定律，固体隔声量与固体密度或厚度相关。所以当卫生间与卧室等居室贴邻时，通过增加隔墙密度或厚度，或在墙体内增加吸声、声反射措施，可加强隔声。

5. 楼板隔声。因楼板振动产生固体传声会影响到下层住户。楼板隔声主要靠设置垫层，采用聚苯板和细石混凝土复合垫层，基本能满足隔声要求。

6. 门隔声。隔声门是在夹板门内夹层填充一定密度和厚度的防潮吸声材料，如矿棉、玻璃棉等，避免卫生间内的噪声向其他间传播。

面层材料见工程设计
1:4干硬性水泥砂浆结合层
1:2:4细石混凝土并找泛水
防水层
1:3水泥砂浆找平层
钢筋混凝土楼板
不锈钢地漏
聚氨酯封严

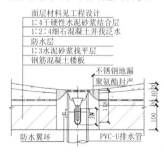

防水翼环　PVC-U排水管

传统下排式地漏安装图

要点说明

供暖热水布置要点：

1. 住宅供暖的方式多种多样，目前很受欢迎的地板式采暖，因其舒适性好而被广泛采用。

但由于卫生间空间面积较小，并不适宜采用地板式采暖，故仍然选择传统的暖气散热器方式。

2. 集中供暖的热水竖管在楼梯间的管道区域集中布置，支管通过地埋方式进入户内。

3. 暖气散热器的布置位置尽可能不占用空间，位于窗下或门后等。现代暖气散热器通过一定外形处理，可兼做毛巾架。

4. 暖气散热器出入水管采用与给水管类似的墙出做法，不破坏地面防水层，不造成地面难清理的死角，干净美观。

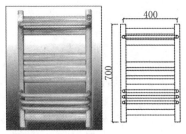

可兼作毛巾架的暖气散热器

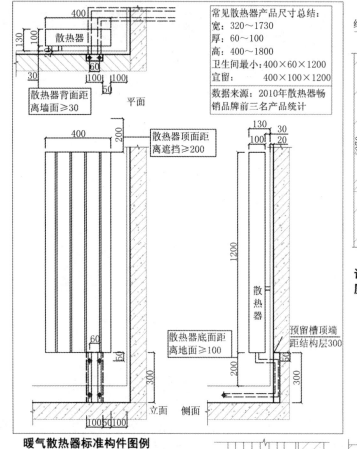

常见散热器产品尺寸总结：
宽：320～1730
厚：60～100
高：400～1800
卫生间最小：400×60×1200
宜留：400×100×1200

数据来源：2010年散热器畅销品牌前三名产品统计

暖气散热器标准构件图例

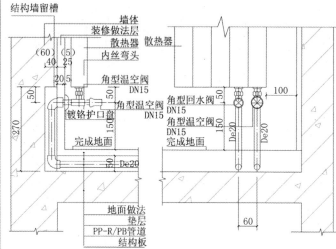

设备专业暖气管做法剖面
厨房内墙面贴瓷砖做法　　设备专业暖气管做法立面

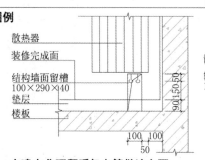

土建专业预留暖气走管做法立面

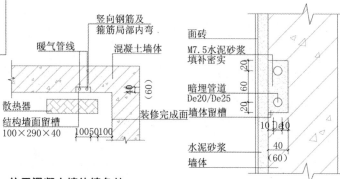

位于混凝土墙体墙角处
土建专业预留暖气走管做法平面　　局部做法
混凝土砌块墙及条板隔墙

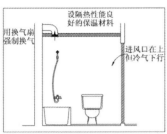

进风口设在下方时
顶棚容易结露。

进风口设在上方，顶棚加设
隔热材料，结露较少。

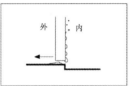

窗下设置暖风机防止结露。

顶棚采用粗糙、吸水性强的材料
防结露，并需倾斜5°～10°。

顶部加格栅、多孔板吊顶
缓冲顶棚表面温差。

浴室顶棚装结露承接装置。

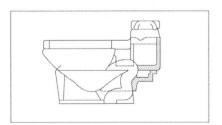

为防止结露，便器内部设空气层，
外部设保温材料。

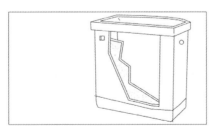

寒冷地区为防止水箱表面结露滴
水，可采用特殊水箱构造。

防止结露措施

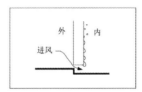

卫生间门外开，凝水容易
沿门滴到邻室。

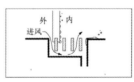

卫生间门内开，水滴在卫
生间中。

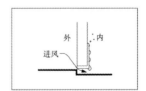

门下部加排水格栅，门上
水可顺势流入水槽，卫生
间内的水也不会被带出门外。

门下部包防水材料，以防
水对门底部侵蚀。

门下防止结露设计

要点说明

　　卫生间内由于水汽较多，寒冷天气时容易
结露。

　　结露点通常在顶棚、窗口、门下、水箱附近，
需要采取一定措施，防止结露或及时排除
凝结水。

要点说明

卫生间通风排烟系统由进风、排风两部分构成。

《住宅建筑规范》GB 50368-2005 中规定：厨房和无外窗的卫生间应有通风措施，且应预留安装排风机的位置和条件。

《住宅设计规范》GB 50096-1999 中规定：无外窗的卫生间，应设置有防回流构造的排气通风道，并预留安装排气机械的位置和条件；

厨房和卫生间的门，应在下部设有效截面积不小于 $0.02m^2$ 的固定百叶，或距地面留出不小于 30mm 的缝隙。

明卫生间：

一般在平面设计中，应尽量将卫生间靠外墙布置形成"明卫"，有利于天然采光和自然通风。

自然通风口面积应大于地板面积的 1/20。如面积为 $4m^2$ 的卫生间，其通风口面积至少为 $0.2m^2$。

在自然排风的同时，明卫同样会设置机械排风，加强通风效果，排除卫生间异味、废气、湿气。由于卫生间内排气中没有厨房内的油烟，可考虑通过排气扇直接排出室外。

暗卫生间：

集合住宅受到某些限制没有开设外窗的条件，形成"暗卫"。这时，采用人工强制通风换气方式，设置排风道和机械式通风换气装置，才能达到干燥水汽、排除废气、清新空气的目的。

在我国，集合住宅的暗卫生间的排气主要采用集中式的井道竖向排风，每层住户设置机械排风机排入竖井内，竖井通到屋顶。

卫生间排气扇位置

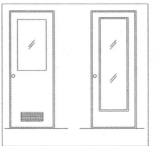

卫生间的自然进风

明卫生间

排气扇位于顶棚，通过管道排入风道

排气扇位于窗上，直接排向室外

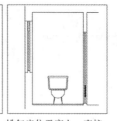

暗卫生间

排气扇位于顶棚，通过管道排入风道

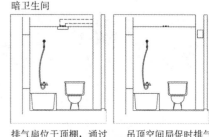

吊顶空间局促时排气扇位于风道一侧侧排

风道	风道尺寸	楼板预留洞
1~12层单独	320×250	350×280
13~24层单独	320×300	350×330
1~12层共用		
25~32层单独	400×320	450×350
13~24层共用		
25~32层共用	450×400	480×430

来源：《住宅厨卫排风道》88JZ8

风道	风道尺寸	楼板预留洞
≤18层：	250×250	350×300
≤33层：	320×250	300×420

来源：《住宅建筑构造》03J930-1

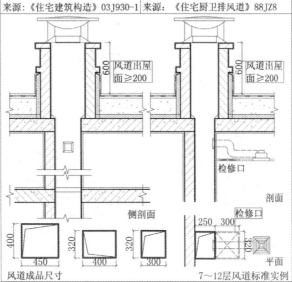

风道出屋面≥200

检修口

剖面

侧剖面

检修口

风道成品尺寸

450　320　320　250　300

400　400　300

7~12层风道标准实例

平面

风道标准模块图例

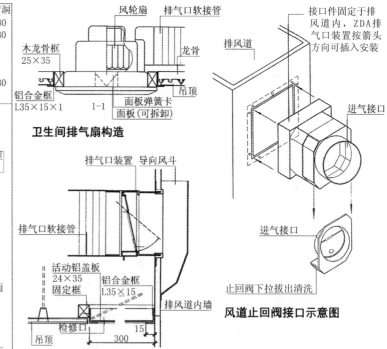

风轮扇　排气口软接管

木龙骨框 25×35　龙骨　排风道

铝合金框 L35×15×1

面板弹簧卡 面板(可拆卸)

吊顶

1-1

卫生间排气扇构造

排气口装置　导向风斗

排气口软接管

活动铝盖板 24×35 固定框

铝合金框 L35×15

排风道内墙

检修口

吊顶

2-2

卫生间风道检修口构造

接口件固定于排风道内，ZDA排气口装置按箭头方向可插入安装

排风道

进气接口

进气接口

止回阀下拉拔出清洗

风道止回阀接口示意图

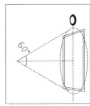

灯具应设在视线
的60°立体角之外

灯具应设在视线
60°立体角之外

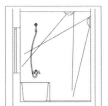

灯设在人常处位置的后
方或正上方，会造成人
处于自身的暗影中

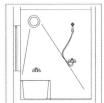

灯设在人的前方靠近
窗侧是正确的做法

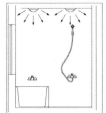

设置两盏灯可和互
清除阴影

灯设在人常处位置的后
方或正上方，会造成人
处于自身的暗影中

灯设于镜子上

灯设于镜子两边墙上

灯设于镜子上部墙上

灯具与洗脸化妆柜
组合，横向布置

灯具与洗脸化妆化妆
柜结合，竖向布置

灯具设于顶柜下
部格栅内

设在便器后方的灯容易造
成自身挡光

灯具设在便器的前
上方或侧方较好

照明设置位置

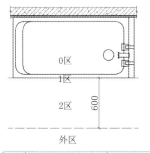

外区

外区

0区	淋浴盘及浴缸内部 高度<2250mm范围	不得安装插座 电气要双重绝缘
1区	淋浴盘及浴缸边缘 高度<2250mm范围	不得安装插座 电气要双重绝缘
2区	淋浴盘及浴缸边缘 600mm外围内，且高 度<2250mm的范围	要安装防水插座
其余	0区、1区、2区之外	可安装防溅插座

卫生间内宜设置250V、10A防溅水型电插座2 组以上，插座应
设置单独回路，电源回路应设漏电保护装置。

插座对象	插座位置
电热水器	位于热水器附近，距地高度1800mm
电吹风	镜箱附近，距地高度1200mm
洁身器	坐便器一侧距地500mm
洗衣机	距地高度宜为300mm
排风机、电暖等	不设插座，连入总电路中，开关并与卫生 间总开关，入口墙一侧距地1200mm

卫生间的插座设置

要点说明

　　卫生间照明首先应尽量满足自然采光，在采光不足或无外窗采光时需要采取电气照明，平均照度应在 25 ～ 50lx。

　　目前规范中没有详细规定各空间的照度，可参考国外同类空间标准。

　　日本住宅卫生间的照明标准：

卫生空间	照明方式	照度(1x)
浴室、洗漱间	整体照明	75～150
化妆、梳理	局部照明	200～500
厕所空间（晚间）	整体照明	50～100
厕所空间（深夜）	整体或局部照明	1～2
家务空间	整体照明	75～150
洗衣空间	局部照明	150～300

（资料来源：周燕珉，邵玉石．商品住宅厨卫空间设计．北京：中国建筑工业出版社，2000：135）

　　卫生间有大量电气设施，需要电线布设，布设方法为钢管暗敷设法，吊顶内走线槽，线槽至信息点之间采用钢管连接方法、地面线槽暗敷设法。

　　电线管与热水管、蒸汽管同侧敷设时，应敷设在热水管、蒸汽管的下面。当有困难时，可敷设在其上面。其相互间的净距不宜小于下列数值：

　　1. 当电线管敷设在热水管下面时为 0.2m，在上面时为 0.3m。

　　2. 当电线管敷设在蒸汽管下面时为 0.5m，在上面时为 1m。

　　当不能符合上述要求时，应采取隔热措施。对有保温措施的蒸汽管，上下净距可减至0.2m。电线管与其他管道(不包括可燃气体及易燃、可燃液体管道)的平行净距不应小于0.1m。

　　当与水管同侧敷设时，宜敷设在水管的上面。管线互相交叉时的距离，不宜小于相应上述的平行净距。

要点说明

《住宅设计规范》GB 50096-1999 中规定：

卫生间人流交通较少，室内净高可比卧室和起居室（厅）低。但卫生间从空气容量、通风排气口的高度要求等方面考虑，不应低于2.20m。另外，从卫生设备的发展看，室内净高低于2.20m不利于设备及管线的布置。

本图选取层高为2800mm的情况为例，综合前部分涉及的人体尺度、产品尺寸及管线设备空间需求进行组合。其中包括管井空间、洁具空间、储藏空间三大部分。

组合过程所依据原则如下：

原则之一：

针对每种洁具，挑选市场上最热门或排名最靠前的厨具生产商的产品，对产品尺寸进行总结。

原则之二：

对每项卫生行为活动区域留出最低限值空间的平面尺寸。当2件以上洁具及其配件组合在一个空间时，对2件洁具的使用活动区域中可以叠加使用的部分充分加以利用。

原则之三：

考虑设备、设施安装、就位、维修所需的空间。

原则之四：

卫生间平面的边长尺寸参数满足模数要求，以便与套型平面组合具有整体协调性，并利于设置家具储藏空间。

管井空间标准构件

根据前部分对管线设备的分别研究，卫生间内五类管线设备：
给水、热水、排水、排风、电气。
其中给水、热水立管宜集中设置在核心筒，支管通过地埋、墙埋至用水点。电气线路贴墙内布线，对空间影响很小。
只有排水立管、风道需要设置竖向管井，两者宜集中布置，空间完整。在平面中，竖向管井可贴墙角设置或作为空间隔墙加以利用。

两者整合如图

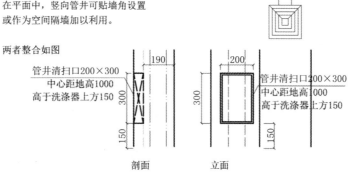

三大洁具空间

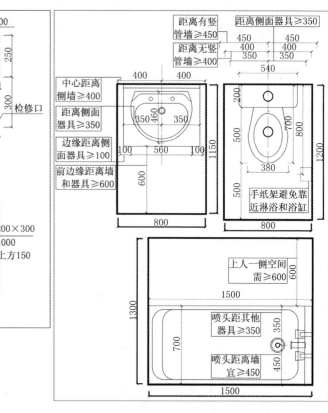

手纸架避免靠近淋浴和浴缸

上人一侧空间需≥600

喷头距其他器具≥350

喷头距离墙宜≥450

储藏空间

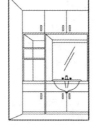
设于洗池周围和下方的化妆柜组柜

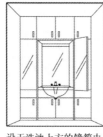
设于洗池上方的镜箱内，镜面可打开

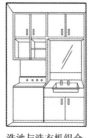
洗池与洗衣机组合设于家务储藏间

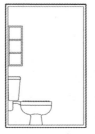
坐便器上方无窗、无热水器，可设于其上

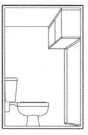
净主足够时，可设于门上

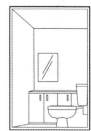
在坐便器一侧

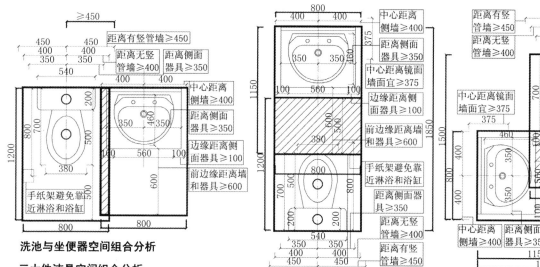

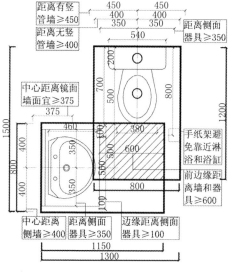

距离有竖管墙≥450
距离无竖管墙≥400
距离侧面器具≥350
中心距离侧墙≥400
距离侧面器具≥350
边缘距离侧面器具≥100
前边缘距离墙和器具≥600
手纸架避免靠近淋浴和浴缸

中心距离侧墙≥400
距离侧面器具≥350
中心距离镜面墙面宜≥375
边缘距离侧面器具≥100
前边缘距离墙和器具≥600
手纸架避免靠近淋浴和浴缸
距离侧面器具≥350
距离无竖管墙≥400
中心距离侧墙≥400
距离侧面器具≥350
距离有竖管墙≥450

距离有竖管墙≥450
距离无竖管墙≥400
距离侧面器具≥350
中心距离镜面墙面宜≥375
手纸架避免靠近淋浴和浴缸
前边缘距离墙和器具≥600
中心距离侧墙≥400
距离侧面器具≥350
边缘距离侧面器具≥100

洗池与坐便器空间组合分析

三大件洁具空间组合分析

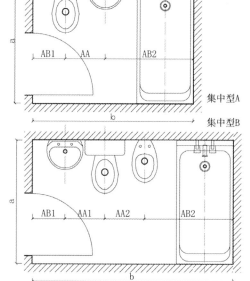

集中型A

集中型B

分区型A

分区型B

集中型A	舒适尺寸	最小尺寸
AA	750	500
AB1	550	400
AA	1250	1100
a	1800	1500
b	2550	2000

分区型A	舒适尺寸	最小尺寸
AB1	550	400
AB2	1250	1100
BB	1000	8500
a	1800	1500
b	3050	2600

集中型B	舒适尺寸	最小尺寸
AA1 AA2	750	500
AB1	550	400
AB2	1250	1100
a	1800	1500
b	3300	2500

分区型B	舒适尺寸	最小尺寸
AB1	550	400
AB2	1250	1100
AB3	500	350
BB	600	600
a	1800	1800
b	3300	3000

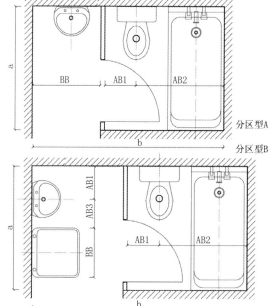

要点说明

《住宅设计规范》GB 50096-1999 中规定：

卫生间人流交通较少，室内净高可比卧室和起居室（厅）低。但卫生间从空气容量、通风排气口的高度要求等方面考虑不应低于2.20m。另外，从卫生设备的发展看，室内净高低于2.20m不利于设备及管线的布置。

本图选取层高为2800mm的情况为例，综合前部涉及的人体尺度、产品尺寸及管线设备空间需求进行组合。其中包括管井空间、洁具空间、储藏空间三大部分。

组合过程所依据原则如下：

原则之一：

针对每种洁具，挑选市场上最热门或排名最靠前的厨具生产商的产品，对产品尺寸进行总结。

原则之二：

对每项卫生行为活动区域留出最低限值空间的平面尺寸。当2件以上洁具及其配件组合在一个空间时，对2件洁具的使用活动区域中可以叠加使用的部分充分加以利用。

原则之三：

考虑设备、设施安装、就位、维修所需的空间。

原则之四：

卫生间平面的边长尺寸参数满足模数要求，以便与套型平面组合具有整体协调性，并利于设置家具储藏空间。

要点说明

转角 L 形卫生间

整体概况：

针对每种洁具，挑选市场上最热门或排名最靠前的厨具生产商的产品尺寸，根据人体尺度和规范对每项卫生行为活动区域留出最低限值空间的平面尺寸。净尺寸为 1700mm×1700mm。

当实际应用尺寸大于本图则，可放宽面宽，加大台面长度。

产品布置：

1. 三大洁具

坐便器与洗池呈直角相对，角落布置淋浴盘。

2. 洗衣机位

进深可增加 600mm 以上时，在洗池一侧可设洗衣机位，如有空间可单独设置洗衣机家务间。

3. 热水供应

若使用燃气热水器宜布置在厨房，电热水器可布置在卫生间。在有洗衣机位时，最好安置在洗衣机位上方；无洗衣机位时，当净高允许，可设置在坐便器上方。

管井设置：

风道与水管井集中设置成管道井墙，靠墙面布置在坐便器后，尽可能靠近坐便器。

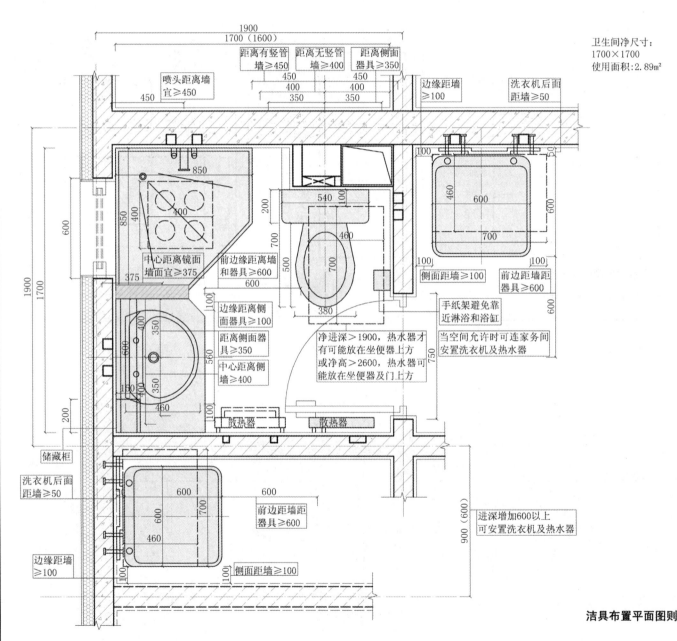

卫生间净尺寸：
1700×1700
使用面积：2.89m²

洁具布置平面图则

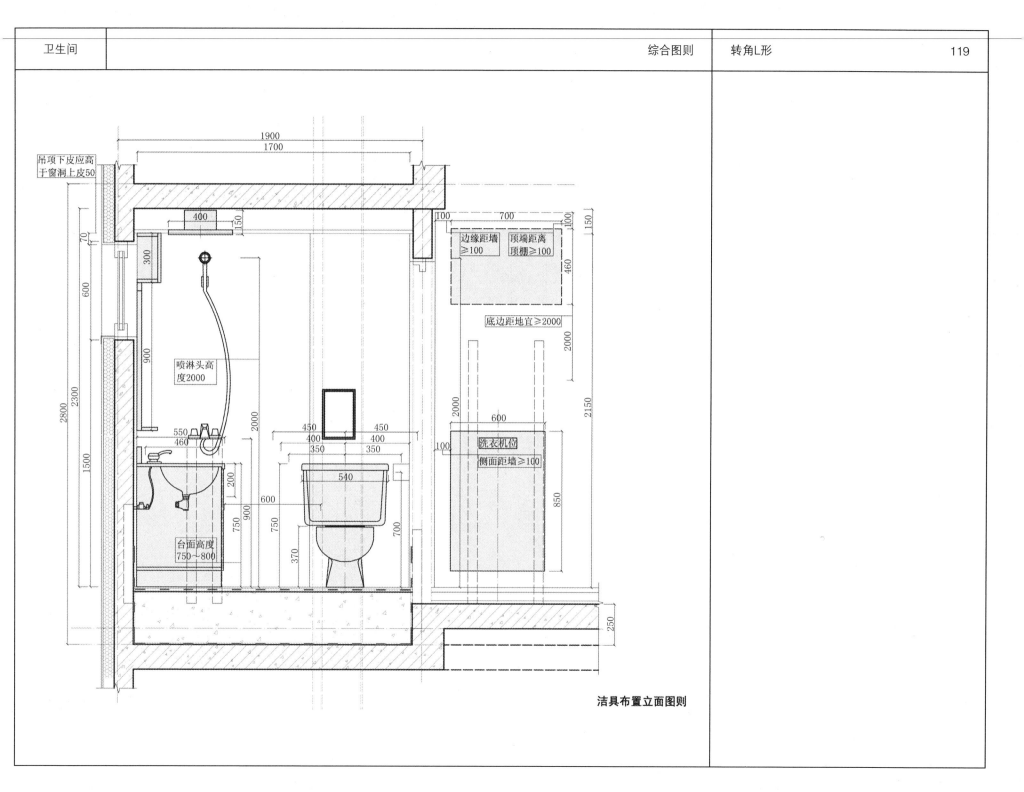

洁具布置立面图则

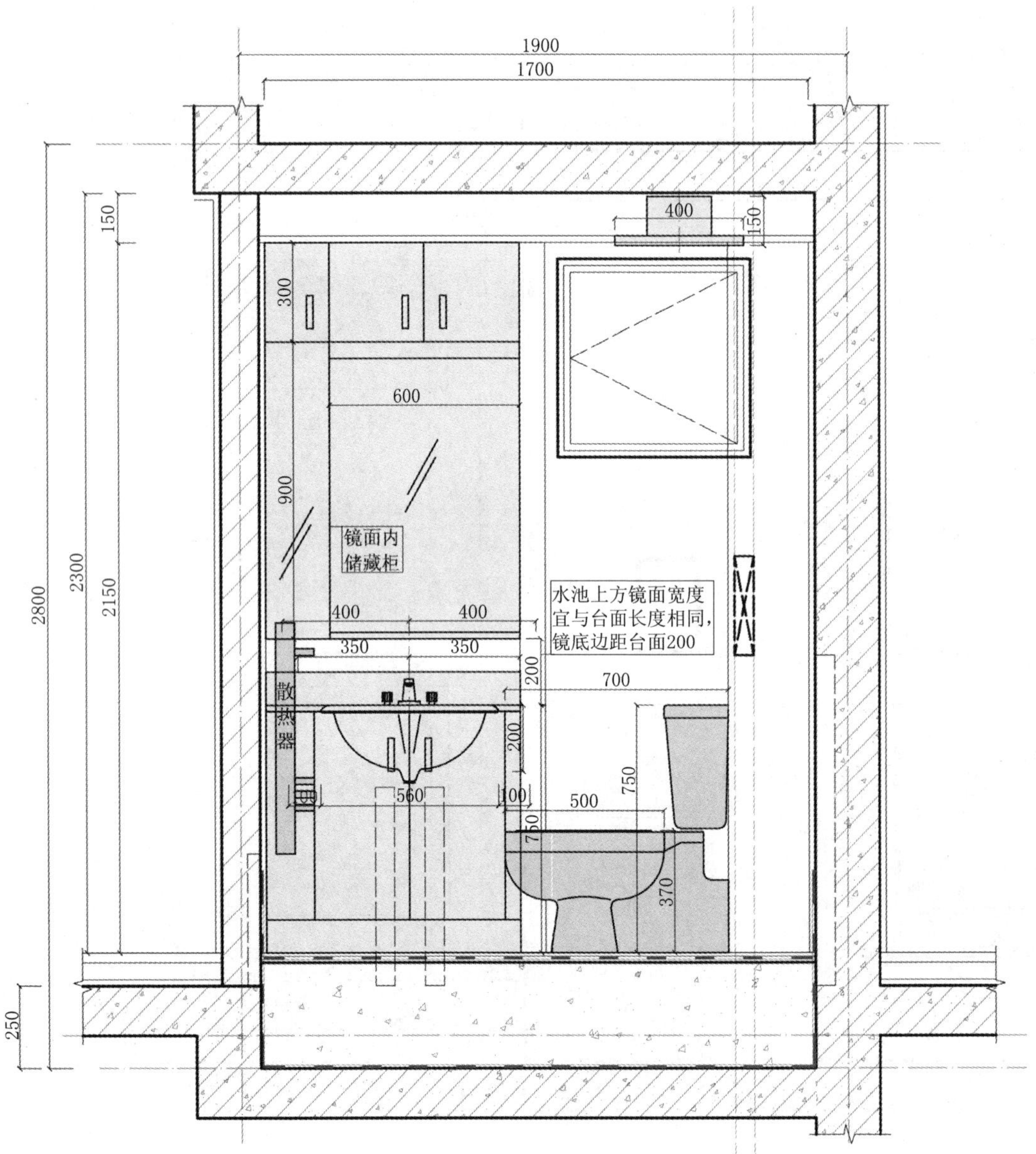

1900
1700

150
300
600
900
2300
2800
2150
400
400
350　　350
200

镜面内
储藏柜

散热器

560　　100

250

400
150

水池上方镜面宽度
宜与台面长度相同,
镜底边距台面200

700
750
500　　750
750
370

洁具布置侧面图则

给排热水平面图则

预留槽
60×60

1900

150

排水管DN100

管井清扫口200×300
中心距地高1000
高于洗涤器上方150

60　240

250

320

给水管

排水管

热水管

预留槽
60×60

150

排水管

下排式排污口中心离
墙距离为300或420

中水管

给水管

热水管

700

600

100

420

900（600）

700

400　　　400

150
120

散热器　　散热器

也可靠近水池
兼作毛巾架

散热器背面距
离墙面≥30mm

40　　40　　30　　100　100
50

1900

要点说明

　　转角 L 形卫生间

　　给水：
　　给水立管集中设置在核心筒中，通过地埋
接入卫生间，支管通过墙埋方式送至用水点。

　　热水：
　　热水管敷设方式同给水管，通过地埋及墙
埋方式送至热水用水点。

　　排水：
　　排水方式采用降板同层排水方式，降板厚
度为 250mm，排水横管在降板垫层内敷设。

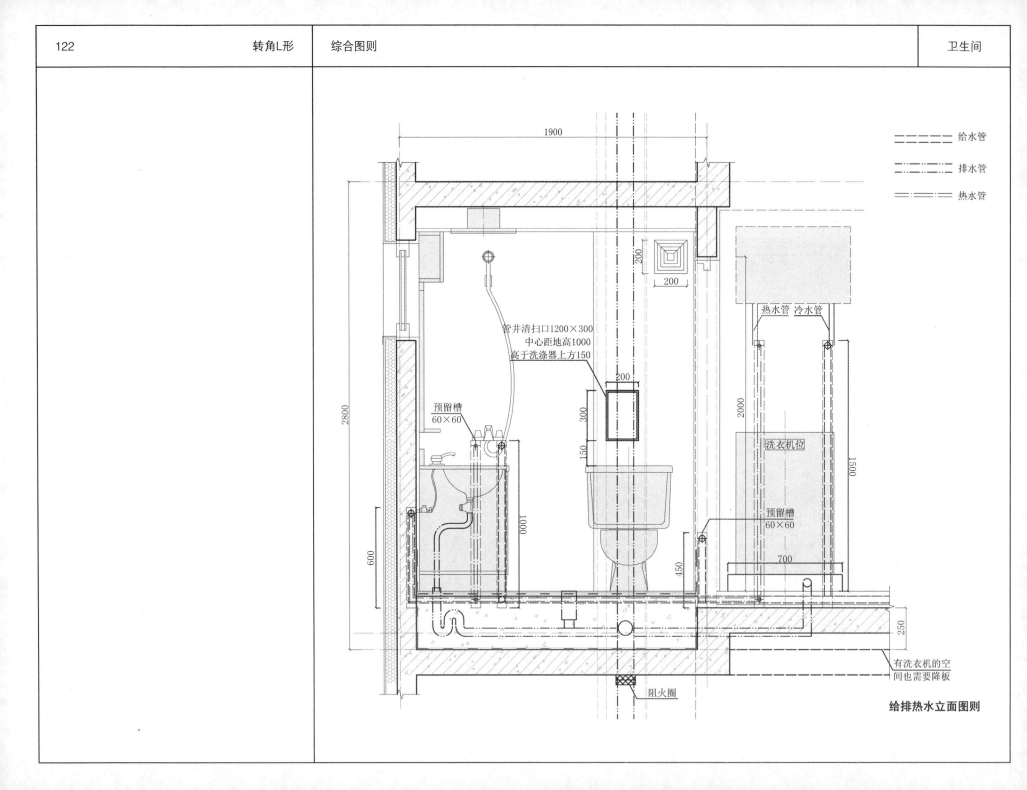

给水管

排水管

热水管

1900

200

200

管井清扫口1200×300
中心距地高1000
高于洗涤器上方150

热水管 冷水管

200

300

2000

150

2800

洗衣机位

预留槽
60×60

1500

预留槽
60×60

1000

450

700

600

250

有洗衣机的空
间也需要降板

阻火圈

给排热水立面图则

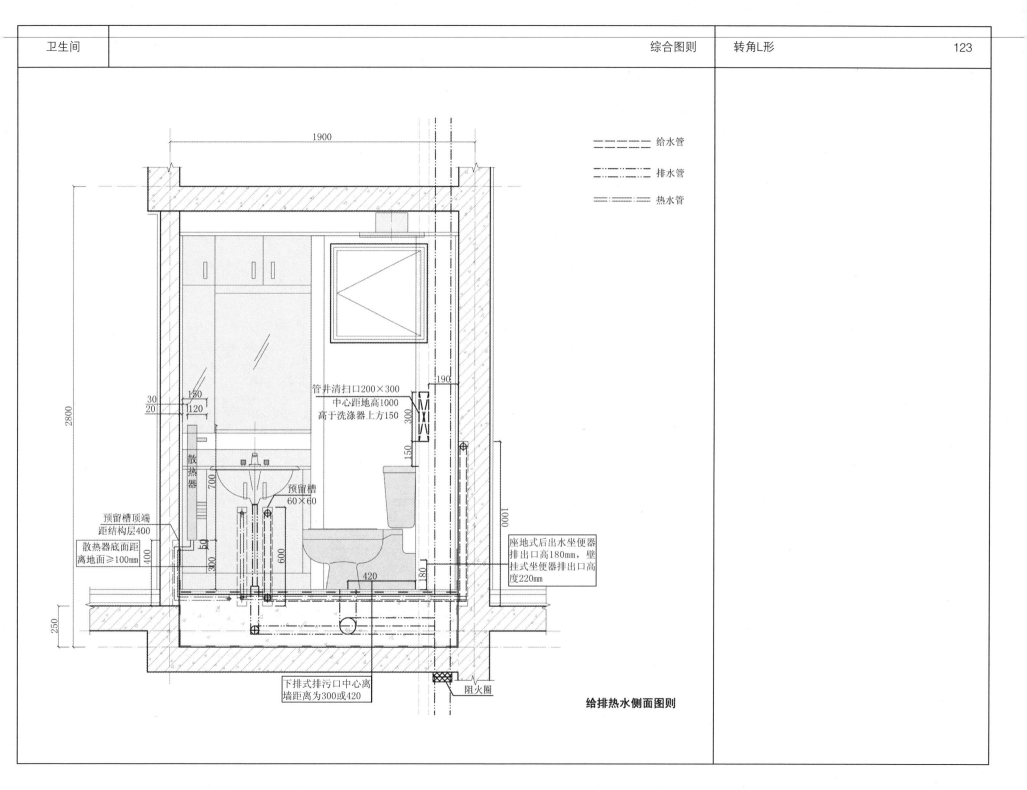

给水管

排水管

热水管

1900

2800

250

30
20

150
120

散热器

700

预留槽顶端
距结构层400

散热器底面距
离地面≥100mm

50

300

400

600

管井清扫口200×300
中心距地高1000
高于洗涤器上方150

150

300

190

1000

预留槽
60×60

座地式后出水坐便器
排出口高180mm，壁
挂式坐便器排出口高
度220mm

420

80

下排式排污口中心离
墙距离为300或420

阻火圈

给排热水侧面图则

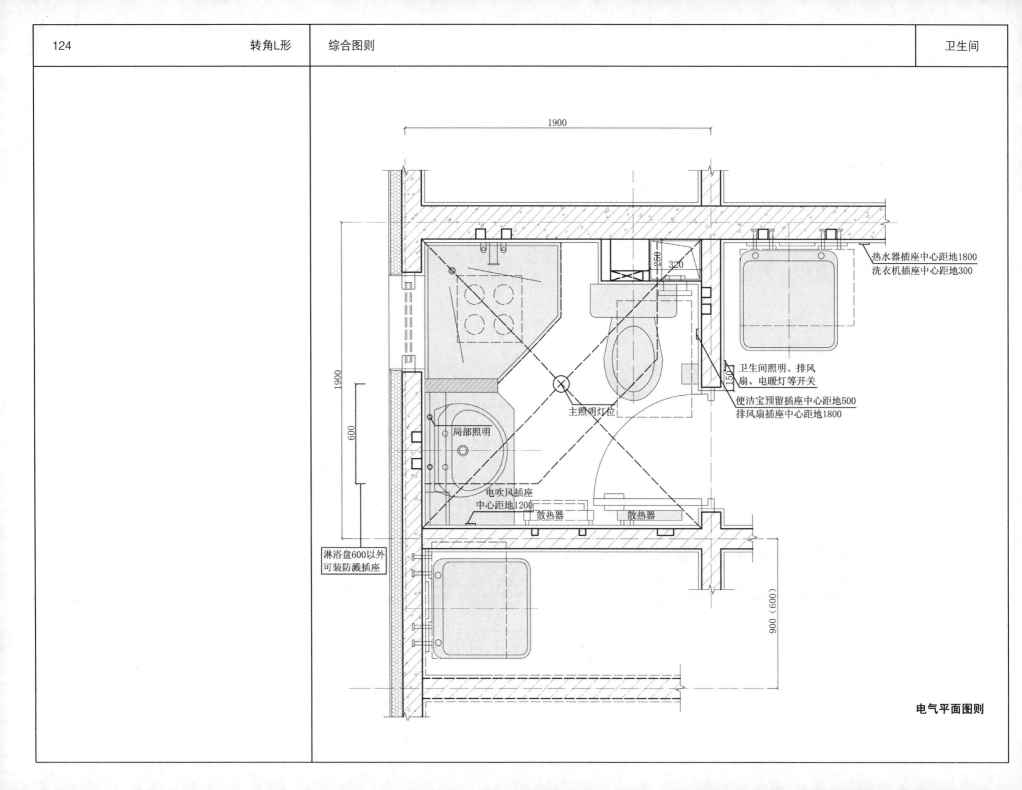

1900

1900

600

250

320

150

热水器插座中心距地1800
洗衣机插座中心距地300

卫生间照明、排风
扇、电暖灯等开关

便洁宝预留插座中心距地500
排风扇插座中心距地1800

主照明灯位

局部照明

电吹风插座
中心距地1200

散热器 散热器

淋浴盘600以外
可装防溅插座

(900)900

电气平面图则

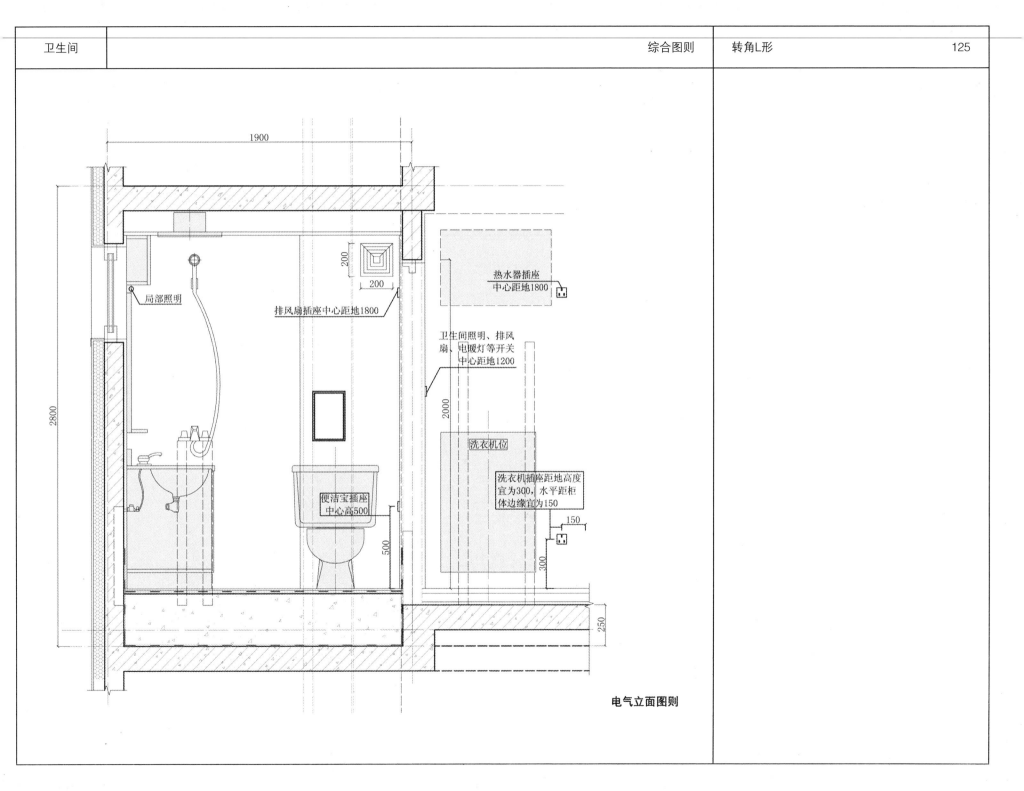

1900

2800

200

200

局部照明

排风扇插座中心距地1800

热水器插座
中心距地1800

卫生间照明、排风
扇、电暖灯等开关
中心距地1200

2000

洗衣机位

便洁宝插座
中心高500

洗衣机插座距地高度
宜为300，水平距柜
体边缘宜为150

500

150

300

250

电气立面图则

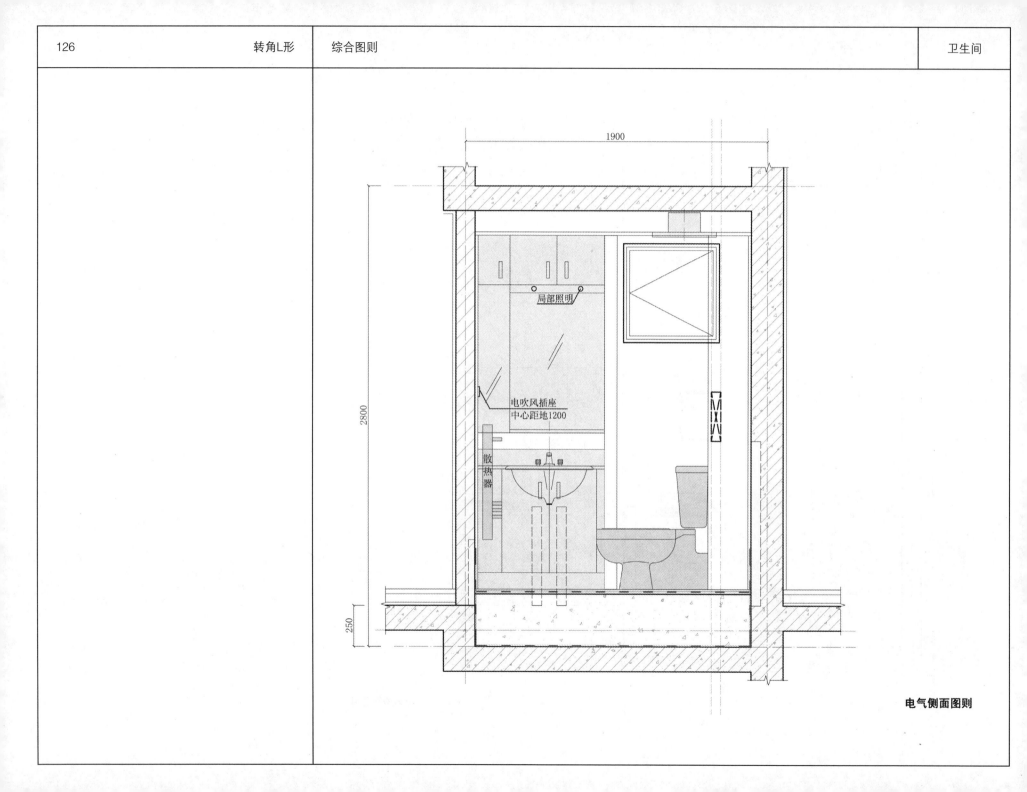

电气侧面图则

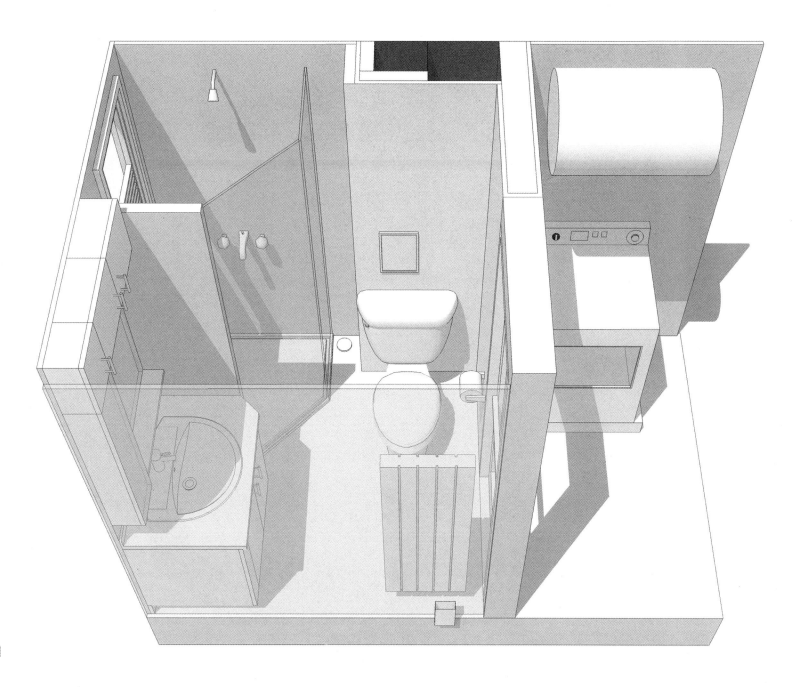

俯视图

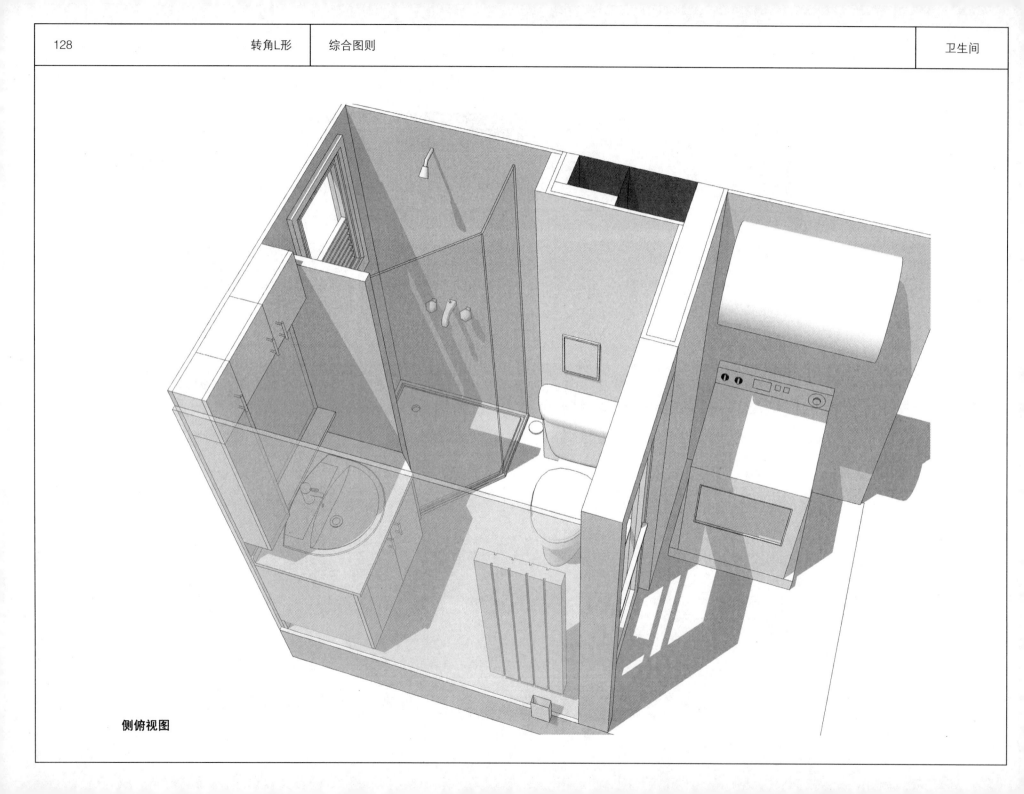

侧俯视图

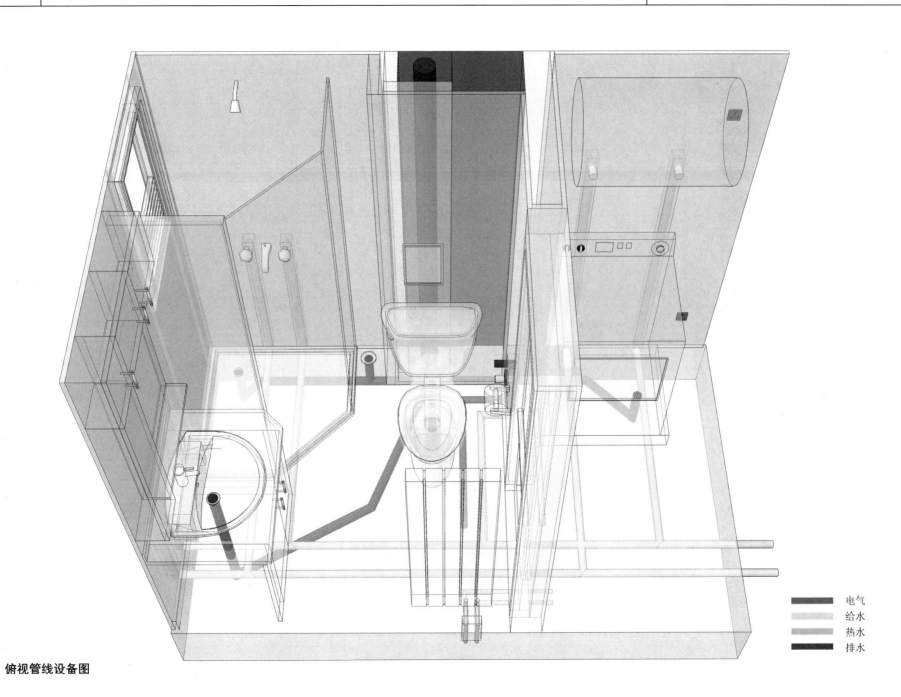

俯视管线设备图

电气
给水
热水
排水

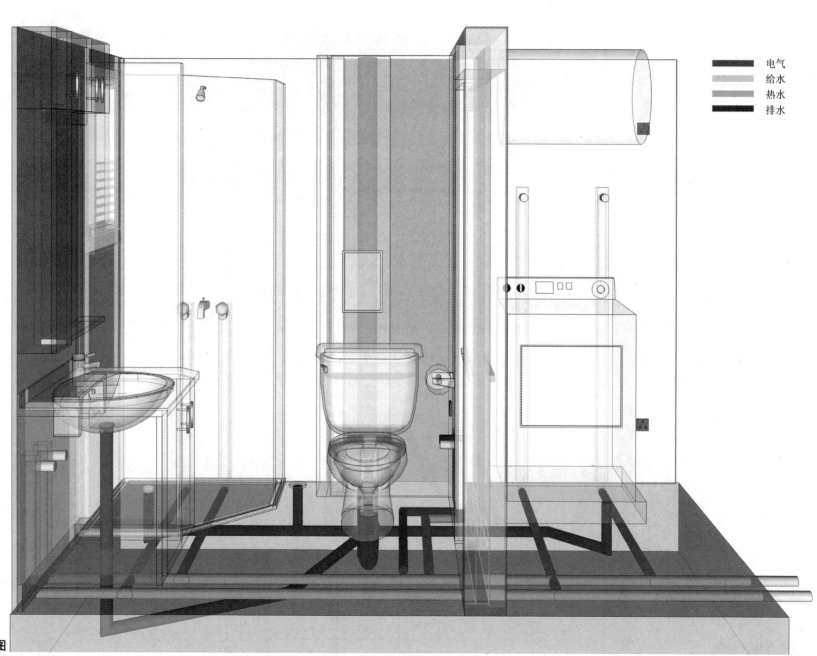

电气
给水
热水
排水

正视管线设备图

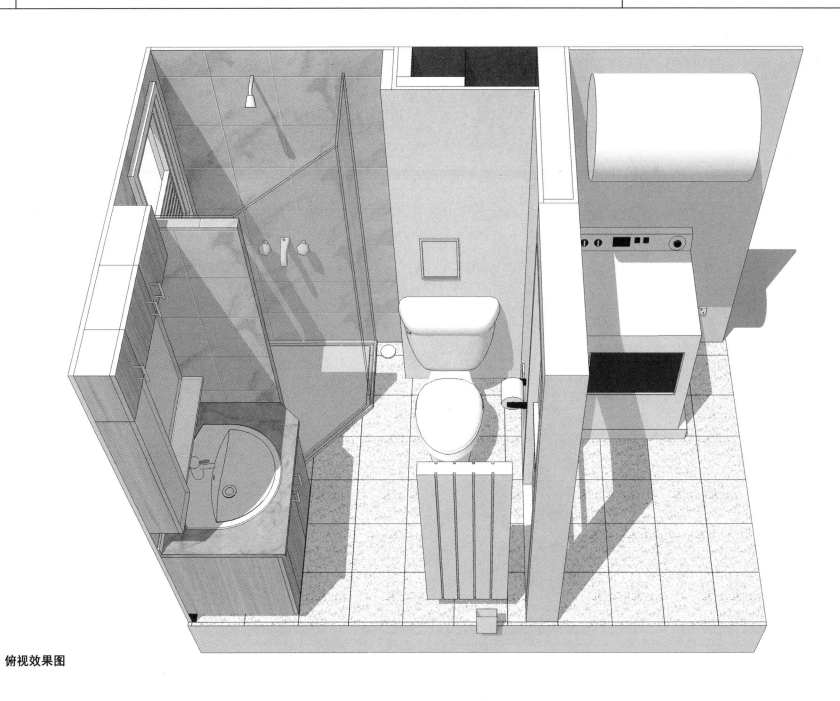

俯视效果图

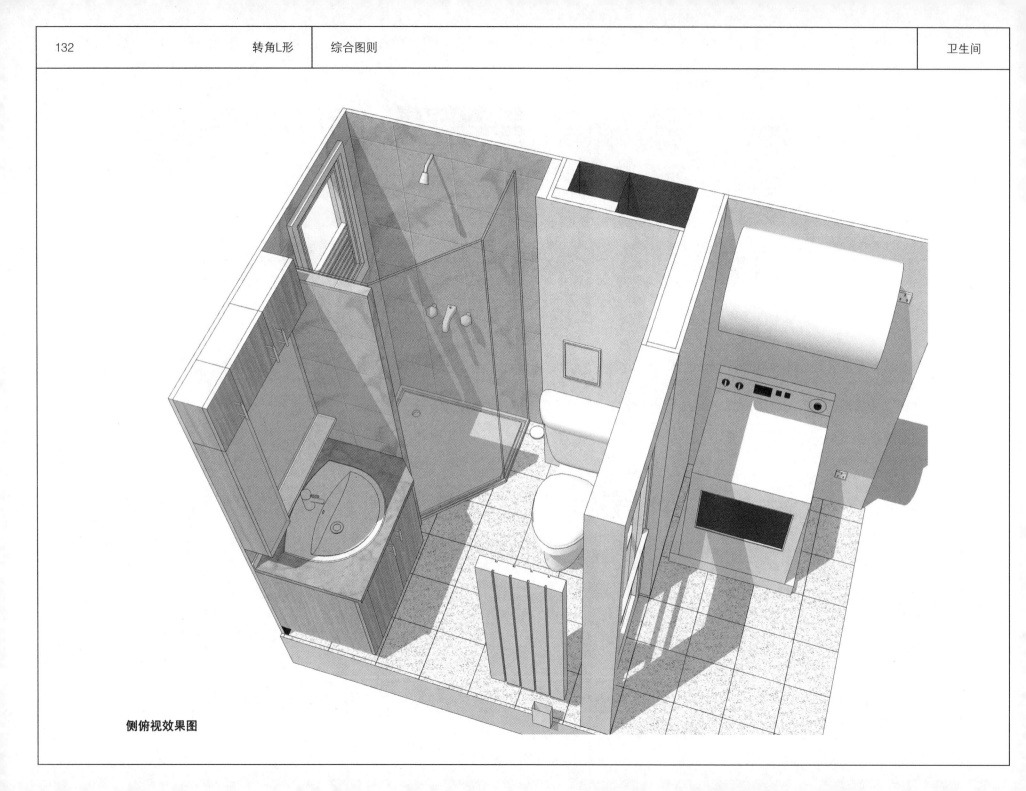

侧俯视效果图

要点说明

整体概况：

针对每种洁具，挑选市场上最热门或排名最靠前的厨具生产商的产品尺寸，根据人体尺度和规范对每项卫生行为活动区域留出最低限值空间的平面尺寸。净尺寸为1500mm×2400mm。

当实际应用尺寸大于本图则，可放宽面宽，加大台面长度。

产品布置：

1. 三大洁具

淋浴位、坐便器与洗池呈直线依次排列。

2. 洗衣机位

在入口一侧如有空间可设置洗衣机家务间。

3. 热水供应

若使用燃气热水器，宜布置在厨房，电热水器可布置在卫生间。在有洗衣机位时，最好安置在洗衣机位上方；无洗衣机位时，当净高允许可设置在坐便器上方。

管井设置：

风道与水管井集中设置成管道井墙，靠墙面布置在淋浴位后。

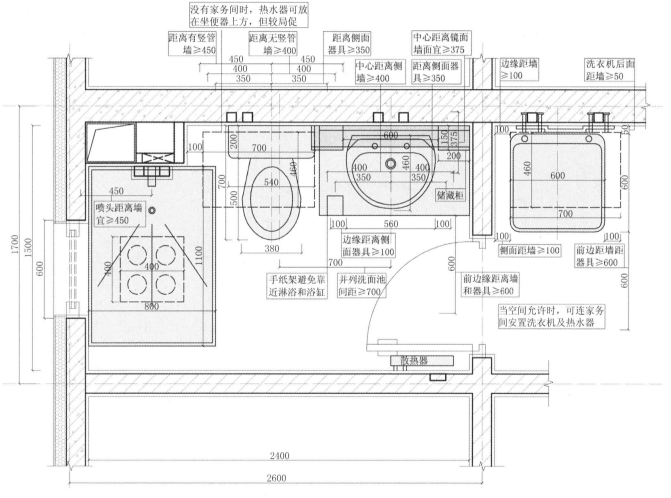

卫生间净尺寸：
1500×2400，
使用面积：3.6m²

没有家务间时，热水器可放在坐便器上方，但较局促

距离有竖管墙≥450
距离无竖管墙≥400
距离侧面器具≥350
中心距离镜面墙面宜≥375
中心距离侧墙≥400
距离侧面器具≥350
边缘距墙≥100
洗衣机后面距墙≥50

喷头距离墙宜≥450

手纸架避免靠近淋浴和浴缸

并列洗面池间距≥700

边缘距离侧面器具≥100

前边缘距离墙和器具≥600

侧面距墙≥100

前边缘距墙距器具≥600

当空间允许时，可连家务间安置洗衣机及热水器

储藏柜

散热器

洁具布置平面图则

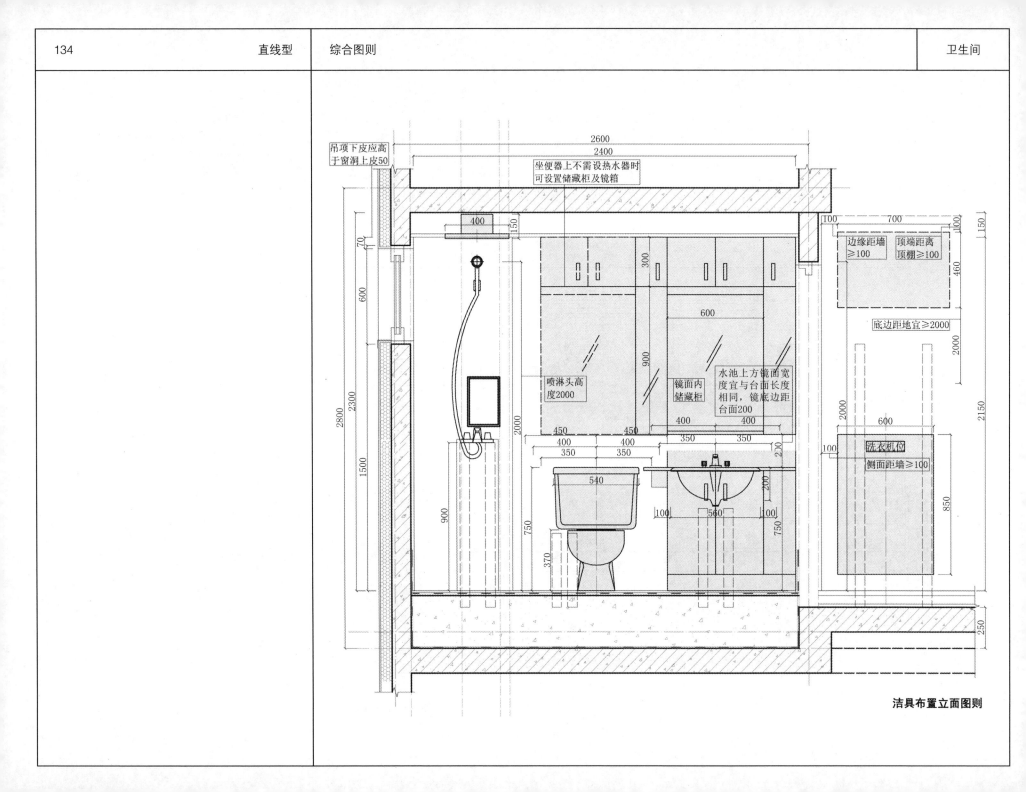

吊顶下皮应高于窗洞上皮50

坐便器上不需设热水器时可设置储藏柜及镜箱

边缘距墙≥100

顶端距离顶棚≥100

底边距地宜≥2000

喷淋头高度2000

镜面内储藏柜

水池上方镜面宽度宜与台面长度相同，镜底边距台面200

洗衣机位侧面距墙≥100

洁具布置立面图则

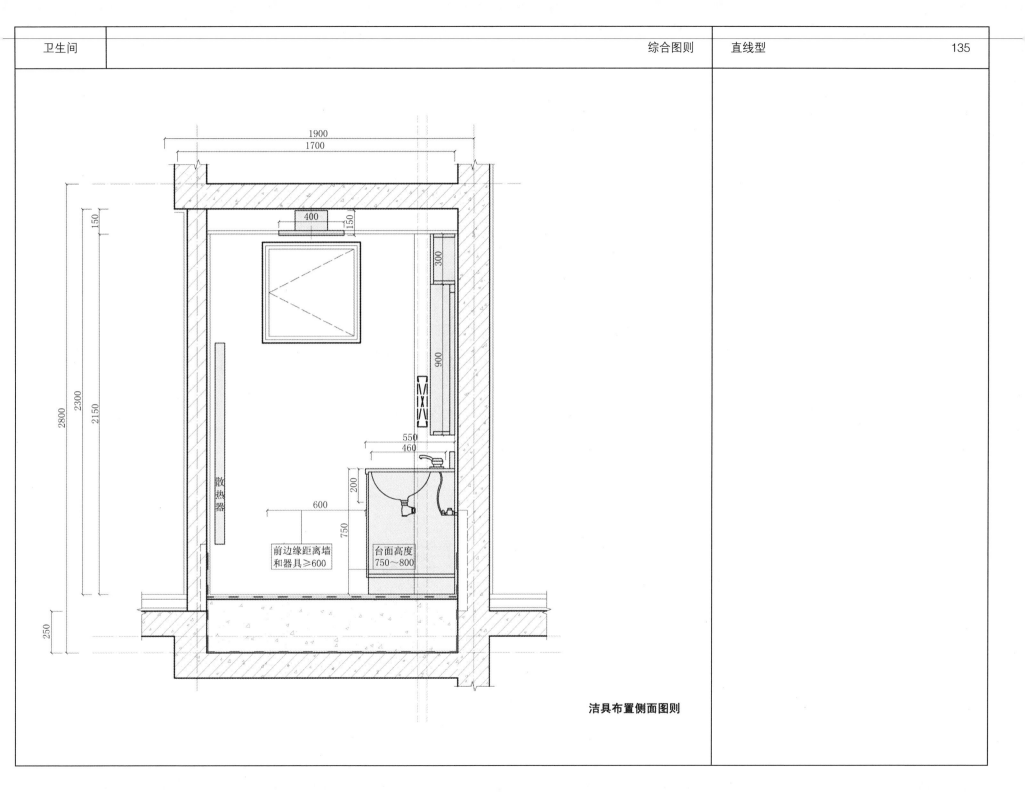

洁具布置侧面图则

要点说明

直线型卫生间

给水：

给水立管集中设置在核心筒中，通过地埋接入卫生间，支管通过墙埋方式送至用水点。

热水：

热水管敷设方式同给水管，通过地埋及墙埋方式送至热水用水点。

排水：

排水方式采用降板同层排水方式，降板厚度为250mm，排水横管在降板垫层内敷设。

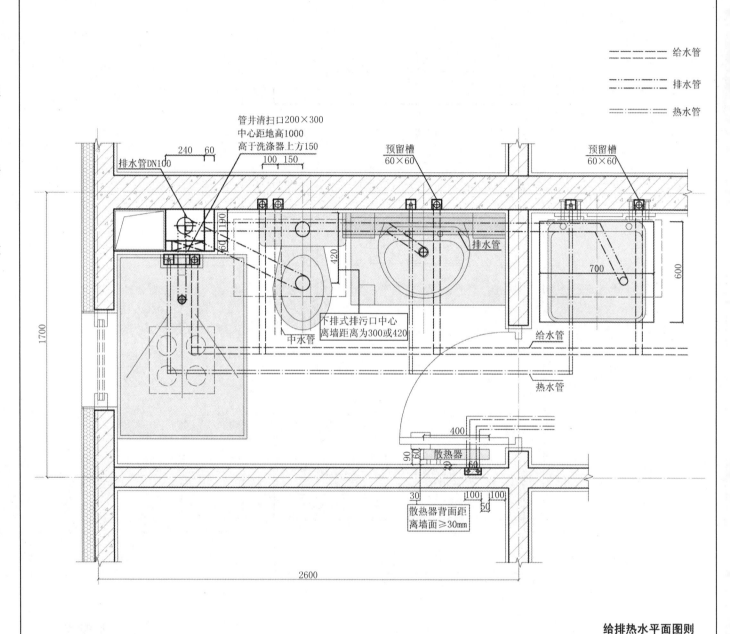

给排热水平面图则

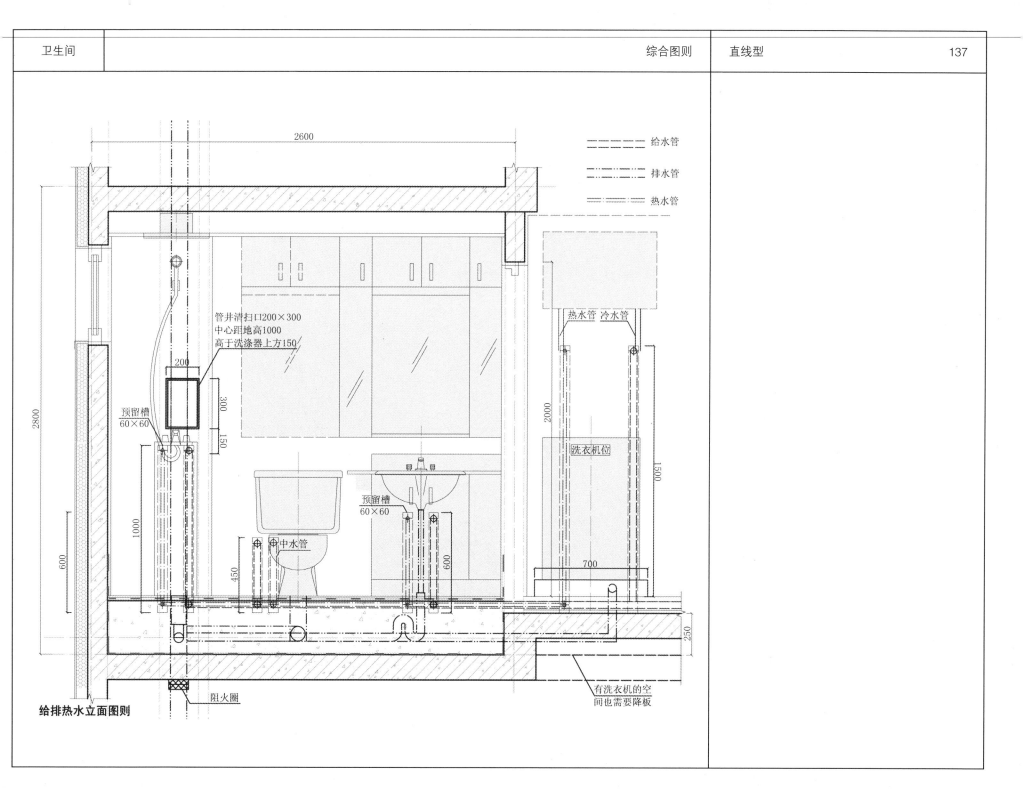

2600

给水管
排水管
热水管

管井清扫口200×300
中心距地高1000
高于洗涤器上方150

200

300

150

预留槽
60×60

2800

热水管 冷水管

2000

洗衣机位

1500

1000

预留槽
60×60

600

中水管

450

700

250

有洗衣机的空
间也需要降板

阻火圈

给排热水立面图则

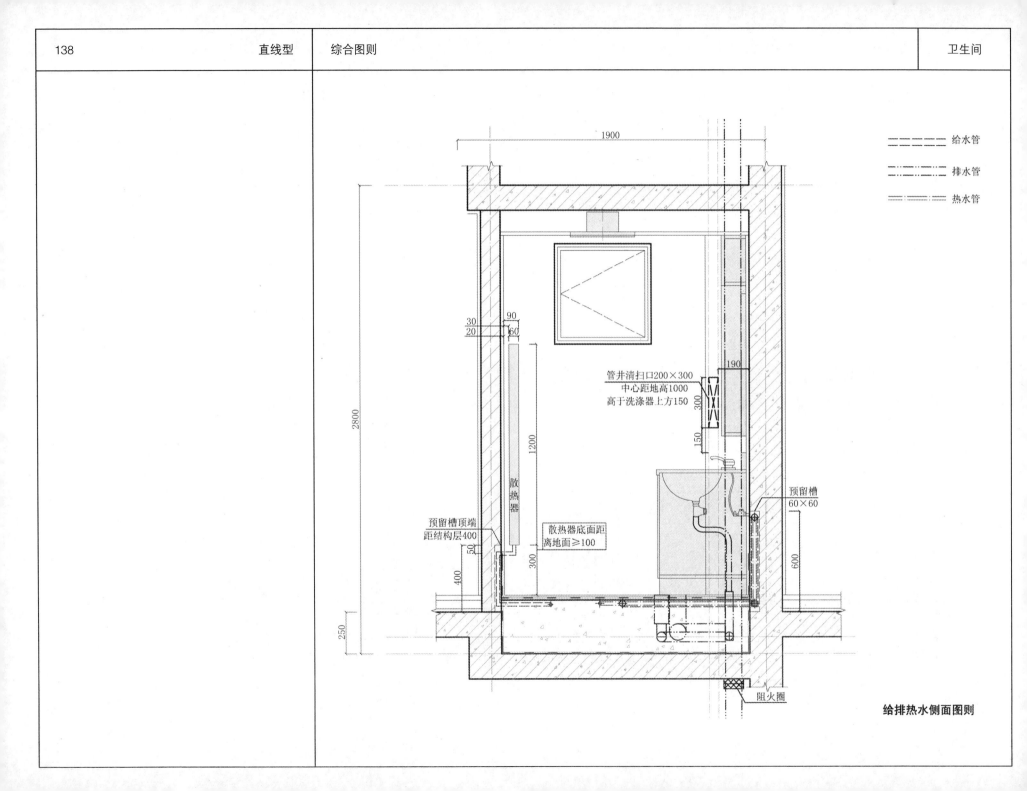

给水管

排水管

热水管

1900

管井清扫口200×300
中心距地高1000
高于洗涤器上方150

预留槽
60×60

散热器

预留槽顶端
距结构层400

散热器底面距
离地面≥100

阻火圈

2800

1200

给排热水侧面图则

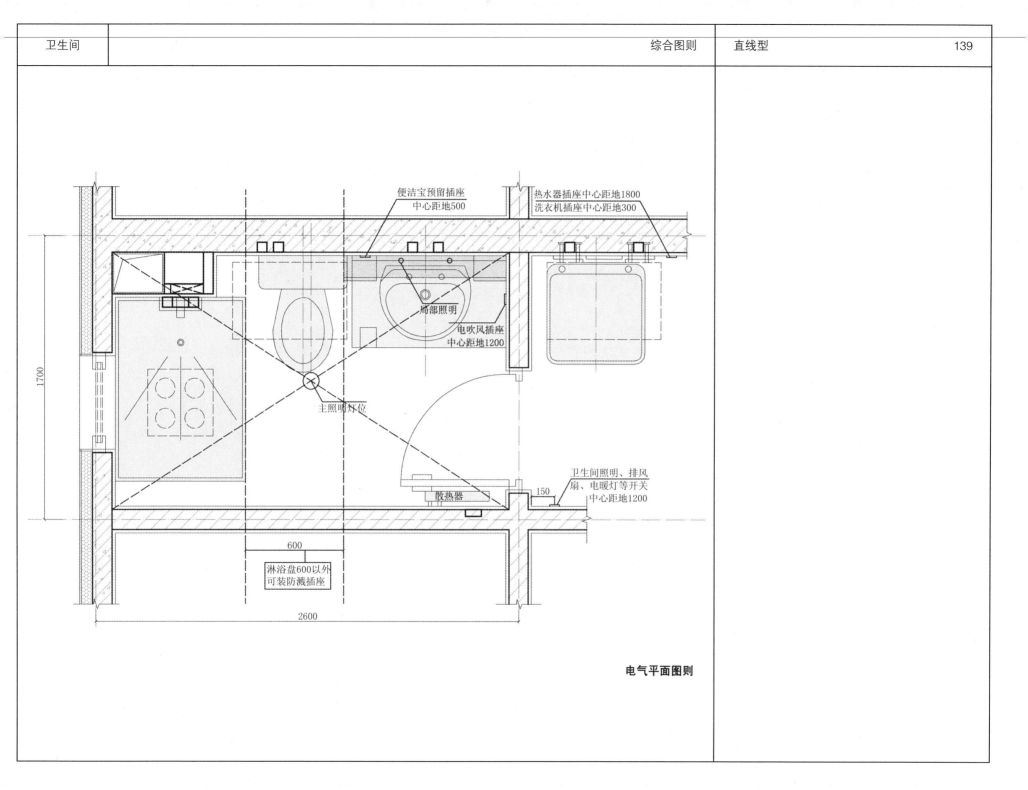

便洁宝预留插座
中心距地500

热水器插座中心距地1800
洗衣机插座中心距地300

局部照明

电吹风插座
中心距地1200

主照明灯位

散热器

卫生间照明、排风
扇、电暖灯等开关
中心距地1200

150

1700

600

淋浴盘600以外
可装防溅插座

2600

电气平面图则

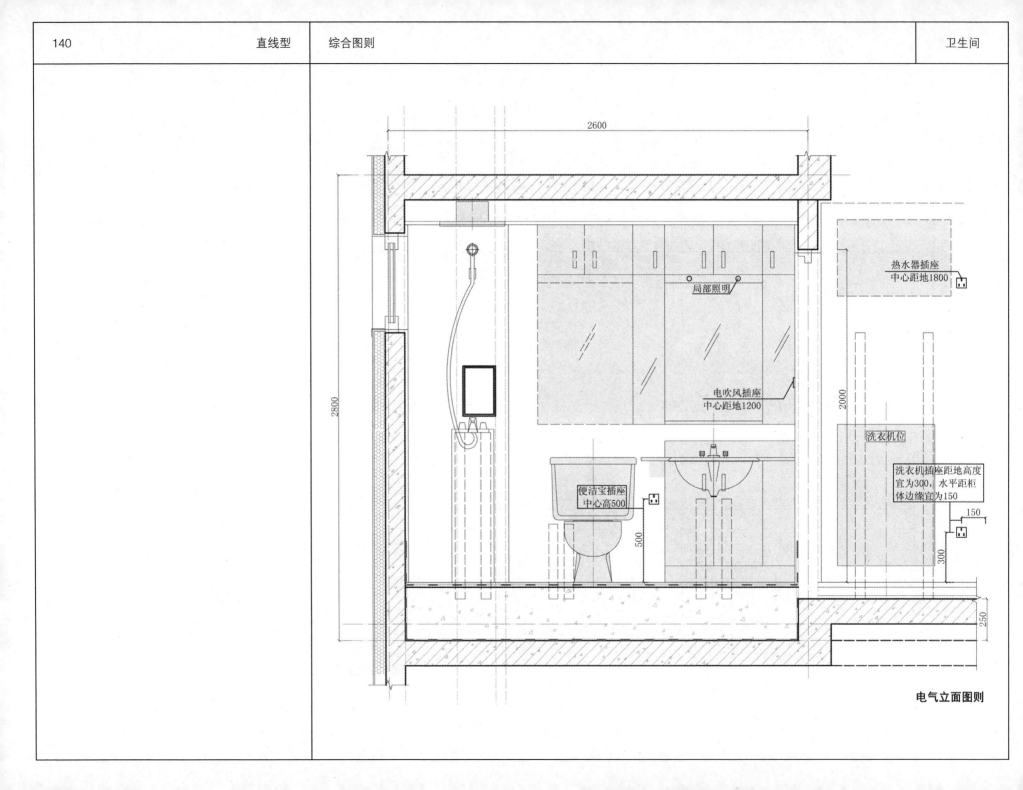

2600

2800

局部照明

热水器插座
中心距地1800

电吹风插座
中心距地1200

2000

洗衣机位

便洁宝插座
中心高500

洗衣机插座距地高度
宜为300，水平距柜
体边缘宜为150

150

500

300

250

电气立面图则

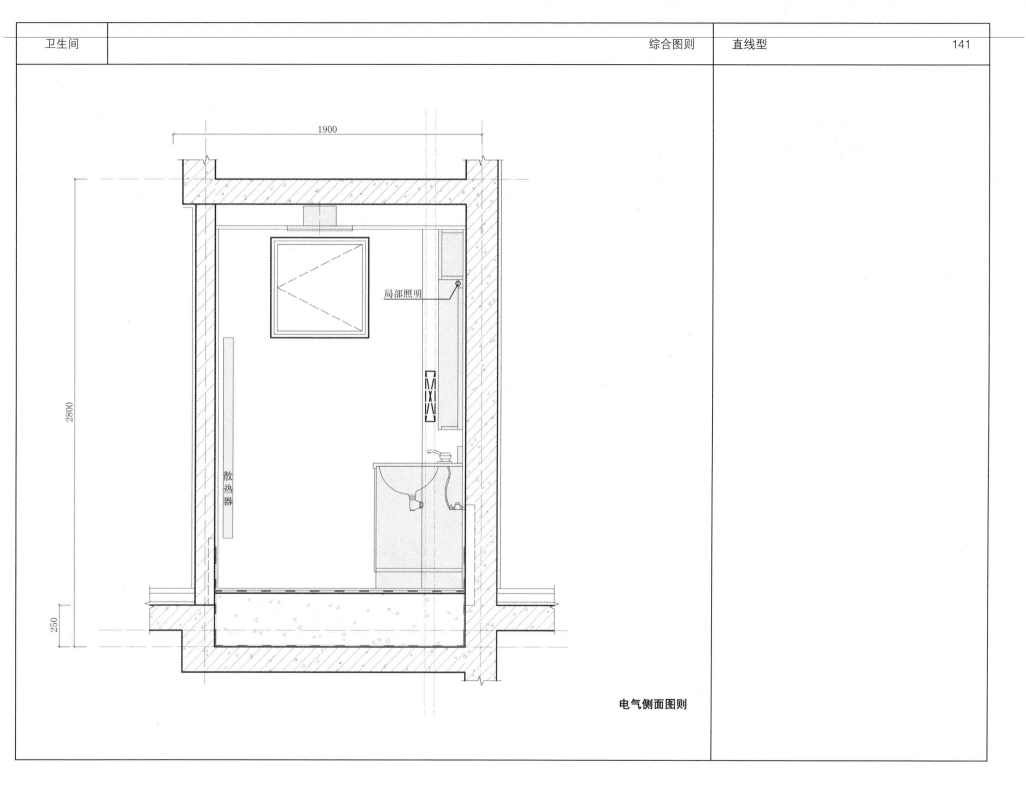

局部照明

散热器

1900

2800

250

电气侧面图则

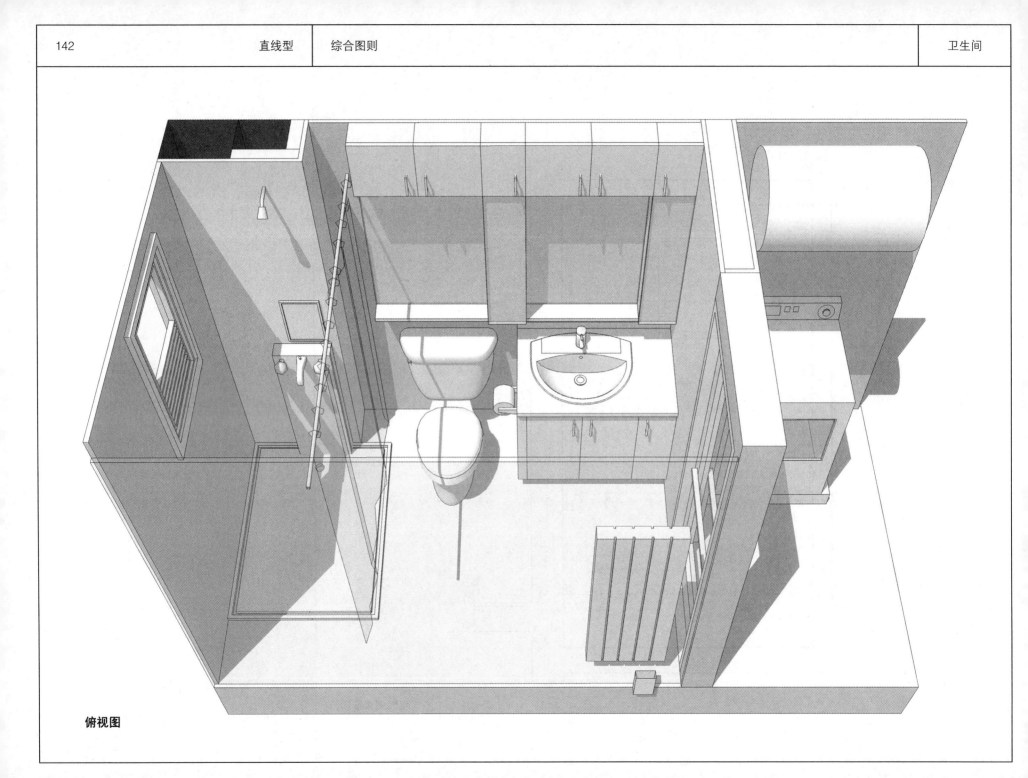

俯视图

侧俯视图

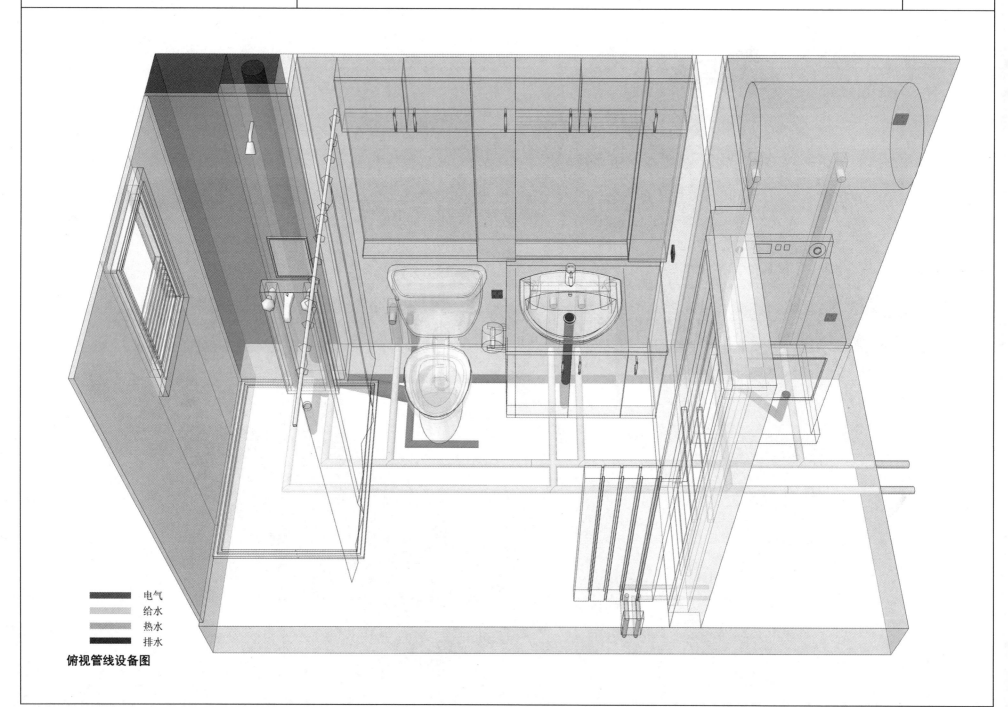

电气
给水
热水
排水

俯视管线设备图

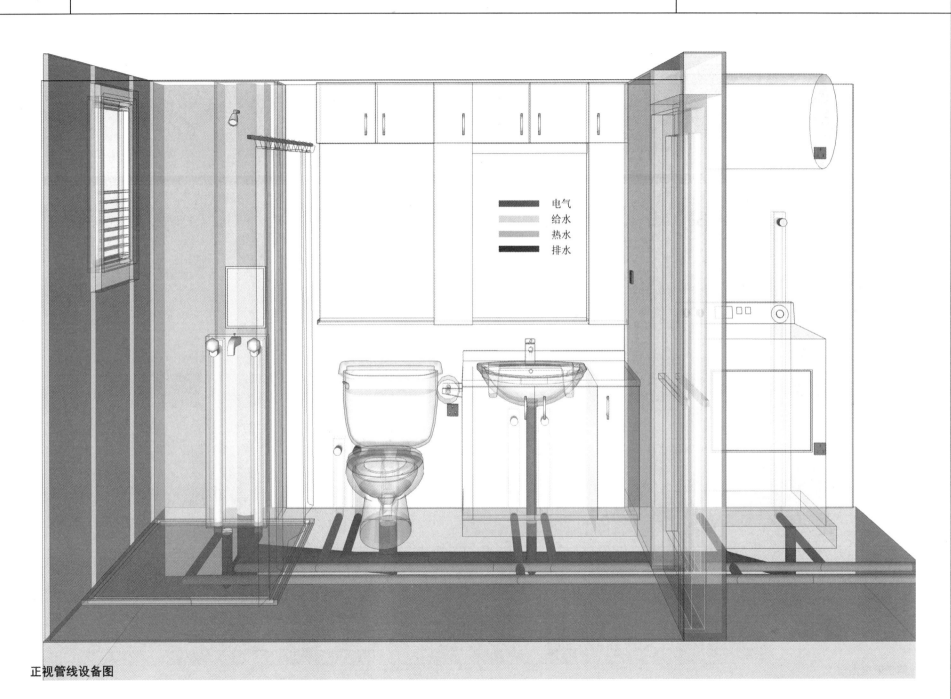

电气
给水
热水
排水

正视管线设备图

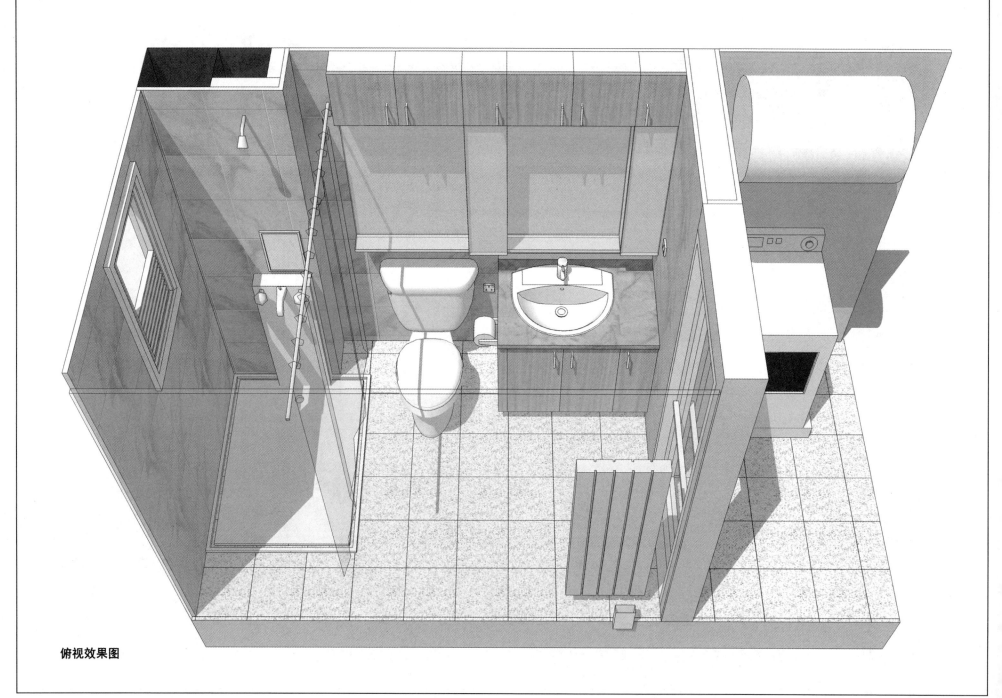

俯视效果图

侧俯视效果图

要点说明

周边 U 形卫生间

整体概况:

针对每种洁具,挑选市场上最热门或排名最靠前的厨具生产商的产品尺寸,根据人体尺度和规范对每项卫生行为活动区域留出最低限值空间的平面尺寸。净尺寸为 1600mm×2100mm。

当实际应用尺寸大于本图则,可放宽面宽,加大台面长度。

产品布置:

1. 三大洁具

淋浴位、坐便器与洗池沿周边墙设置,各占一侧墙面,入口设于 U 形口一侧。

2. 洗衣机位

在入口一侧如有空间可设置洗衣机家务间。

3. 热水供应

若使用燃气热水器,宜布置在厨房,电热水器可布置在卫生间。在有洗衣机位时,最好安置在洗衣机位上方;无洗衣机位时,当净高允许,且无外窗的情况下可设置在坐便器上方。

管井设置:

风道与水管井集中设置成管道井墙,靠墙面布置在洗池一侧,保证完整的洗池台面,不影响使用。

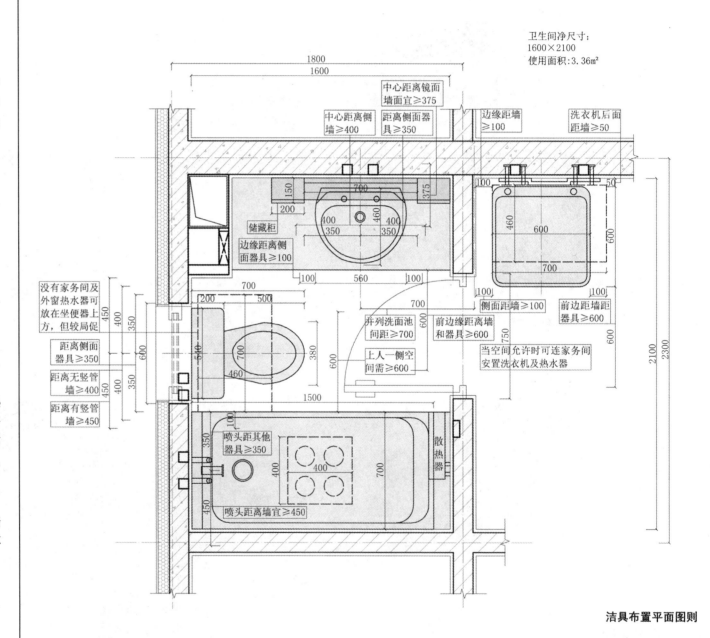

卫生间净尺寸:
1600×2100
使用面积:3.36m²

洁具布置平面图则

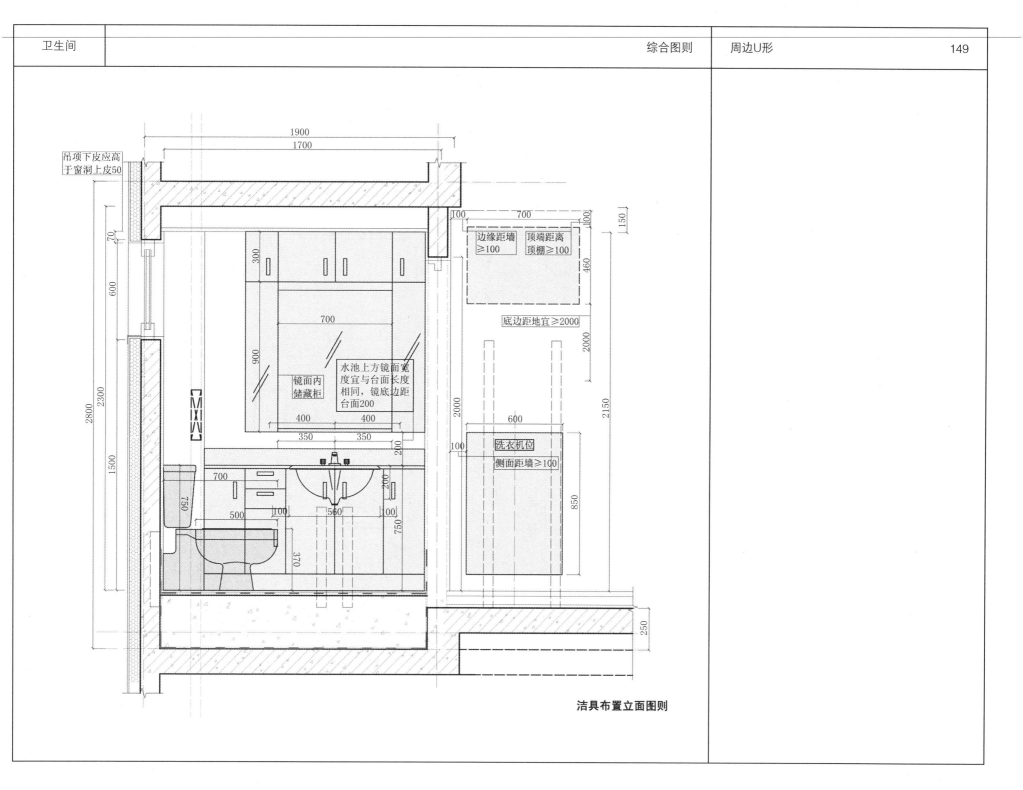

吊项下皮应高于窗洞上皮50

1900
1700

300

700

900

镜面内储藏柜

水池上方镜面宽度宜与台面长度相同，镜底边距台面200

400 400

350 350

700

750

500

100 560 100

370

200

750

200

750

2800
2300
1500

600

70

100 700 100 150

边缘距墙≥100

顶端距离顶棚≥100

460

底边距地宜≥2000

2000

2000

2150

600

洗衣机位

侧面距墙≥100

850

250

100

洁具布置立面图则

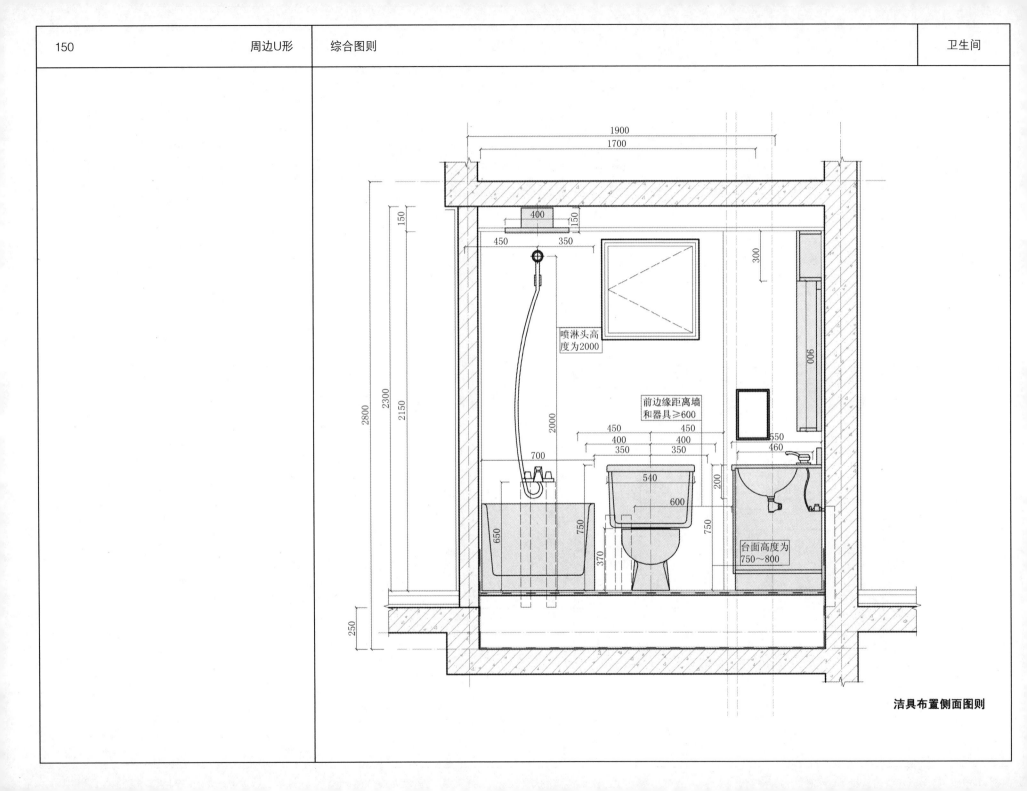

1900
1700
150
400
150
450 350
300
喷淋头高
度为2000
2800
2300
2150
2000
900
前边缘距离墙
和器具≥600
450 450
400 400
350 350
550
700
540
460
200
600
650 750
750
台面高度为
750~800
370
250

洁具布置侧面图则

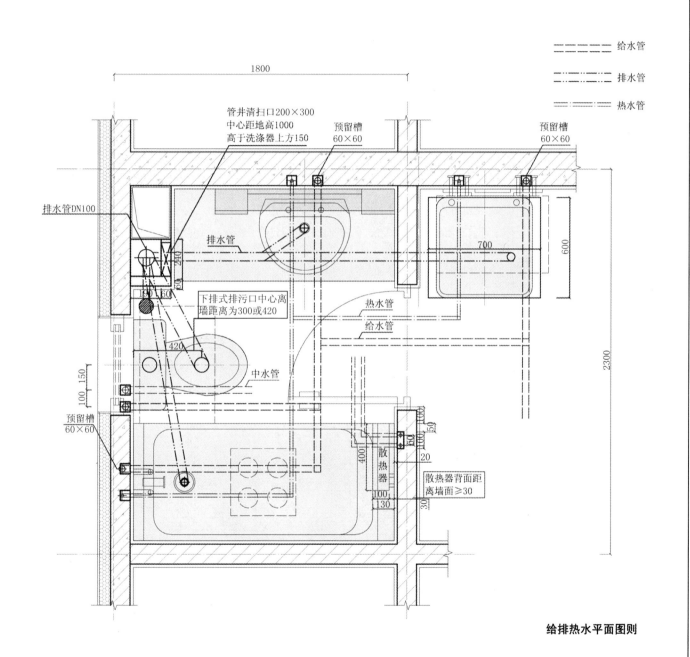

给排热水平面图则

要点说明

周边 U 形卫生间

给水：

给水立管集中设置在核心筒中，通过地埋接入卫生间，支管通过墙埋方式送至用水点。

热水：

热水管敷设方式同给水管，通过地埋及墙埋方式送至热水用水点。

排水：

排水方式采用降板同层排水方式，降板厚度为 250mm，排水横管在降板垫层内敷设。

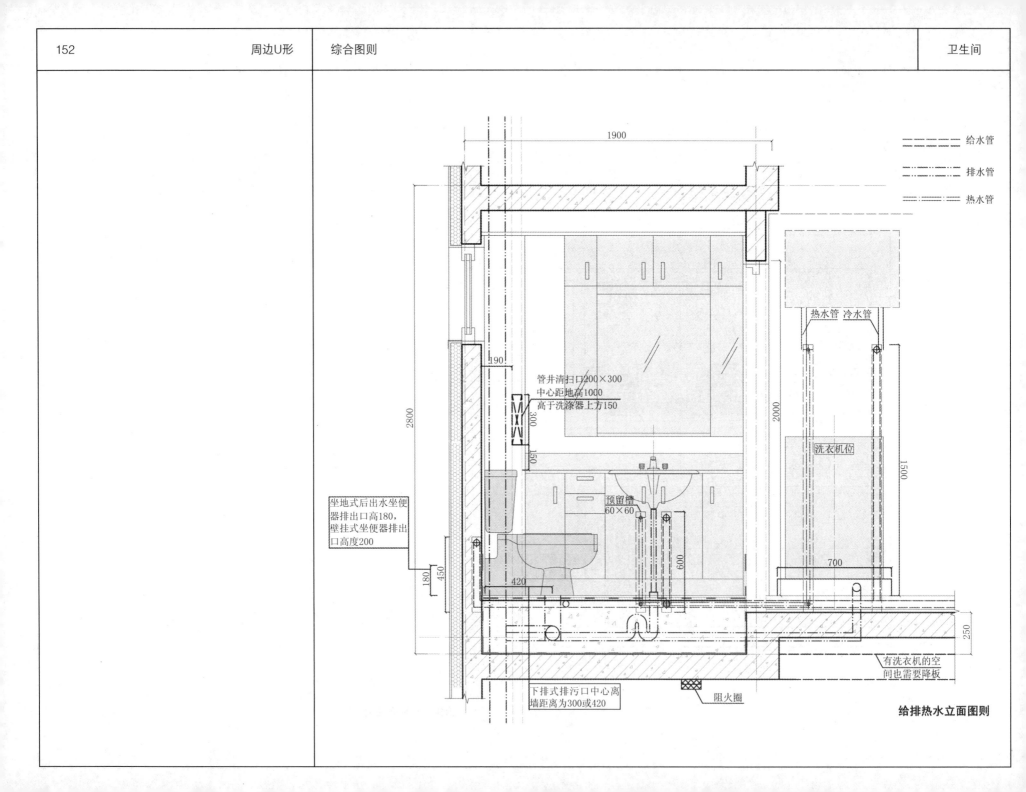

给水管

排水管

热水管

1900

管井清扫口200×300
中心距地高1000
高于洗涤器上方150

热水管 冷水管

洗衣机位

坐地式后出水坐便
器排出口高180,
壁挂式坐便器排出
口高度200

预留槽
60×60

2800

2000

190

300

150

600

1500

180 450

420

700

250

下排式排污口中心离
墙距离为300或420

阻火圈

有洗衣机的空
间也需要降板

给排热水立面图则

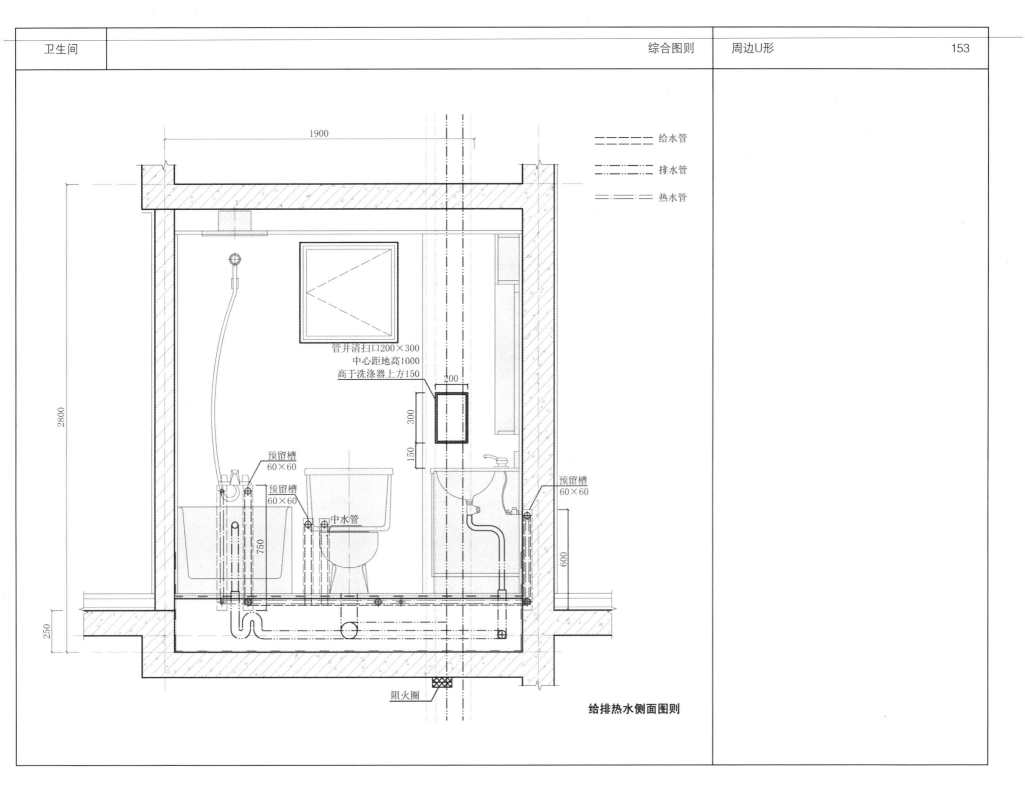

给水管

排水管

热水管

1900

2800

250

管井清扫口200×300
中心距地高1000
高于洗涤器上方150

200

300

150

预留槽
60×60

预留槽
60×60

预留槽
60×60

750

600

中水管

阻火圈

给排热水侧面图则

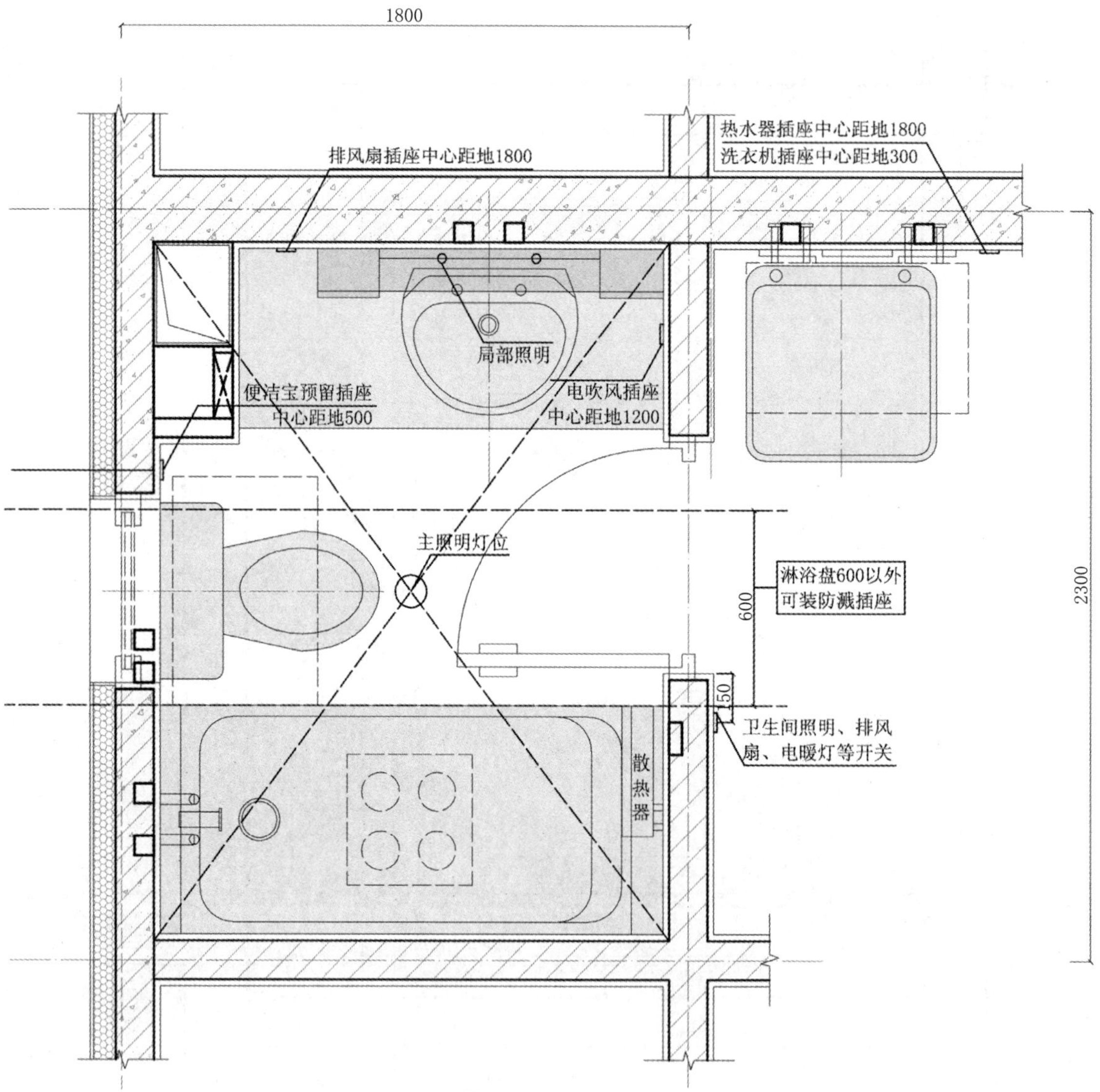

1800

排风扇插座中心距地1800

热水器插座中心距地1800
洗衣机插座中心距地300

局部照明

便洁宝预留插座
中心距地500

电吹风插座
中心距地1200

主照明灯位

淋浴盘600以外
可装防溅插座

600

2300

50

散热器

卫生间照明、排风
扇、电暖灯等开关

电气平面图则

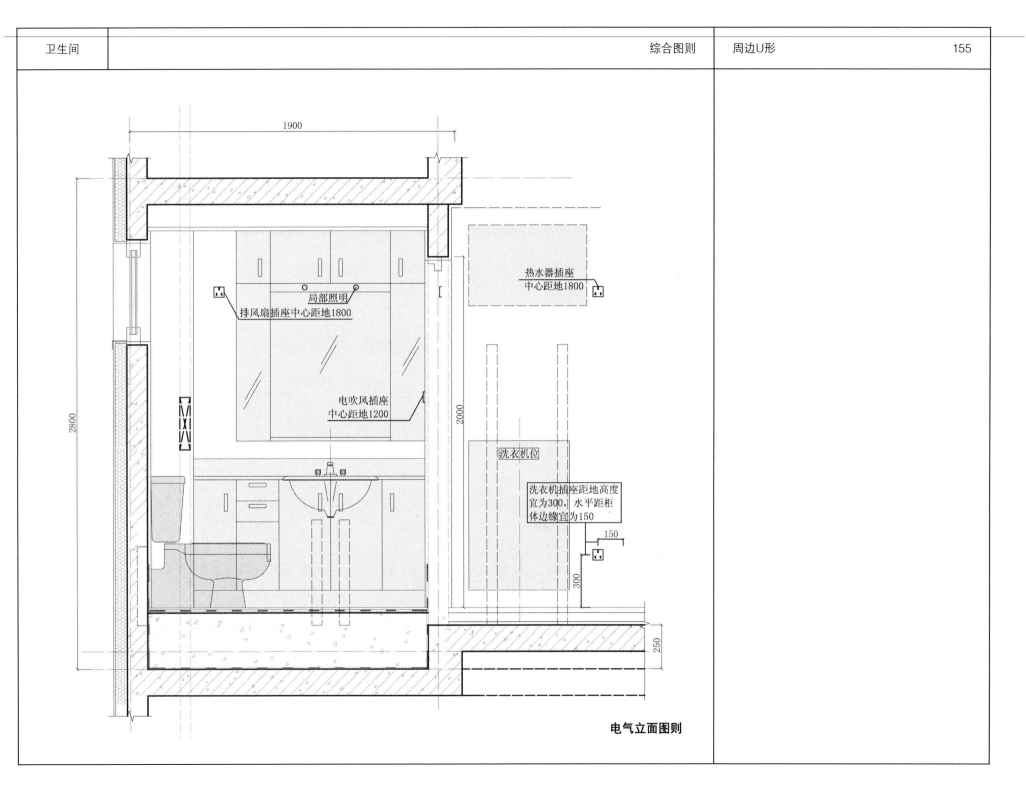

1900

热水器插座
中心距地1800

局部照明
排风扇插座中心距地1800

电吹风插座
中心距地1200

洗衣机位

洗衣机插座距地高度
宜为300，水平距柜
体边缘宜为150

150

2000

2800

300

250

电气立面图则

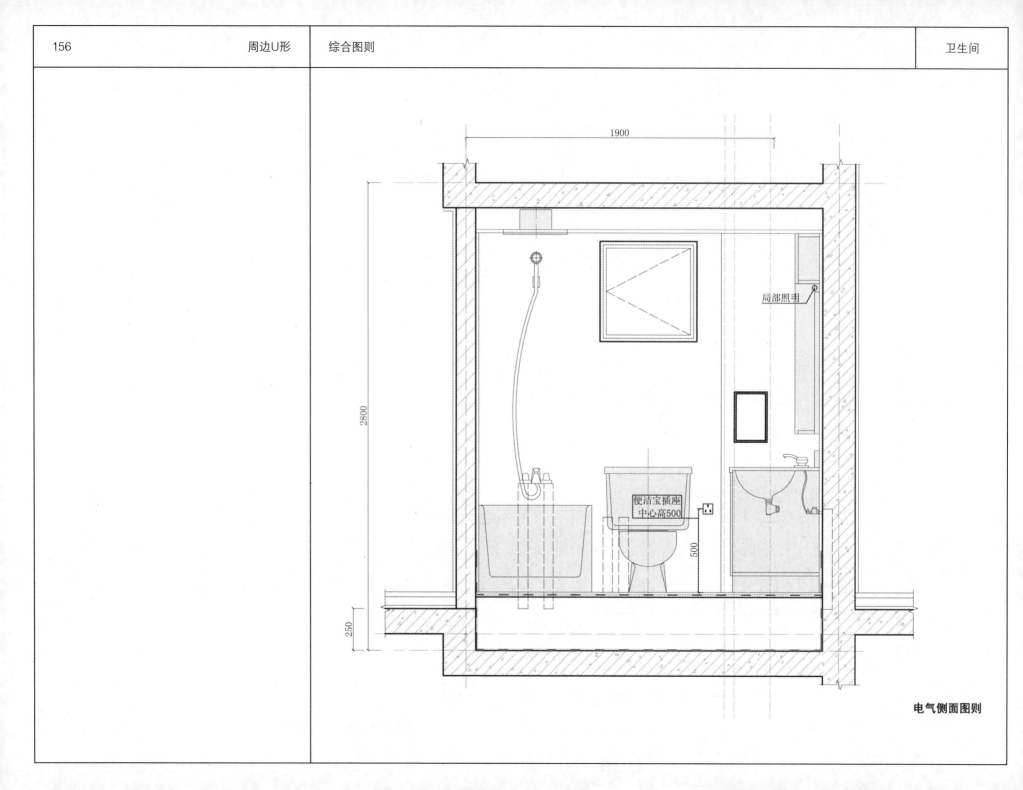

电气侧面图则

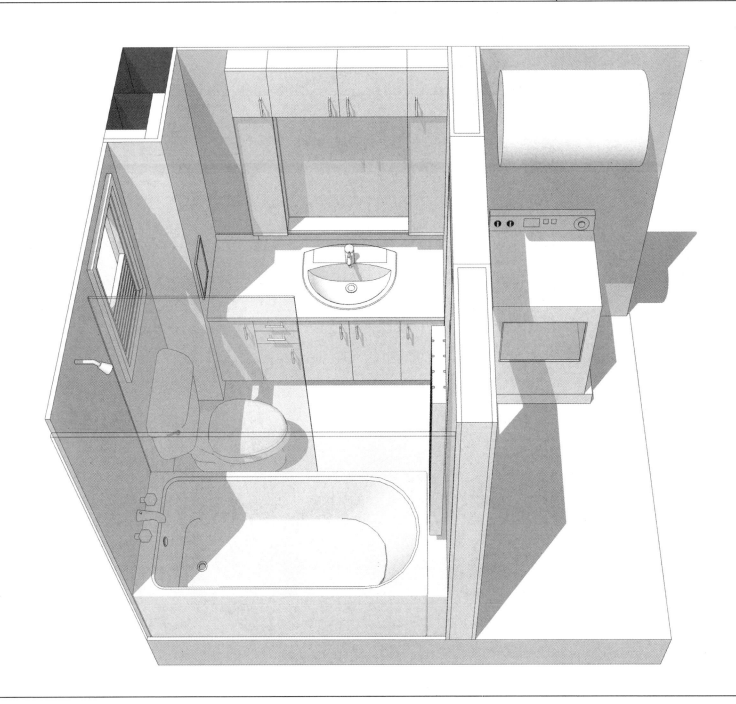

俯视图

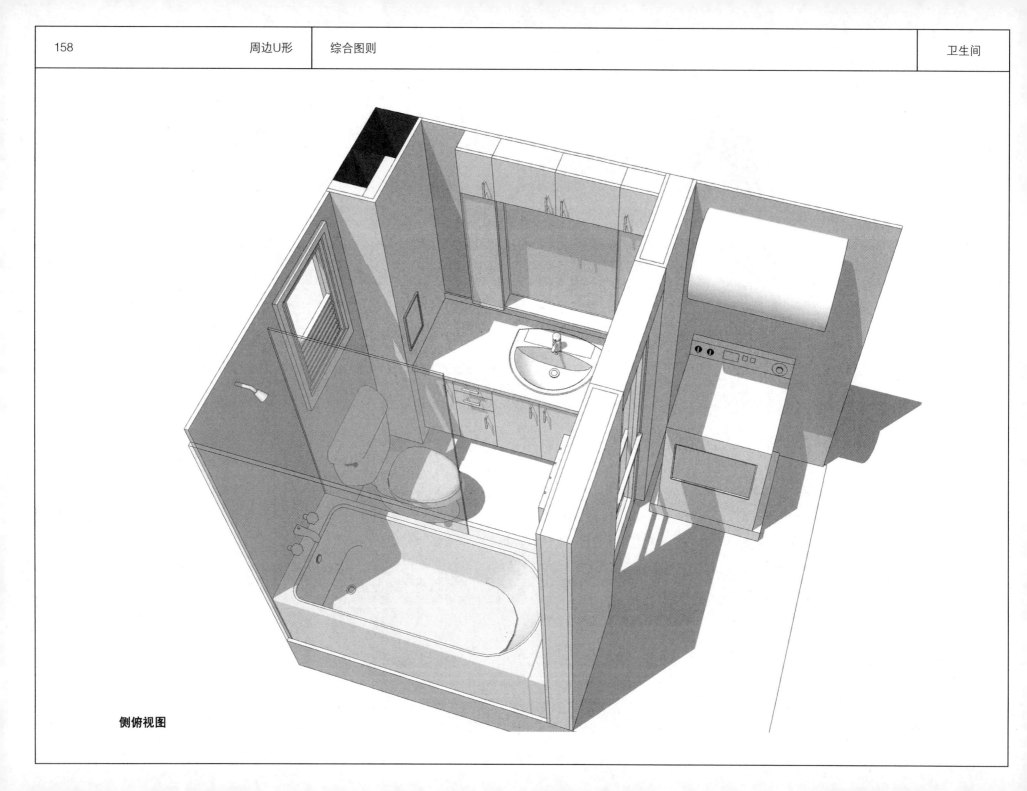

侧俯视图

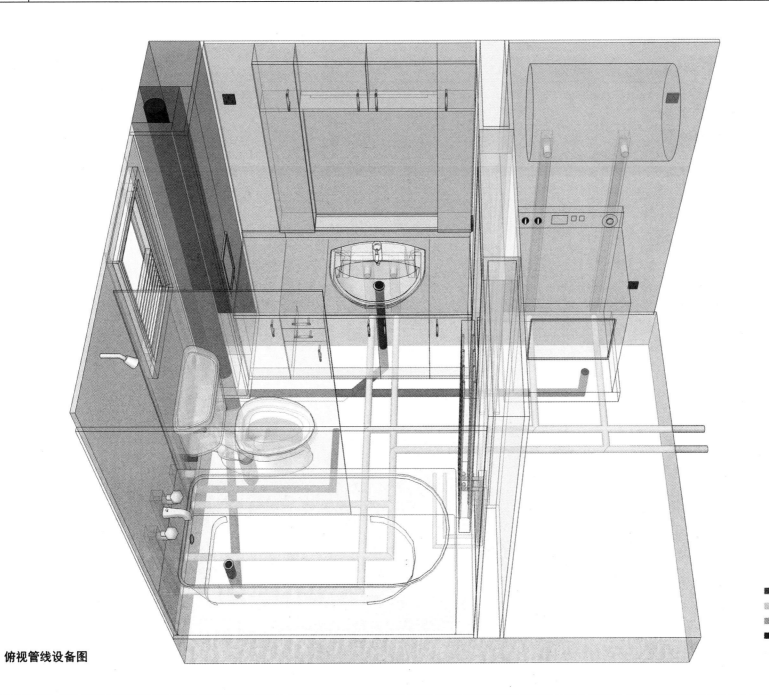

电气
给水
热水
排水

俯视管线设备图

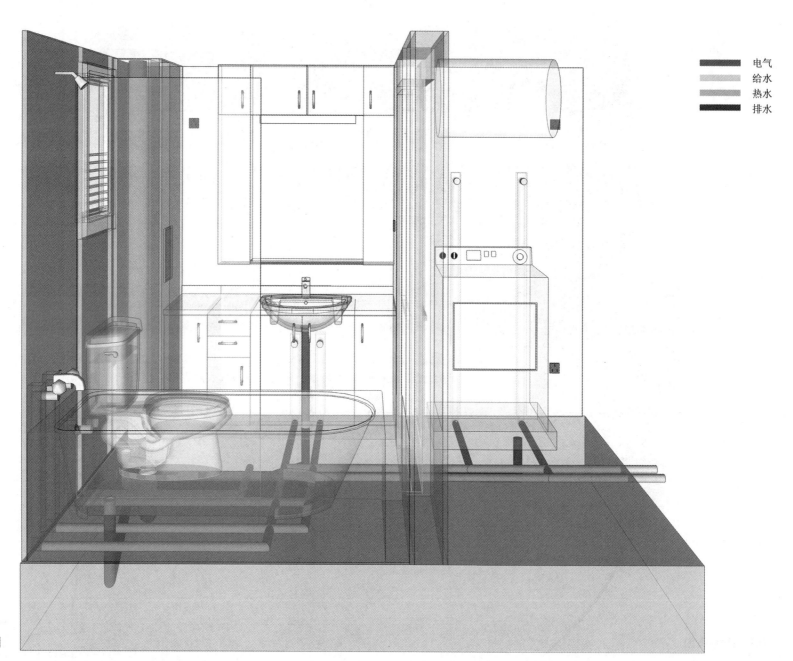

电气
给水
热水
排水

正视管线设备图

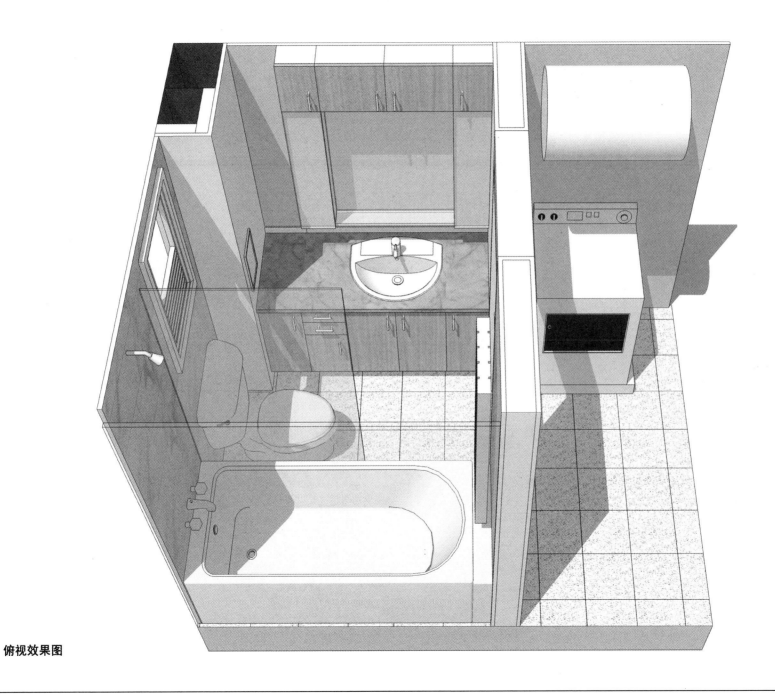

俯视效果图

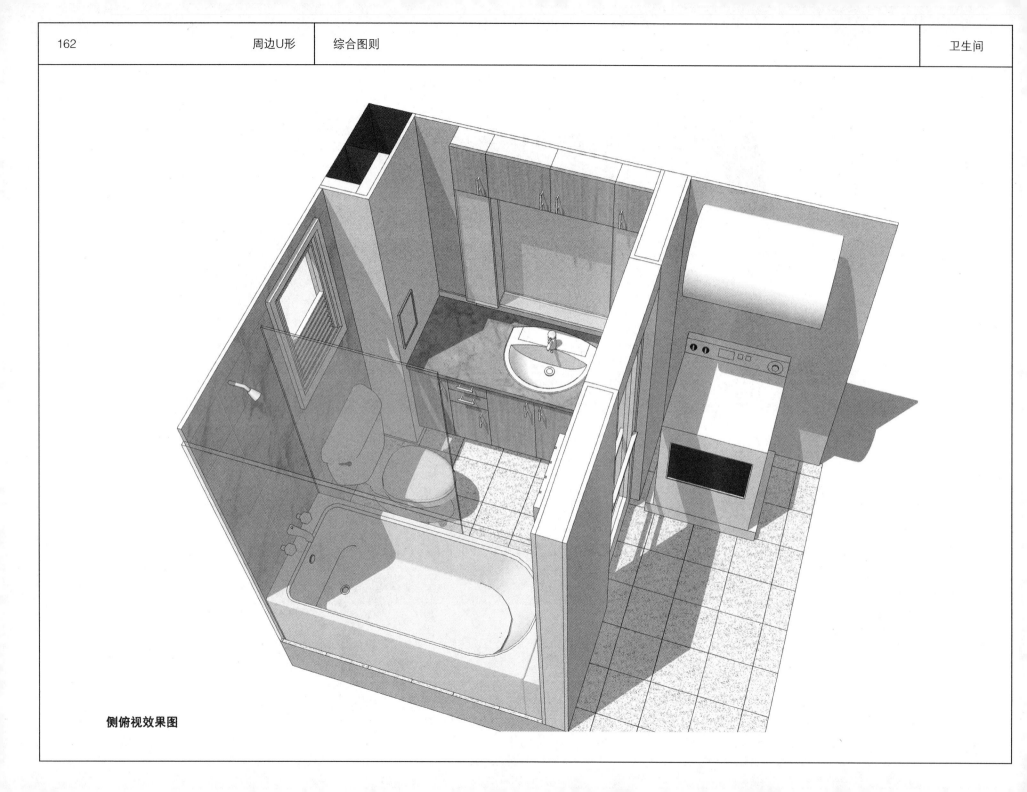

侧俯视效果图

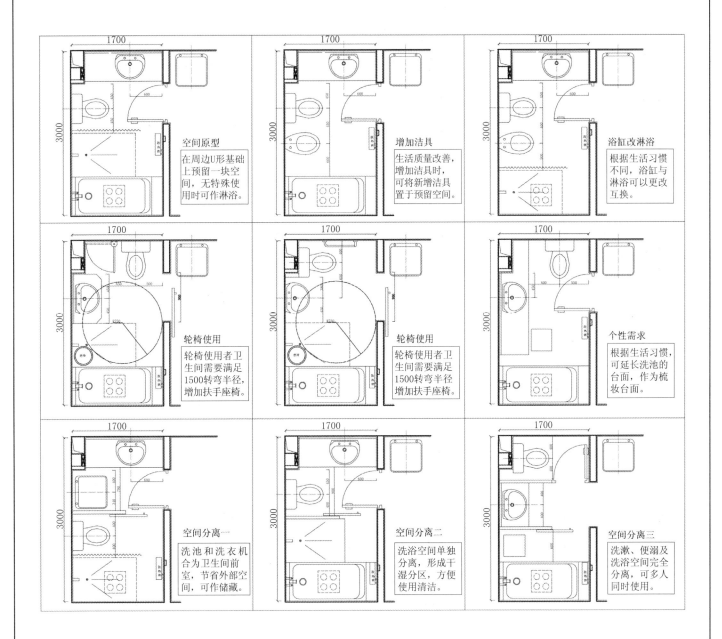

空间原型
在周边U形基础上预留一块空间，无特殊使用时可作淋浴。

增加洁具
生活质量改善，增加洁具时，可将新增洁具置于预留空间。

浴缸改淋浴
根据生活习惯不同，浴缸与淋浴可以更改互换。

轮椅使用
轮椅使用者卫生间需要满足1500转弯半径，增加扶手座椅。

轮椅使用
轮椅使用者卫生间需要满足1500转弯半径，增加扶手座椅。

个性需求
根据生活习惯，可延长洗池的台面，作为梳妆台面。

空间分离一
洗池和洗衣机合为卫生间前室，节省外部空间，可作储藏。

空间分离二
洗浴空间单独分离，形成干湿分区，方便使用清洁。

空间分离三
洗漱、便溺及洗浴空间完全分离，可多人同时使用。

要点说明

可持续性的卫生间设计，要考虑到在使用者不同生理时期的使用需要，如生活习惯的改变、生活条件的改善、生理时期的变化等。

在这种情况下，卫生间需要根据变化作相应的调整和更改，因而，在最初的卫生间平面设计时，就要考虑到未来各种改造的可能性。

在考虑改造可能性时要注意几点：

1. 原设计要采用同层排水

同层排水所有排水管道在本层敷设，改造时可以在本层更改排水管道，不会影响楼下住户。

2. 管井要靠墙角布置

竖向管井在改造时位置不能移动，因而，在最初设计时，管井要靠墙角布置，不影响空间改变；若布置在空间当中作为隔墙使用，在改造时空间无法改动，尤其是在作轮椅使用改造时，无法满足轮椅旋转半径的空间。

3. 坐便器要尽量靠竖向管井

坐便器的排水压力是最大的，因而在改造时，要尽可能靠近排水立管，减少排水长度。

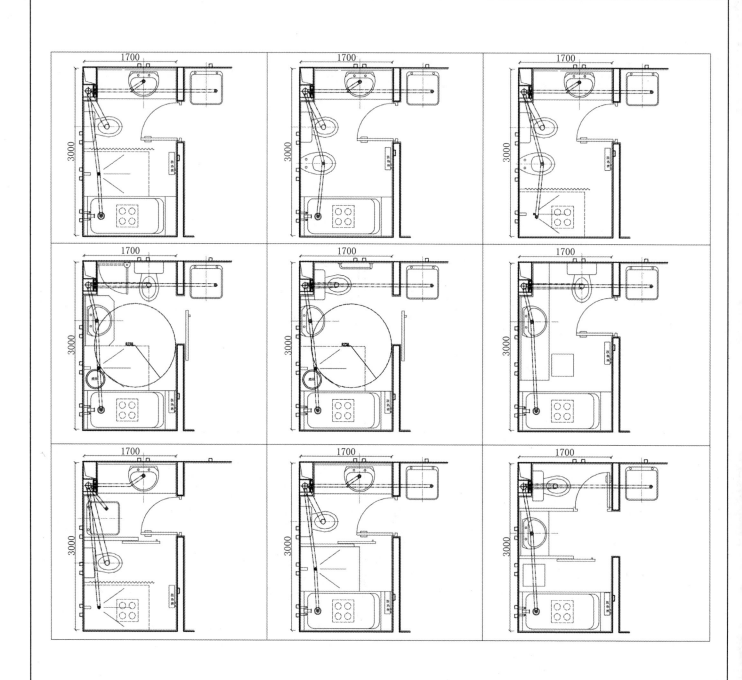

C　核心筒

要点说明

《住宅设计规范》GB 50096-1999 中规定：

住宅按层数划分如下：

1. 低层住宅为 1～3 层；

2. 多层住宅为 4～6 层；

3. 中高层住宅为 7～9 层；

4. 高层住宅为 10 层以上。

七层及以上住宅或住户入口层楼面距室外设计地面的高度超过 16m 以上的住宅必须设置电梯。

核心筒定义：

"建筑中央部分，由电梯井道、楼梯、通风井、电缆井、公共卫生间、部分设备间围护形成中央核心筒，与外围框架形成一个外框内筒结构，以钢筋混凝土浇筑。"

"这种结构的优越性还在于可争取尽量宽敞的使用空间，使各种辅助服务性空间向平面的中央集中，使主功能空间占据最佳的采光位置，并达到视线良好、内部交通便捷的效果。"

在集合住宅中，核心筒中楼电梯和管井都是各层之间的垂直联系因素。不仅住户要通过楼梯和电梯入户，各种水暖电气的管线也要通过管井向各户输送必须的生活资源。

由于本书研究对象为核心筒中楼梯间、电梯间、管井间的空间组合关系及布局，故本书主要针对七层及以上住宅的核心筒展开分析，并依照防火疏散规范要求分为三个等级：

1. 7～11 层：设开敞楼梯间和至少一部电梯，每层应有一个安全出口。

2. 12～18 层：设封闭楼梯间和至少两部电梯，其中一部为消防电梯。每层应有一个安全出口。

3. 19 层及以上：设防烟楼梯间和至少两部电梯，其中一部为消防电梯。每层应有两个安全出口。

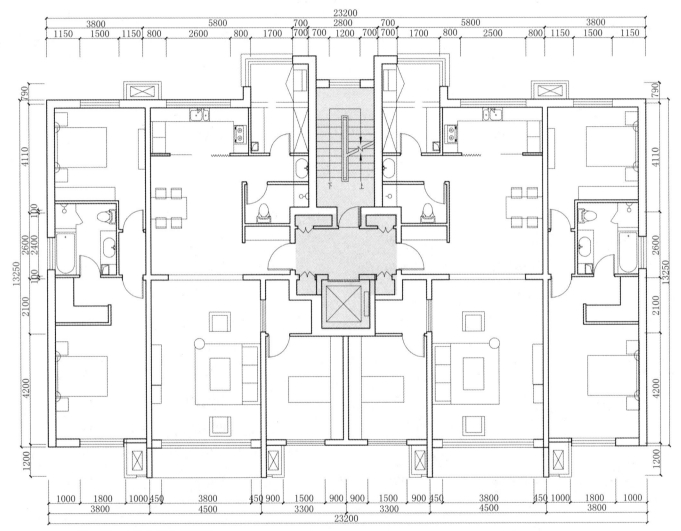

7～11层一梯二户住宅核心筒示例

7～11层住宅多为一梯两户至一梯四户的配置。由于住宅规范对日照的要求及房间舒适性的考虑，住宅设计应尽量争取南向面宽，因此一般采取北梯式布局。

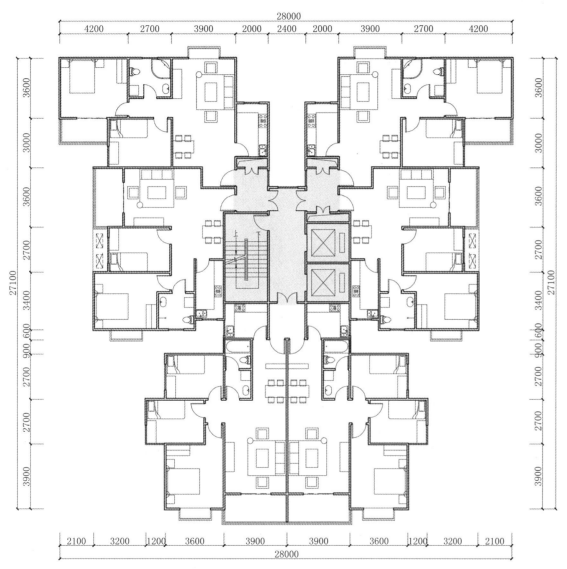

12～18层一梯六户住宅核心筒示例

12～18层住宅受防火疏散规范的制约，必须布置一个有自然通风采光的封闭楼梯间及两台电梯，其中一台为设有满足一定防排烟要求的消防前室的消防电梯，因此楼梯间面积较7～11层住宅的大。为保证公摊面积的合理，此层高的住宅一般至少为一梯三户，可达一梯四户至六户。

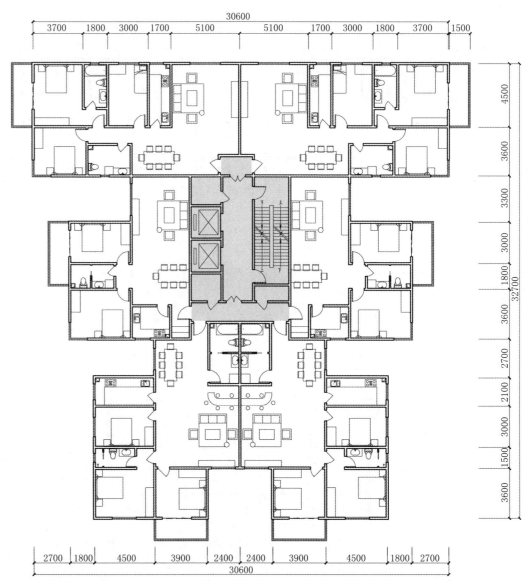

19层以上一梯多户住宅核心筒示例

9层及以上的住宅也需设两台电梯，其中一台为要求同12~18层住宅的消防电梯。同时需设两个安全出口，一般为节约公摊面积均以一部设防烟前室的剪刀梯来实现。北方地区层数较高的塔式住宅户数配置可达一梯六到八户。

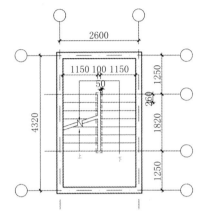

推算得的合理平行双跑楼梯尺寸

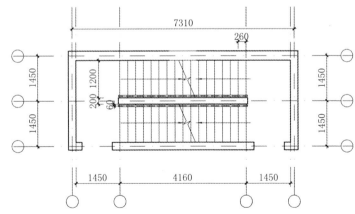

推算得的合理平行双跑楼梯尺寸

规范未规定的楼梯设计参量及其推算

为推算验证住宅楼梯间各未明确尺寸部分的合理尺寸，根据现行规范和设计经验，假定住宅为钢混剪力墙结构，研究楼梯类型为平行双跑楼梯，依照规范对楼梯间设计参数进行如下设定：

层高设定为2800mm（GB50096-1999，3.6.1）

外墙厚度200mm

梯段净宽1100mm（GB50368，5.2.3）

踏步宽度260mm（GB50368，5.2.3及GBJ101-87，2.0.5）

踏步高度175mm（GB50368，5.2.3及GBJ101-87，2.0.5）

楼梯井宽度设为x mm（为了住宅中儿童的安全，x的值宜小于200，见GB50368，5.2.3）

栏杆与梯段接点与楼梯井边沿距离设为y mm

由以上各数据推算可知该楼梯间合理的轴线宽度为：

$200+（1100+y）×2+x=（2400+x+2y）$mm

踏步总数为2800/175=16步

楼梯平台宽度应不小于梯段净宽，则其值不小于$(1100+y)$mm

（GB50368，5.2.3）

由以上各数据推算可知该楼梯间合理的轴线进深为：

$200+260×(16/2-1)+（1100+y）×2=（4220+2y）$mm

对于楼梯间轴线宽度的取值，暂时考虑两个相对取整的数值：

当楼梯井宽度x取100时，楼梯间轴线宽度可取2600mm，则此时y=50；

当楼梯井宽度x取150时，若楼梯间轴线宽度取2600mm，推算得 y=25，将不利于扶手的安装与稳定；

若楼梯间轴线宽度取值2700mm，则y=75。

对于楼梯间进深的值4220+2y，由于仅y一个变量，可按《建筑楼梯模数协调标准》GBJ101-1987规定，取4350mm，此时y值应不大于65mm。

综上可以推知上述不定设计数据的一组合理取值为：

楼梯井宽度为100mm；

栏杆与梯段接点与楼梯井边沿距离为50mm；

楼梯间轴线宽度为2600mm；

楼梯间轴线进深4320mm，此数值可因具体设计取整。

以上结论有如下需注意的地方：

1. 楼梯间轴线宽度需结合电梯井道尺寸及结构对位统一考虑。
2. 楼梯井宽度对于施工可行性与便利性的影响。
3. 管井间位置与开门的影响。

要点说明

强制性规范限定的楼梯各部分尺寸

住宅楼梯的大部分具体尺寸范围在国家强制规范中均有明确规定。

《住宅设计规范》GB50096-1999中规定：

楼梯梯段净宽不应小于1.10m。六层及六层以下住宅，一边设有栏杆的梯段净宽不应小于1m。

（注：楼梯梯段净宽系指墙面至扶手中心之间的水平距离。）

楼梯踏步宽度不应小于0.26m，踏步高度不应大于0.175m。扶手高度不应小于0.90m。楼梯水平栏杆长度大于0.50m时，其扶手高度不应小于1.05m。楼梯栏杆垂直杆件间净空不应大于0.11m。

住宅楼梯的各参量名称（图片来源：《建筑楼梯模数协调标准》GBJ101-1987）

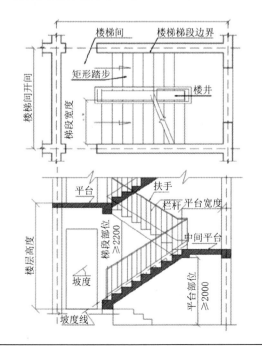

要点说明

　　集合住宅的楼梯间一般采用钢筋混凝土结构。

　　《高层建筑混凝土结构技术规程》JGJ-2002中规定：

　　框架结构中的楼、电梯间及局部出屋顶的电梯机房、楼梯间、水箱间等，应采用框架承重，不应采用砌体墙承重。

　　《建筑抗震设计规范》GB 50011-2001中规定：楼、电梯间四角，楼梯休息平台梁的支承部位需设置钢筋混凝土构造柱。

　　此外，还有其他一些结构和施工层面上的问题在影响楼梯的设计。

　　如某住宅开发商高层剪刀梯预制梯段设计中就指出，预制的钢筋混凝土梯段应设置挂钩预埋位。

　　另外还设置了剪刀梯段的最大步数限制，因为单块重量超过 4.5 吨的梯段构件需要提高吊装机械的等级，将影响到住宅生产成本和工期控制。

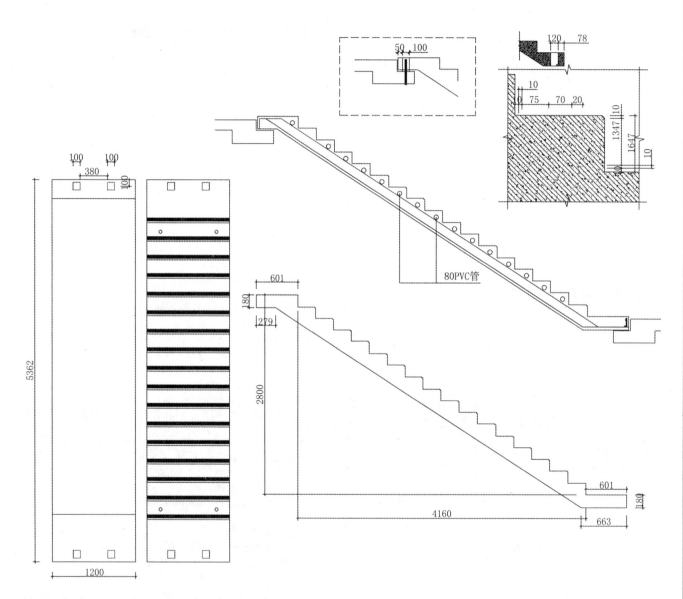

剪刀梯段钢筋混凝土预制件尺寸与细部设计示例

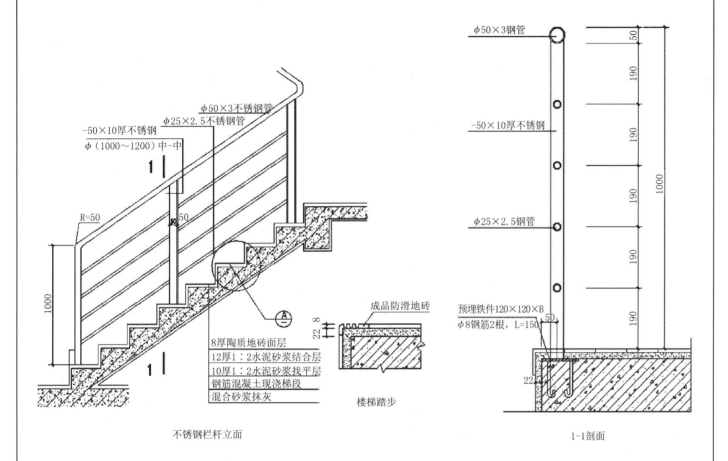

φ50×3不锈钢管
φ25×2.5不锈钢管
-50×10厚不锈钢
φ（1000～1200）中-中
R=50
50
1000

8厚陶质地砖面层
12厚1：2水泥砂浆结合层
10厚1：2水泥砂浆找平层
钢筋混凝土现浇梯段
混合砂浆抹灰

成品防滑地砖
22 8
楼梯踏步

不锈钢栏杆立面

φ50×3钢管
-50×10厚不锈钢
φ25×2.5钢管
预埋铁件120×120×B
φ8钢筋2根，L=150
50
22

50
190
190
190
190
190
1000

1-1剖面

栏杆扶手细部示例

上图所示的栏杆和扶手设计就很好地满足了上述原则：扶手截面为易于握持的圆形，直径为50mm，握感较舒适，对休息平台转折处的连接关系也有所考虑。同时栏杆的杆件间距较小，可防止儿童从缝隙中钻出。

要点说明

梯段及踏步

踏步人体尺度设计已由强制规范作出严格制约，在各类楼梯设计的研究中已经是老生常谈，在此不再赘述。尺寸设计在上一节已经做过推算，如有变化，只需要注意合理设置踏面深度与踢面高度，保证楼梯的坡度和一级台阶跨度符合使用者的正常行进即可。踏步的踏面应设防滑条或防滑槽，同时应注意防止因踏步过高或转折面的边沿锐利而磕伤老人或儿童的膝盖。

栏杆和扶手

栏杆：

栏杆的高度设置应该能够使扶手高出梯步踏面水平线900mm，高出休息平台1000mm以上，其缝隙应能防止物体从踏板和护栏之间穿过。因为高层住宅楼梯间并非人员通行的主要空间，栏杆设计和构件的选择上可以弱化造型美观的要求。

扶手：

扶手的主要作用是行动不便的人日常上下时有所倚靠和安定以及在紧急疏散的过程中帮助逃生中情绪惊慌的人员保持身体平衡。从人体尺度的角度看，外直径为40mm的扶手握起来最为舒适。

扶手的转折衔接以及方向的变化应当得到重视。在上楼梯时，残疾者通常依靠扶手来确定自己的位置；在休息平台处断开扶手不利于他们定位，也容易造成磕碰。同时还需考虑老人和儿童对较低的扶手的需要，标准较高的住宅可同时安装高低两套扶手。

要点说明

    集合住宅的楼梯间按防火疏散要求等级的逐渐升高可以分为开敞楼梯间、封闭楼梯间、防烟楼梯间和防烟剪刀楼梯间四个等级，其各自的设计要求可以参考左侧图表。

开敞楼梯间	封闭楼梯间	防烟楼梯间	剪刀楼梯间
1. 楼梯间应靠外墙，并应直接天然采光和自然通风； 2. 开向楼梯间的户门应为乙级防火门，除此之外，不应开设其他门、窗、洞口。	1. 楼梯间应靠外墙，并应直接天然采光和自然通风； 2. 楼梯间应为乙级防火门，并应向疏散方向开启，除此之外不应开设其他门、窗、洞口； 3. 楼梯间的首层紧接主要出口时，可将走道和门厅等暴扣在楼梯间内，形成扩大的封闭楼梯间，并采用乙级防火门等防火措施与其他走道和房间隔开。	1. 楼梯间入口处应设前室、阳台或凹廊； 2. 前室的面积不小于4.5m²； 3. 前室和楼梯间的门均应为乙级防火门，并应向疏散方向开启； 4. 户门不应直接开向前室，当确有困难时，部分开向前室的户门均应为乙级防火门； 5. 除开设通向公共走道的疏散门和户门外，内墙上不应开设其他门、窗、洞口。	1. 剪刀楼梯间应为防烟楼梯间（设置要求与防烟楼梯间相同）； 2. 剪刀楼梯的梯段之间，应设置火极限不低于1.00h的不燃烧体墙分隔； 3. 剪刀楼梯应分别设置前室，可设置一个前室，但两座楼梯应分别设加压送风系统。

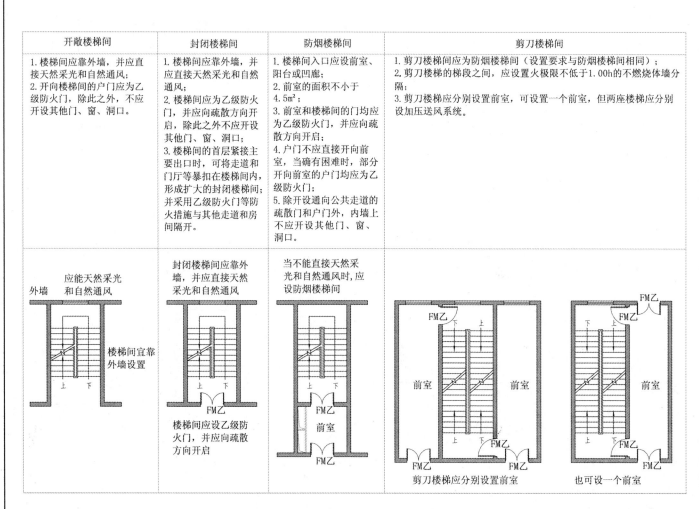

各类楼梯间要求详解

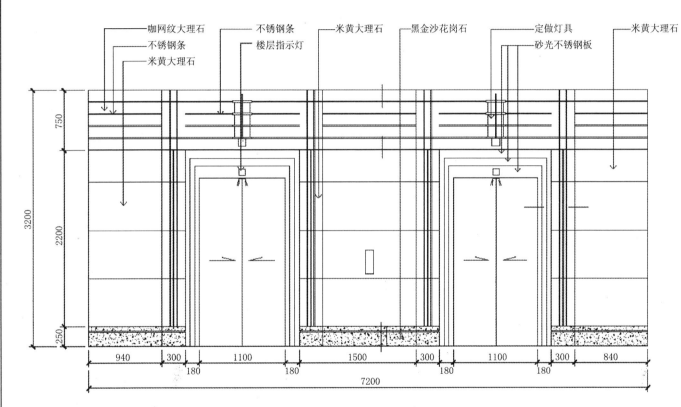

咖网纹大理石　　　不锈钢条　　　　米黄大理石　　黑金沙花岗石　　　定做灯具　　　　米黄大理石

不锈钢条　　　　楼层指示灯　　　　　　　　　　　　　　　　砂光不锈钢板

米黄大理石

750

3200

2200

250

940　　300　　　1100　　　　1500　　　300　　　1100　　　300　　840

180　　　　　180　　　　　　　180　　　　　180

7200

电梯厅立面装修图纸示例

要点说明

电梯间相关尺寸的确定

七层以上的集合住宅中，电梯是主要的日常交通手段。由于电梯是整体成型的工业产品，因此其安装井道的尺寸直接受电梯选型的影响，而电梯选型一般取决于电梯荷载的取值。集合住宅电梯的载重取决于由层高和户数决定的一般载人人数，通常的载重范围为 800 ~ 1200kg。以日本富士达电梯为例，载重为 1050kg、速度为 1.5m/s 的电梯其井道净尺寸为 2100mm×2150mm，轿厢尺寸则为 1600mm×1500mm，结构轴线尺寸为 2400mm×2300mm。一般的电梯井道尺寸都在这个数值附近浮动。

另外，电梯的候梯厅深度是电梯空间设计的关键，规范规定："候梯厅深度不小于多台电梯中最大轿厢的深度，且不小于 1500mm。""这一最小尺寸一方面是考虑到了残疾人轮椅回旋所需的最小半径；另一方面是为了确保住户等候电梯、开门入户以及设备人员检修管井等行为互不干扰。一般候梯厅深度取 1800 ~ 2000mm 为佳。"

电梯厅门及轿厢

为人、货的进出通行需要，电梯井道在各层都预留洞口作为电梯厅门，洞口的外框上装有门套，下部结构向井道内挑出牛腿，作为门框的支撑和进出轿厢的踏板。装修上一般选用金属饰面板、大理石、硬木板或仿木聚乙烯面材等进行装饰，电梯入口边的墙面上还需要预留控制开关和指示灯的安装位。

轿厢是直接载人和载货的箱体，需要轻质同时有足够的强度承载，一般采用金属框架结构，内部选用美观、光洁、耐用的材料作为饰面，设有电梯运行控制、联络用电气电信部件和照明、空调等设备。

要点说明

电梯井道及机房

电梯井道是建筑物内为电梯轿厢上下运行和安装附属设备的必要的垂直空间，由于前文提及的电梯的工业产品特性，其具体尺寸根据电梯厂商的要求和土建施工的精度确定。井道的井壁上安装有导轨及其支架，以稳固电梯轿厢和平衡锤在钢丝绳联系下的运动轨迹，还安装有电梯门系统以及必要的排烟、通风、隔声、检修等设施。

电梯井道在电梯的最高停靠层以上必须有 4.5m 以上高度作为缓冲空间，最下部停靠层以下则必须有深度大于 1.4m 的轿厢下降缓冲空间，若作为消防电梯使用，其井底还必须设置集水坑，容积不小于 2m³。电梯井道的上下缓冲空间是电梯运行的安全保障空间，其高度与电梯的载重量和运营速度有关。

电梯机房一般位于电梯间的顶部，一般内设牵引轮、控制柜、检修用吊钩等设备。具体的安装需要根据不同厂商的设备布置和后期维修管理需求作进一步确认。考虑到后期设备检修和更换时的通行和输送方便，通向机房的通道中楼梯的坡度需小于 45°，门的宽度应大于 1.2m。

消防电梯

消防电梯是高层建筑中特有的消防设施，主要作用是火险时运送消防员及消防设备，以便为消防员保存救火时所需的必要体力。平时也可兼作客货运输的电梯。消防电梯载重量应大于 800kg，并要求设有消防前室，其行驶速度要求从首层到顶层的时间不能超过 60 秒。

消防电梯轿厢内需设置专用电话，并在首层设供消防队员专用的操作按钮，动力与控制电缆、电线应采取防水措施。消防电梯间前室应当靠外墙。

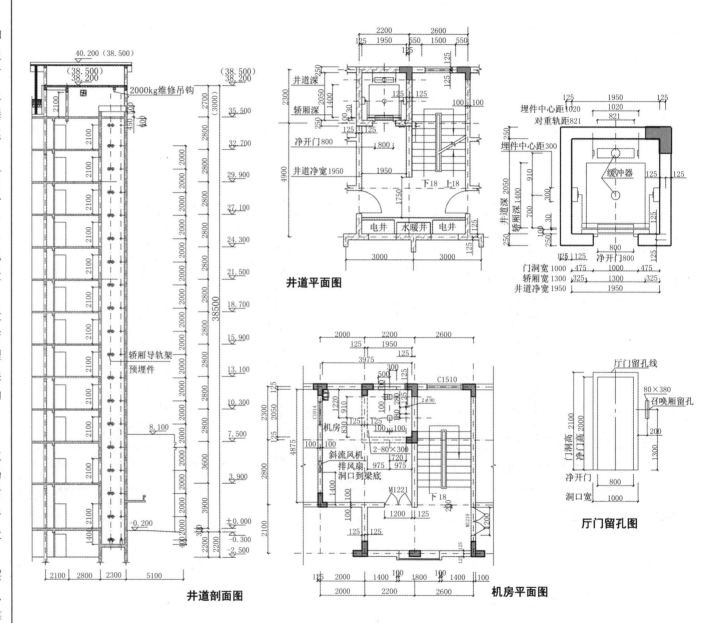

井道剖面图

井道平面图

机房平面图

厅门留孔图

管井内部管线和设备的一字、L字和C字形布局

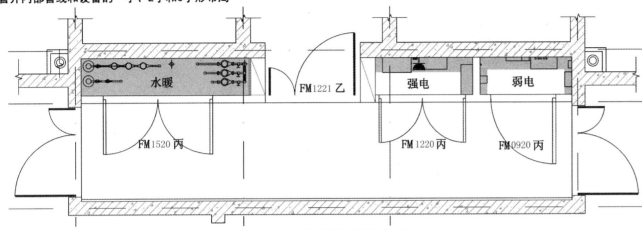

注意管井间合理形状

为抄表和检修需要，管井不应窄而深，应具备足够的面宽和尽量小的进深。"电气及水管井考虑检测需要，净空深度≤800mm，宽度则视设备数量而定。"

注意管井内管线合理布局

管井内管线和设备布局平面上应尽量沿长向墙布置为一字，若长向墙上无法布下，则延伸至侧墙上成L字和C字形布局。这样的布局以进入管井间的抄表或检修人员为中心布置，使其位于展开的长向空间或半包围空间中，增加操作的便利性。

给水总立管与管井壁之间的距离设置

同时，管线距井壁、管线之间的距离应满足互不影响的功能要求和检修需要。右图是一个管线与井壁距离关系的例子。

各种数据表箱剖面上的位置应注意符合检修人员的视高与操作高度和检修操作空间大小。

其他应注意的事项：

管井设计应满足住宅的消防规范要求，其中包括管井内壁的耐火，管井穿楼板时的防火封堵以及开向前室时应采用的防火门等级等。

管线穿过楼板和墙体时，缝隙会成为噪声传播渠道，从而大大降低楼板和墙体的隔声性能。因此，应对孔洞的周边进行密封，以提高楼板的隔声性能。

此外，管井位置设置、空间分隔和开口布局、检修口等的设计还应该满足物业管理要求。

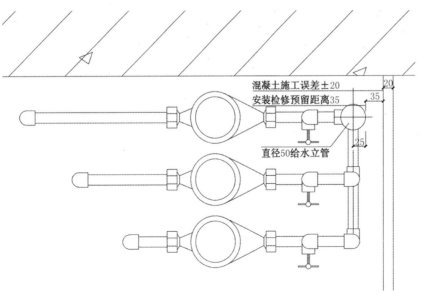

要点说明

注意管井间位置对核心筒和户型的影响

虽然《住宅设计规范》GB 50096-1999 中套内使用住宅面积计算细则规定管井面积不计入住宅的使用面积，但管井间的位置与尺寸无疑会影响核心筒的整体布局和住宅户型。

住宅设备管线主要分为以下几类：

1. 水暖管线

集合住宅水管线主要包括生活用水给水排水管、采暖供回水管、雨水排水管、消防水管等，视具体情况可能布置生活热水给水管。其中生活用水排水管一般布置于套内管井，雨水排水管可设在核心筒管井内，也有可能沿外墙布置。核心筒管井内的水管线主要有生活用水给水立管、采暖供回水立管、消防给水立管和检修用排水管等。

2. 电管线

电相关管线有强电和弱电两类。强电管线主要供套内各种家用电器以及楼梯间照明和加压送风，并接入消防接线端子箱等。

弱电管线则主要用于电视、电话、网络信号传输，可能有水暖计量表的远传采集等。这部分管线均布置在核心筒的管井内。

3. 燃气管线

出于消防安全考虑，燃气管线应设于户内。

高规定：居住建筑内的煤气管道不应穿过楼梯间，当必须局部水平穿过楼梯间时，应穿钢套管保护，并应符合现行国家标准《城镇燃气设计规范》的规定。

4. 风道井

风道井是否设置决定于核心筒平面布置。自然通风排烟能满足防火要求时，就不必设置风井。

"凡不具备自然通风排烟条件的防烟楼梯及前室、消防电梯间前室或合用前室，必须设置独立的正压防烟系统，风道尺寸要根据通风要求经计算后确定，风道断面约 0.6 ~ 1m²，对于剪刀楼梯则需按此数增加一倍。"

要点说明

入户门位置:入户门位置相对固定,只能设在楼梯间纵墙上;不易形成门斗。

管井位置:管道井设于楼梯间休息平台上;检修空间和交通空间有一定的冲突。

空间形态分析:楼梯平台空间和电梯候梯厅共用一个空间,楼梯休息平台和设备检修共用一个空间,交通空间集中,节约了公共交通体的建筑面积和面宽。

综合评价:只适用于一梯两户的经济型住宅,公共交通体建筑面积小,面宽节约,采光通风良好,但由于管道井所占面积较小,需将管井上下叠合设计。

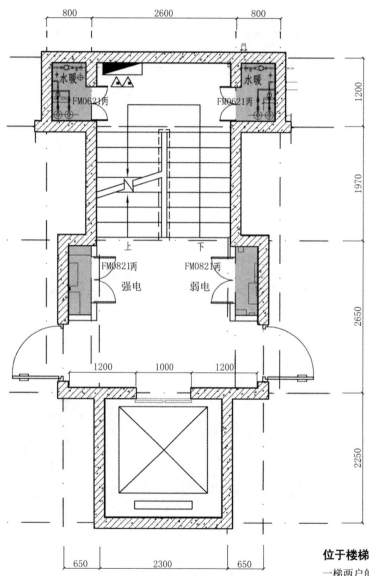

位于楼梯平台上的给水和供暖管井
一梯两户的住宅中可将水暖管井布置在楼梯休息平台的纵墙上,有助于节约核心筒面宽和进深,检修时减少干扰,但应注意该布置由于错半层,不利于管井走垫层入户。

要点说明

　　管井布置于楼梯休息平台

　　一梯两户的住宅中可将水暖管井布置在楼梯休息平台的纵墙上，有助于节约核心筒面宽和进深，检修时减少干扰，但应注意该布置由于错半层，不利于管井走垫层入户。

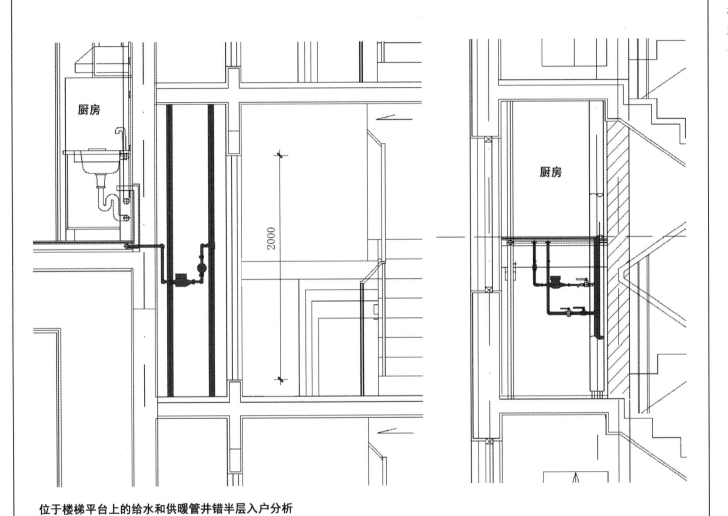

厨房

2000

厨房

位于楼梯平台上的给水和供暖管井错半层入户分析

要点说明

　　管井位置：管井位置布置灵活，可设在电梯间横墙上，亦可与入户门结合设计；检修方便，检修空间较大。

　　空间形态分析：电梯与封闭楼梯间左右相对设置；楼梯间、候梯厅、入户空间相对独立，功能分区明确，各股人流使用互不干扰；消防电梯前室直接采光，增加了一定的面宽，住宅的舒适性得到提高；入户门布置灵活，干扰较少。

　　综合评价：公共交通体建筑面积及面宽较大，一般宜用于二梯四户；封闭楼梯间与候梯厅即消防电梯前室均能直接采光通风。

　　管井尽量不与各户共用墙面。

　　管井如有条件可布置于核心筒中心部位，即公共走道靠楼梯间及电梯间一侧的墙面上，这种情况下管井与各户之间均几乎没有公共墙面，可减少对各户的噪声干扰并节省部分隔声材料。但管线入户路线可能会相应变长，且走道上管井门集中的墙面不利于装修。

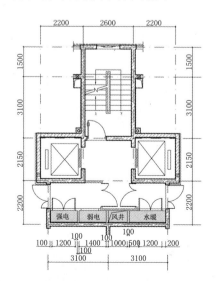

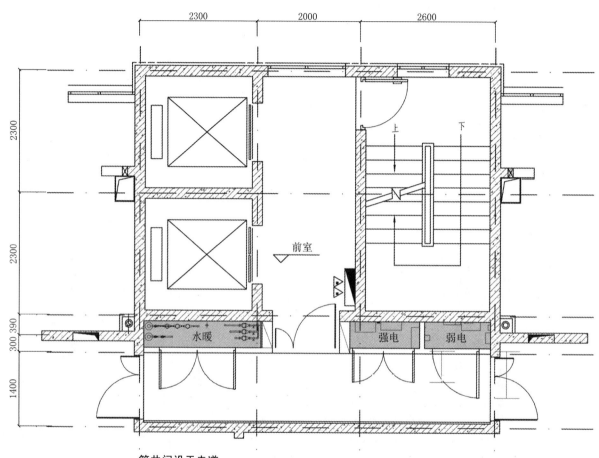

管井间设于走道

管井门的选取与核心筒走道空间的关系

依照规范，管井门有其防火要求。在此主要讨论管井门选用与核心筒空间的关系。管井的防火门设双扇门的情况下，检修时占用过道空间小，对于塔楼住宅这种尺寸很拥挤的地方比较有利。即便不是塔楼，也可少占用过道空间，减轻对住户的干扰。管井间设单扇防火门时价格较便宜。考虑检修次数较少，且可以避开高峰期，例如在住户外出上班期间占用过道进行检修。

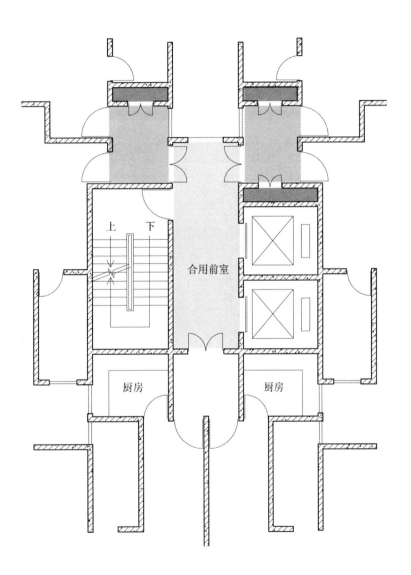

上　下

合用前室

厨房　　　厨房

管井间不能向防烟楼梯间和防烟前室开门
需另设走道开门

要点说明

　　管井布置于户门与前室防火门间的走道。

　　《高层民用建筑设计防火规范》06SJ812 中规定：楼梯间及防烟楼梯间前室的内墙上，除开设通向公共走道的疏散门和本规范第 6.1.3 条规定的户门外，不应开设其他门、窗、洞口。因此管井不能向防烟楼梯间和防烟前室开门，可另设走道开门，如图所示。同时该规范使电梯候梯厅的墙面相对完整，利于候梯厅装修设计。

要点说明

入户门位置：

入户门位置相对固定，靠前室横墙与纵墙设置；利用电梯墙体，易形成门斗；正对的两户距离拉长，减少了视线上的干扰。

管井位置：

管井可设置于剪刀楼梯间横墙一侧；扩大前室不具备自然排烟条件，前室内必须设置风井；管道井的检修门开向防烟前室，必须采用丙级防火门；检修方便，检修空间较大。

空间形态分析：

剪刀楼梯间设于北面，电梯与其上下相对；两个防烟楼梯前室以及一个消防电梯前室合并，电梯候梯厅和入户空间合并，交通空间集中，节约了公共交通体的建筑面积，但是安全性相对降低；电梯运行时对住户有一定的影响。

综合评价：

适用于经济型住宅，适合于两梯两户、两梯四户，相对来说，用于两梯三户及两梯四户较为经济；公共交通体建筑面积相对较小；将各防烟前室合并形成扩大前室，安全性降低，且须设置加压送风系统；采光通风性能不佳；户门及管道井检修门需采取防火措施；功能流线有一定交叉。

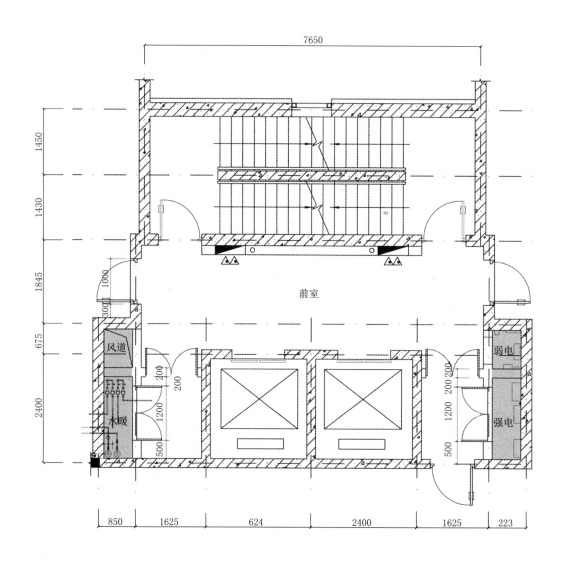

管井位置可设置于剪刀楼梯间横墙一侧

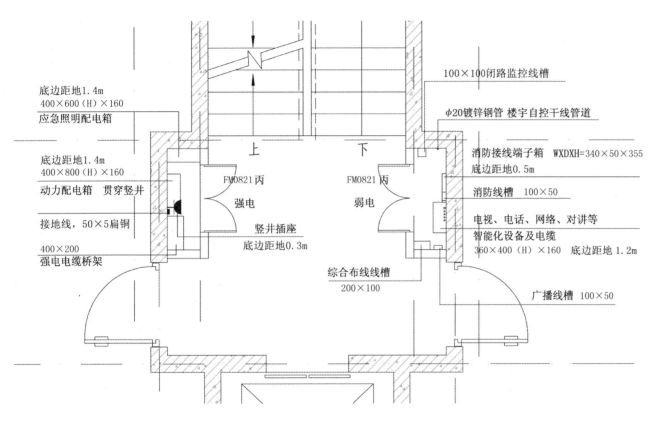

电井内部设备示例

底边距地1.4m
400×600（H）×160
应急照明配电箱

底边距地1.4m
400×800（H）×160
动力配电箱 贯穿竖井

接地线，50×5扁铜

400×200
强电电缆桥架

FM0821 丙
强电

上

下

FM0821 丙
弱电

竖井插座
底边距地0.3m

综合布线线槽
200×100

100×100闭路监控线槽

φ20镀锌钢管 楼宇自控干线管道

消防接线端子箱 WXDXH=340×50×355
底边距地0.5m

消防线槽 100×50

电视、电话、网络、对讲等
智能化设备及电缆
360×400（H）×160 底边距地 1.2m

广播线槽 100×50

要点说明

强弱电井及其内部设备概述

电井一般由物业管理，不对住户开启，仅强电井的电表应单独对住户开启，以便住户观察电表读数。两电井之间须有分隔。

1. 强电井内的设备

高层住宅单元强电系统在各层设置的强电竖井内安装同层两户的配电表箱、线缆桥架、接地线槽和插座开关等设备。

2. 弱电井内的设备

高层住宅弱电竖井中需设置电梯机房监控电缆、电视、电话、网络、对讲等各类住宅智能化设备表箱及其电缆，消防接线槽和端子箱，物业闭路监控线路等。

要点说明

电井尺寸的调整与压缩

由于电线布置相对水管自由，因此可通过调整电井内表箱的空间布局来压缩电井的尺寸。如可将平行布置于视高的读数表箱上下叠置，压缩面宽，但这样往往会造成观察和检修的不便。

如右图所示的弱电竖井内排布有电视电话网络等设备的接线箱和消防设备接线箱，均接有相应的管线，因两表箱均不占太大高度，故可将其上下叠放，并适当缩小左侧设备与两表箱的距离。缩小后的管井节约了400mm的面宽。

按此设备配置的住宅弱电竖井的最小尺寸：800mm×400mm，但考虑各设备检修方便竖井尺寸应达1200mm×400mm。

对同一方案中的强电竖井同样可作空间压缩，将应急照明电表箱置于动力配电箱下方，可将该电井压缩至900mm×400mm。

接线端子箱和配电箱等构件型号繁多，有各种组合变化，其选用要依照具体项目情况决定。要使电井内的设备得到较从容的布置，强电和弱电管井应该保证尺寸：1000mm×400mm。

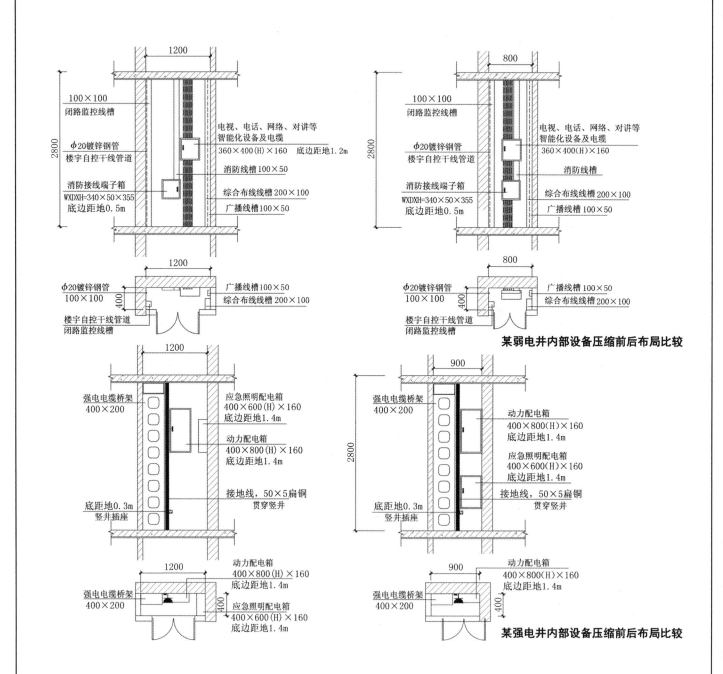

某弱电井内部设备压缩前后布局比较

某强电井内部设备压缩前后布局比较

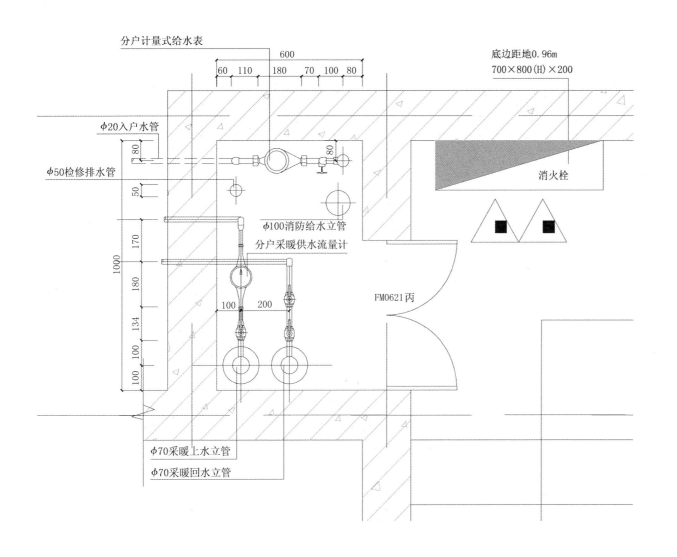

水暖管井内部布局示例

要点说明

给水及供暖管井及内部设备概述

楼梯间中水暖井可能有的管线：

给水、中水、采暖、排水管，消火栓水管，喷淋管；

视具体情况可有生活热水、直饮水、屋面雨水管，给水立管及水表设于楼梯间公共管道井内可方便查表或水表远程查抄。

竖井中需设置2根给水立管。

一根市政压力管直接供应低层用户；另一根小区加压管满足中高层用户用水需求。

同层设2户水表及配套的阀门等设备。

采暖竖井中需设置供、回水立管及阀门、过滤器，热计量表等设备。设计时应当注意水管安放的位置，若尺寸满足，各户的水暖流量表应当自上而下阶梯状布置，不互相遮挡干扰读数。各流量表均应考虑抄表和检修人员的视高。

要点说明

给水及供暖管井尺寸的调整与压缩

水暖管井的尺寸往往不易压缩。一来是由于水输送受水压的影响，水管的布置不能像电线那么随意。此外，由于技术原因，各流量表必须布置于横向的水管上，且各分管流经表头后还要转竖管穿地面垫层入户，加上调压阀门等构件以及周边的操作预留位，占用的面宽很大，但实际空间的利用率较低。

对水暖管井占用空间的解决办法有如下几种：

1. 合并水暖管井，压缩一下浪费的空间，还可节约一根检修排水管；

2. 研发能竖直读数的水表，可以节省横管所占长度；

3. 采用智能化远传采集数据，可将水表置于户内，节约空间，减小水暖井的面积。

出于节约空间的考虑，水暖二井建议合并设置，各种仪表可以通过上下错叠节约一些空间。由于计量表以及附属横管的存在，住宅标准层户数对水暖井的大小会有影响。考虑一个合并后水暖井为三户服务的例子，该水暖管井内部布置大致如左图，所需净空尺寸为1700mm×400mm。其余的情况可参考该布置做进一步设计。

此外，"小高层住宅每层公共部分应设一个双出口消火栓，箱体尺寸为700mm×1000mm×240mm"。同时消火栓应附有消防给水立管。如条件允许，该立管可与给水和供暖管共井设置。

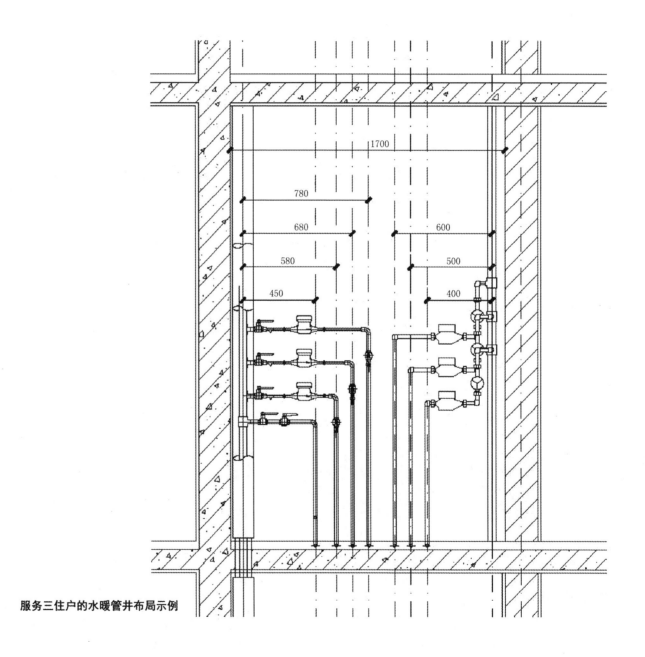

服务三住户的水暖管井布局示例

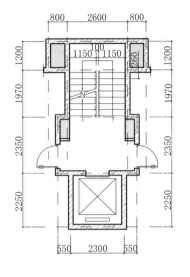

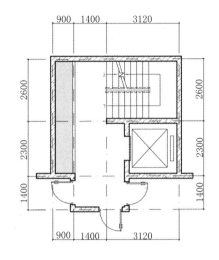

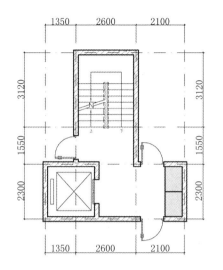

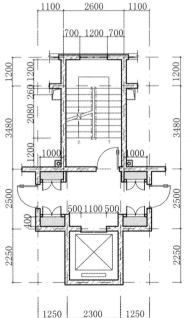

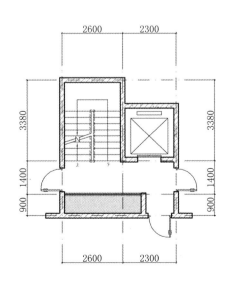

7～11层住宅核心筒综合设计示例
平面分类

要点说明

　　根据防火疏散要求，7～11层单元式高层住宅可设置一部开敞的自然通风采光的楼梯间及一台普通客梯。其公共部位主要由楼梯间、电梯间、设备管井、公共走廊等部分组成，通常为一梯二户、一梯四户。只考虑北梯的情况下可细分为：

　　1. 电梯正对楼梯；

　　2. 电梯在楼梯同侧；

　　3. 电梯与楼梯错位布置。

　　其中因楼梯在平面图中的纵横排布差别以及户门位置的相应调整，又有一些变化。

要点说明

　　该核心筒设计采用开敞楼梯与电梯对面式布局。优点是轴线对称，结构稳定性好，占面宽较小，公共走道面积小，两侧住宅均好性佳；缺点是南北向长，占用住宅南向房间进深，电梯在中央，噪声易影响起居室或房间。

　　该核心筒管井布置较分散，且均分布在核心筒与各户交界处，增加需作降噪减振处理的墙身。给水和供暖管井布置在楼梯的休息平台上，减少了日常运作、抄表和检修时对住户的干扰，同时入户后直接接入设备集中的厨房和生活阳台。但错半层入户不利于水管进入垫层，且管内有阻力损失。

管井内尺寸放大图

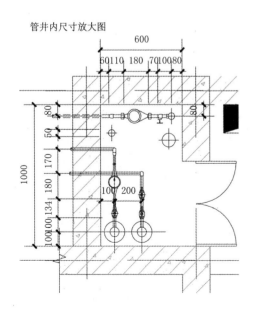

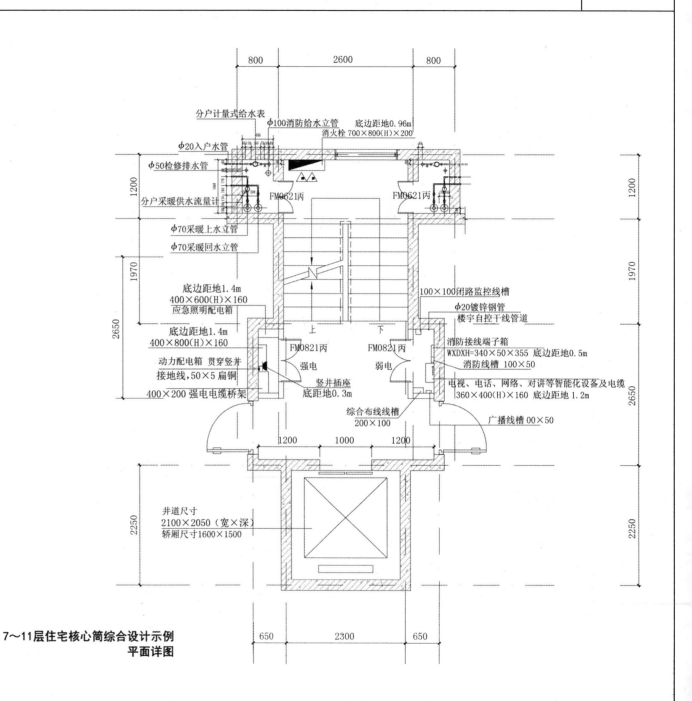

7～11层住宅核心筒综合设计示例
平面详图

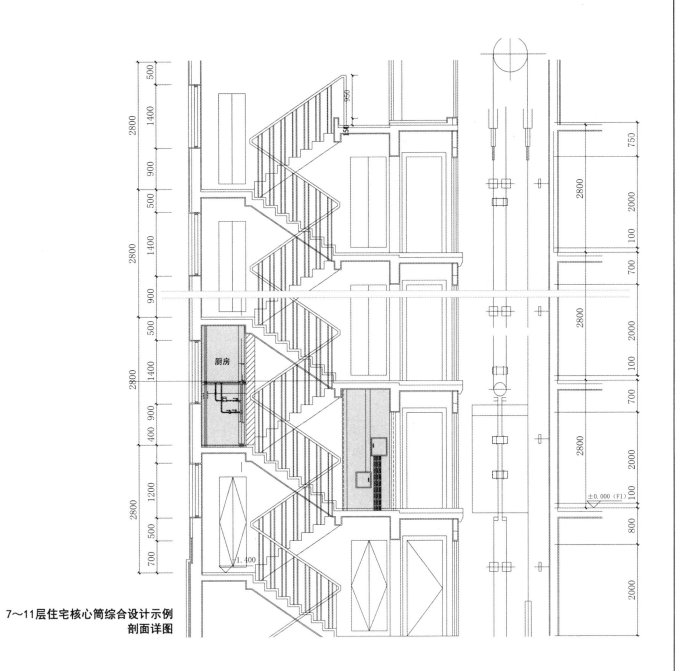

7～11层住宅核心筒综合设计示例
剖面详图

要点说明

　　该核心筒设计采用开敞楼梯与电梯对面式布局。优点是轴线对称，结构稳定性好，占面宽较小，公共走道面积小，两侧住宅均好性佳；缺点是南北向长，占用住宅南向房间进深，电梯在中央，噪声易影响起居室或房间。

　　该核心筒管井布置较分散，且均分布在核心筒与各户交界处，增加需作降噪减振处理的墙身。给水和供暖管井布置在楼梯的休息平台上，减少了日常运作、抄表和检修时对住户的干扰，同时入户后直接接入设备集中的厨房和生活阳台。但错半层入户不利于水管进入垫层，且管内有阻力损失。

要点说明

根据防火疏散要求，12 ~ 18 层单元式高层住宅应设置一部封闭楼梯间及两台电梯，其中一台为消防电梯，并设有消防电梯前室，其具有一定的防排烟要求。

封闭楼梯间必须有自然通风采光。同样以北梯的方式作为研究对象，根据楼梯和电梯之间的相对位置可分为四种形式：

1. 电梯并排布置并与楼梯并列相对；
2. 电梯并排布置并与楼梯错位相对；
3. 电梯正面相对并分别位于楼梯两侧；
4. 电梯正面相对并与楼梯并列。

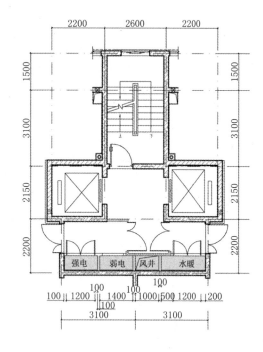

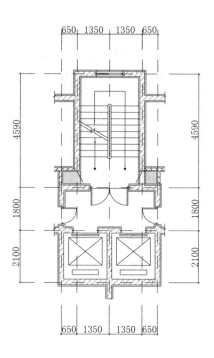

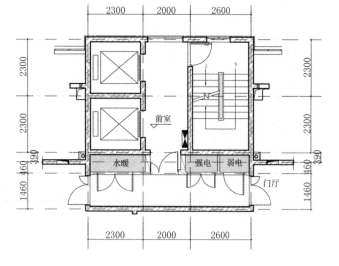

12～18层住宅核心筒综合设计示例
平面类型

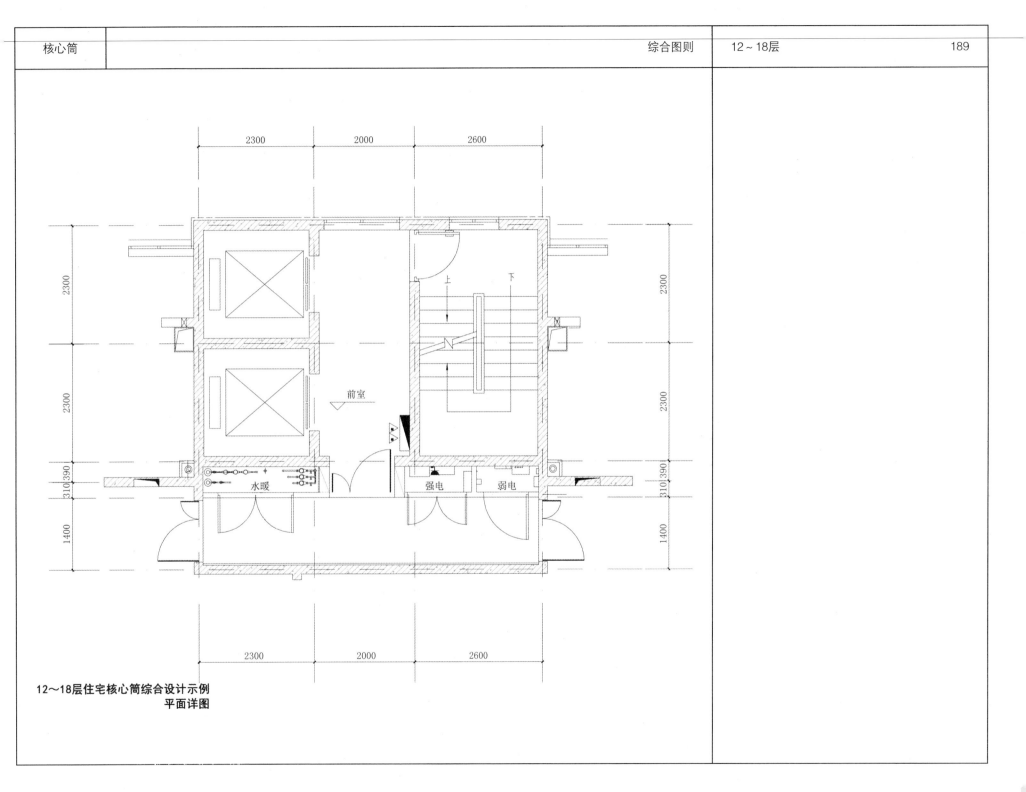

12～18层住宅核心筒综合设计示例
平面详图

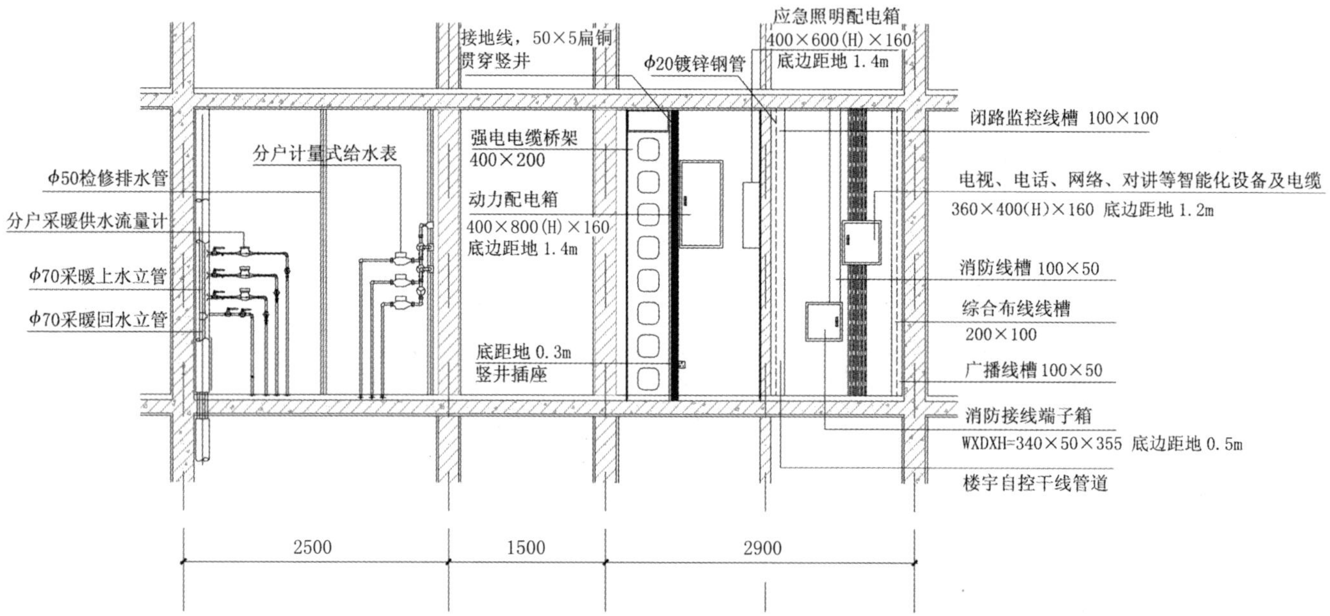

接地线，50×5扁铜
贯穿竖井

应急照明配电箱
400×600(H)×160
底边距地 1.4m

φ20镀锌钢管

闭路监控线槽 100×100

强电电缆桥架
400×200

分户计量式给水表

φ50检修排水管

电视、电话、网络、对讲等智能化设备及电缆
360×400(H)×160 底边距地 1.2m

动力配电箱
400×800(H)×160
底边距地 1.4m

分户采暖供水流量计

消防线槽 100×50

φ70采暖上水立管

综合布线线槽
200×100

φ70采暖回水立管

底距地 0.3m
竖井插座

广播线槽 100×50

消防接线端子箱
WXDXH=340×50×355 底边距地 0.5m

楼宇自控干线管道

2500　　　1500　　　2900

12~18层住宅核心筒综合设计示例
剖面详图

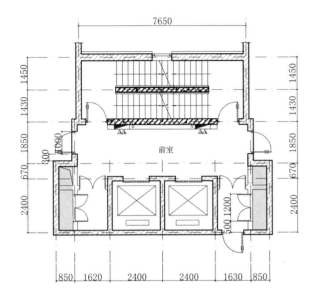

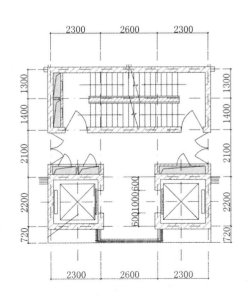

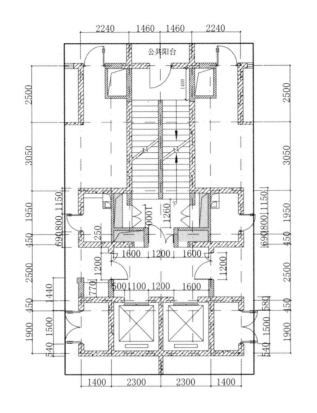

19层以上住宅核心筒综合设计示例
平面类型

要点说明

　　根据防火疏散要求，18层以上单元式高层住宅应设置防烟楼梯间及两台电梯，应设两个安全出口，可以采用一部剪刀楼梯的形式，须设有防烟前室，必须设有一台消防电梯，且有消防电梯前室，所有防烟前室须满足一定的防排烟要求。此类住宅中剪刀楼梯和电梯有多种组合方式。按照剪刀楼梯和电梯的相对位置将其分为三大类：

　　1. 两部电梯与剪刀梯并置；

　　2. 两部电梯与剪刀梯隔走道相对；

　　3. 电梯分别位于剪刀梯两侧。

　　由于此类住宅的公共部位要求有两个防烟楼梯前室以及一个消防电梯前室，防烟前室组合形式较为灵活。在各个系列中，根据防烟前室形式的不同以及防排烟方式的不同，又有细分，如有扩大前室的做法，也有分开前室的做法，有自然防排烟的形式，也有需增设加压送风的形式。

要点说明

19层以上住宅核心筒由于防火疏散的要求而需要两个安全出口，为节约公摊，常采用剪刀梯的形式。同时，对于合用的消防前室必须有加压送风措施，因此管井间中有风道井。

防烟前室：

将两个防烟楼梯前室和一个消防电梯前室合并，与住宅入户空间结合设计，将住宅入户走道作为扩大的防烟前室，所有的住户和过道、楼梯间、电梯井的墙体以及各户的分户墙须采用防火墙，开向前室的户门必须采用乙级防火门。防烟前室不具备自然排烟条件，必须设置加压送风系统，增设送风竖井。

采光通风：

剪刀楼梯间能够自然采光通风，候梯厅即扩大前室无法自然采光，通风性能不佳。

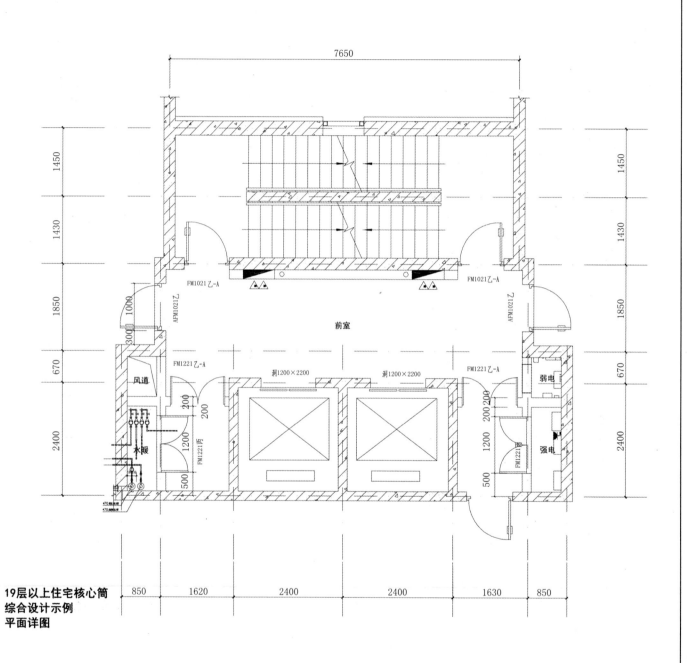

19层以上住宅核心筒
综合设计示例
平面详图

要点说明

D 其他空间

要点说明

阳台面积计算：

阳台面积的计算在国家关于住宅技术经济指标计算的规定中并不统一。

按照国家经济委员会《建筑面积计算规则》：阳台不封闭，其水平投影面积的一半计入建筑面积。阳台封闭，则其水平投影面积全部计入建筑面积。该计算方式作为住宅产权登记的计量依据，是多年来应用最广泛、公众认知程度最高的一种。

国家发改委、城乡建设环境保护部《关于贯彻执行〈国务院关于严格控制城镇住宅标准的规定〉的若干意见》：一、二、三类住宅，每户可设一个阳台，四类住宅每户可设两个阳台，但每个阳台水平投影面积不得超 4m²。符合上述规定的阳台，其面积可不计入《规定》中所规定的各类住宅建筑面积之内。

《住宅设计规范》中规定：套型阳台面积等于套内各阳台结构底板投影净面积之和，阳台面积应按结构底板投影面积单独计算，不计入每套使用面积或建筑面积内。

阳台在户型平面中的布局

服务阳台多与厨房或餐厅连接，是家居生活中进行杂务活动的场所，满足住户储藏、放置杂物、洗衣、晾衣等功能需求。

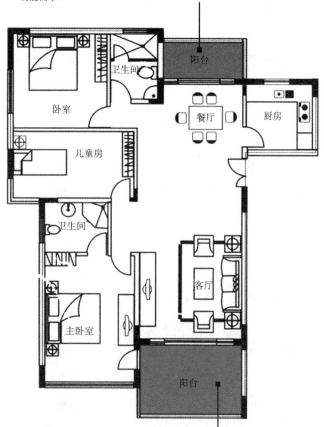

生活阳台供生活起居使用，一般设于阳光充沛的南向，起居室或卧室的外侧，一些住户会将其封闭作为卧室使用，或用作书房、工作间等。

阳台类型

封闭式：
对阳台护围加以封闭，围合性、私密性强，受外界干扰较少。

开放式：
对外开敞，无封闭的围护结构，但卫生和舒适性无法保证。

半开半闭：
阳台在空间上被分为两个部分，其中大部分是封闭的，如作为阳光房，小部分是开敞的，可作晾晒衣物用，形成所谓"双重阳台"。

可开可闭：
可以在需要时调整阳台的开放状态，实现自由调节，目前常见的是被称为"隐形门窗"的折叠窗。

入户花园阳台

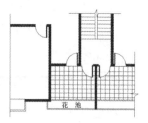

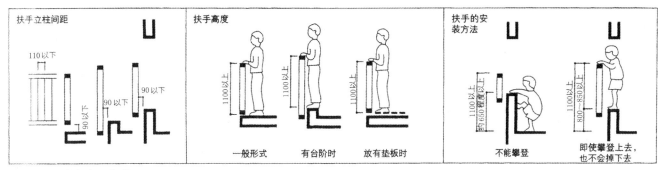

阳台的防护高度及方式

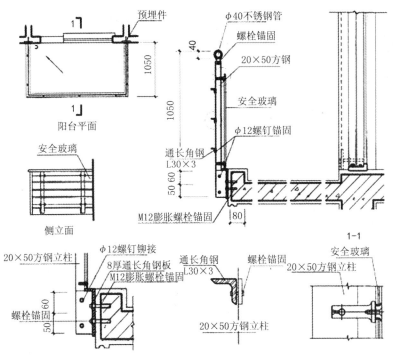

阳台防护设计示例

结合普遍住户在阳台中各类生活行为的综合需求，建议南阳台（生活阳台）的宽度不小于1500mm，北阳台（服务阳台）的宽度不小于1200mm，有特殊需求的住宅设计除外。但同时也应避免阳台过深或特殊的形状，减少对下层住户造成的日照影响。为老年人和残疾人使用时，阳台深度不宜小于1500mm，阳台门以推拉门为主，向外开启的门扇应设关门拉手。规范要求通往阳台的门（单扇）的最小尺寸为700mm×2000mm。

按照规范的规定，阳台栏杆对于低层、多层住宅，其净高不应低于1050mm；中高层、高层住宅，其净高不应低于1100mm。封闭阳台的栏杆也应满足阳台栏杆净高要求。在阳台外窗窗台距楼面、地面的高度低于900mm时，应有防护设施；封闭阳台的栏杆也应满足阳台栏杆净高要求。

阳台是儿童活动较多的地方，阳台护栏的设计尤其应该注重儿童和老人的使用安全及需要。如阳台栏杆垂直净距应小于110mm，并尽量避免横向设计防止儿童攀爬。栏杆的高度距完成面至少保证1050mm（低层、多层住宅）或1100mm（中高层、高层住宅）。同时，为防止因栏杆上放置花盆而坠落伤人，可搁置花盆的栏杆必须采取防止坠落的措施。

要点说明

出于防水要求，一般阳台的面层标高应低于室内面层标高约20～50mm。如果考虑有利于老年人、残疾人生活需要及安全性，建议阳台与室内高差设计的范围控制在15mm以内，高差部位以斜面过渡或不设高差。

为了老人等行动不便人士的使用安全，建议在800～850mm高度设置扶手。阳台窗内侧与扶手间应留出空隙，除方便抓握外，还要有能放下窗帘的余地，不妨碍扶手的使用。

要点说明

　　规范规定："阳台宜做防水，顶层阳台应设雨罩，阳台的雨罩应做防水。"阳台栏板根部、阳台地面和外墙交角处容易产生裂缝，是渗漏易发处，应重点做好防水处理，并视需要采取溢流措施。阳台宜采用结构找坡，建议坡度值为1%～2%。

　　阳台排水与雨水应分设立管并且立管底部应间接排水，即"洁污分排"，避免雨污混合排放造成城市水系污染。若阳台排水直接与雨水立管连接，会造成臭气和一些有毒气体自地漏逸出，还有可能造成底层阳台地漏的返水现象。

　　阳台设洗衣机位时，应配套设置给水排水管道、排水口、龙头、电源等。建议洗衣机位旁预设洗衣机槽及给水排水设施；预留烘干机接入条件；栏杆应在洗衣机侧边设计实体栏板。

　　按规范，每户至少有一个阳台设计晾衣设施的位置，设计时应预留设施以便住户拉线。为方便老年人和残疾人使用，晾衣竿可采用升降式。

　　阳台地面除做好排水外，还应注意其由于表面水的存在而引起的湿滑现象，应采用湿水后可防滑的地砖铺设。

　　封闭阳台存在擦窗的问题。因此建议在适当位置设置内开启扇，并配设可180度转向的铰链，方便擦窗，并且窗扇开启时不影响使用。

　　阳台除设计整体照明外，建议还至少设一处电源插座，以便在阳台使用电器设备或夜间局部照明。

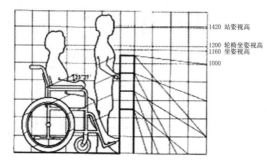

坐姿和站姿下阳台栏板高度对视线和阳光照射的影响（北京地区）

对于一些老年人及残疾人，如果栏板高度设计在1050mm或1100mm的安全高度，对于坐轮椅的人，会带来一些问题：实体栏板高1050～1100mm，加上封闭阳台的窗框高度约100mm，视线在近1200mm以下被遮挡；在冬季，坐于实体栏板后的人的大半身处于栏板阴影区。所以，考虑坐姿（正常椅面和轮椅）及站姿情况下的观瞻通畅，在1000～1500mm范围内最好无遮挡视线的护栏、扶手、窗框、窗棂等水平构件。可在某一高度范围（500～1100mm）内设置玻璃栏板或窗，或降低实体栏板的高度，形成"低栏板"。受造价等因素影响，不易实现"低栏板"的住宅，在设计中可部分降低栏板高度。

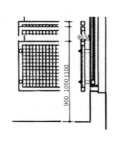 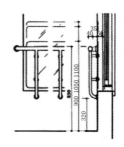

低栏板或落地玻璃阳台的玻璃防护（右图窗外侧为安慰性防护）

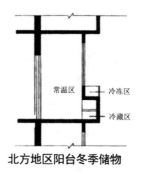

北方地区阳台冬季储物

阳台设计中，一方面注意洁、污空间的划分，为杂物预留储藏条件，如设置隔板、挂钩；一方面可辟出洁净存放空间储藏食品。食品的冬季储藏在我国的北方地区有藉以利用的气候条件，设计中将阳台空间分为常温区、冷藏区、冷冻区三部分，可以按适宜温度存放相应的食品，有利于节约能源。

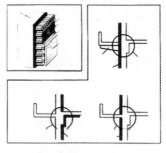

阳台板根部作断桥处理

阳台是住宅保温的薄弱环节，应设置具有保温隔热功能的门（而不能仅为门洞口，尤其在寒冷和严寒地区），以减少室内和阳台的热量交换。封闭阳台的窗为防止冬季结露或凝霜，窗框及玻璃应满足最小热阻的要求，同时建议栏板作保温处理。开敞阳台的，宜阳台板根部作断桥处理。

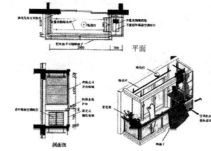

空调机位的综合利用

阳台设计应考虑空调室外机的设置，如空调室外机的尺寸是否合适、位置是否妥当、检修和更换是否容易、是否阻碍紧急情况时的避难逃生等，并结合住宅立面设计对室外机位的形式加以考虑。

类型	特点	优势	劣势
窗式空调	集成度较高，压缩机等部件集中地设置在紧凑的机壳内	占用空间少，安装条件简单，移动灵活性较好	工作噪声直接在住宅室内传播；凝结水难以实现集中有序排放
小型户式中央空调	以水作为冷媒，户内可采用风机盘管系统，冷媒管布置在吊顶内，每户只有一台室外机	送风温差小，送风量大，室内温度较均匀，室内环境相对比较舒适，且每个房间温度可单独控制	总体价格较高，尤其对于集合住宅来说，对房间层高要求高于普通住宅，所以目前在我国普及率较低
商用空调	每户只有一台室外机，布置方便，室内机有壁挂机、卧式暗装机及顶棚嵌入机等多种形式可供选择	安装方便、控制简单、调节灵活、出风均匀，室内气流组织合理，舒适性好，其中顶棚嵌入机不占室内有效空间	对吊顶空间有要求（不小于300mm），不适用于层高不高的普通住宅，变频电机技术有电磁污染的问题
集中空调	在单个或几个住宅楼栋设置一个空调系统，统一提供给每个住户冷暖所需要的能量和新风	自动化程度高，便于集中智能化管理；室内的管线通过顶棚或局部吊顶连接各送风终端，送风均匀，噪声小，供冷速度快，舒适程度高；配合新风系统，可提供对人体健康的室内换气；立面效果较好	前期投入较大，运行费用较高，管线设备等的安装要同建筑物的整体设备安装和内部装修一体化完成，并且后期使用及维护时对管理者的技术管理水平要求也较高
分体空调	基本上能够满足用户调节室内温度的要求，是目前我国的集合住宅应用较多的空调系统类型	压缩机和冷凝器等主要噪声源安装在室外，其噪声指标一般都可以满足用户要求，而且安装要求不高，初期成本、维护成本较低	

不同空调系统类型比较

要点说明

要点说明

　　目前，选择安装分体壁挂式家用空调器的住户为主流，与此相对应，住宅外立面一般统一设置空调室外机位。在住宅室内，对于精装修住宅，空调一般已经统一安装到位，而未装修住宅则一般做到配置专用空调插座、在外墙预留冷媒管孔洞等，为住户今后的安装提供条件，基本符合规范的要求。

要点说明

　　从设计原则上讲，根据气源热泵型空调器压缩机的工作原理，设计空调室外机位首先要考虑其在合理工况下风冷作用所需的空气对流空间，另外还要考虑人员安装、维护所需的基本操作空间。

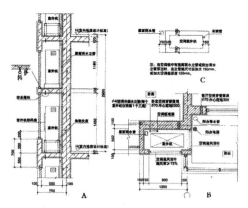

空调室外机安装示意

分类	功率	室外机尺寸 （宽×深×高）(mm)	适用房间	搁板净尺寸 （宽×深×高）(mm)	备注
壁挂机	1P	780×300×550	书房、小卧室	1050×500×700	有落水立管穿过时单边加大150mm
	1.5P	820×300×550	卧室	1100×500×700	
	2P	850×350×600	大卧室、客厅	1100×550×800	
柜机	2P	900×350×750	客厅	1200×600×1000	
	3P	950×350×850	客厅（连餐厅）	1200×600×1100	

空调室外机尺寸与机位尺寸

功能房间面积（m²）	空调机功率（匹）	搁板最小净尺寸 （长×宽×高）(mm)	备注
12以下（含12） 次卧室、书房等	1	1250×700×600	设计中遇到水落管或其他突出物时须让出位置
12～20（含20） 主卧室、次卧室、书房等	1.5	1250×700×650	
20～28（含28） 主卧室、客厅等	2	1350×780×700	
28～35（含35） 主卧室、客厅等	2.5	1380×780×900	
35～40（含35） 客厅等	3	1380×780×900	

室外机搁板最小净尺寸

　　从空气对流通畅的角度考虑，空调机的装饰围栏应尽量设计为三面通透。如按下限考虑，室外机后侧与墙面之间的距离应不小于100mm，左右两侧各应有不小于100mm和150mm的距离（冷媒管接入口一侧为150mm）。外机排风面下部距离前方百叶或开洞下部实体的垂直高度不应低于200mm，排风面距离前方实体构件的距离应不小于600mm，最好前方2～3m范围内无遮挡，以避免排出的空气回流而降低空调效率。

　　从表中可以看到，壁挂机功率平均较小，考虑右在20m²以内的卧室、书房、客厅设置，其室外机（小型）尺寸最大的为850mm×350mm×600mm。设置搁板时，考虑通风散热空间，在外机周边留出100mm，冷媒管接入口留出150mm，那么对应最大搁板净空需要1100mm×550mm×800mm，双机平行设置时2000mm×550mm×800mm。一般应避免雨水立管穿搁板，当搁板中确需穿过屋顶水落管或阳台雨水立管时，搁板需另外加大或加深150mm。

　　柜机功率较大，适用于面积为20～40m²的客厅、餐厅、卧室等。其室外机（大型）最大尺寸为950mm×350mm×850mm。设置搁板时，对应需要的最大净空尺寸为1200mm×600mm×1100mm。当搁板中需穿过屋顶水落管或阳台雨水立管时，搁板则要加大或加深150mm。

　　当外机为侧向置入时，安装洞口的宽、高尺寸应不小于500mm×1100mm（大型）和500mm×700mm（小型）。当空调外机为正向置入时，安装洞口尺寸应不小于900mm×1100mm（大型）或800mm×700mm（小型）。

窗间式	利用住宅凸窗的上下及两侧空间放置空调室外机的一种方式
类型	·上下窗间式——在上下凸窗之间、下凸窗的顶板上搁置室外机 ·左右窗间式——在凸窗左右侧面，设独立或附属凸窗的构件作为室外机搁板，如延长窗台板
外围护	可采用活动百叶、金属花饰、栏杆、穿孔板等
优点	整体性较强，立面处理隐蔽、整洁有序。比如结合凸窗上下板及侧板，带来立面丰富的阴影变化，呈现生动的建筑表情；有效利用空间，节省外部空间，尤其是上下窗间式，实际上并没有额外地设置空调机搁板，实现了对空间和顶板构件的双重利用；凸窗两侧安装的围护构件还可以把连接管和冷凝水引流管隐藏在内
缺点	构造相对复杂，散热不利，安装、日常维护比较困难（上下窗间式，尤其是高层和超高层住宅）

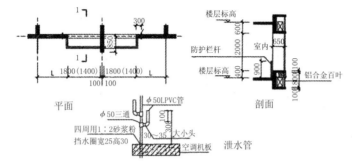

窗间式室外机位构造示例——上下窗间式

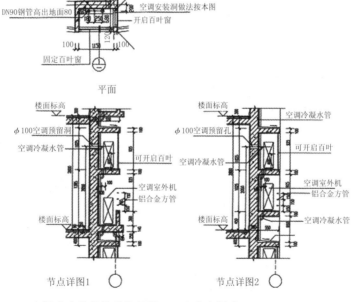

窗间式室外机位构造示例——左右窗间式

要点说明

室外机位的设置原则：

在保证空调机正常使用的前提下，设计应注重结合建筑布局，做到室外机位的安全、隐蔽、美观，同时便于空调室外机的安装及维修，以创造和谐美观的住宅室外整体环境。

设置时应结合立面设计统一考虑，根据不同情况，可在上下或左右相邻的凸窗间设置，也可梁下挑板、平楼层挑板、平阳台挑板设置；设置时位置避免在山墙面且无窗口的位置上，高度避免在室内能够直接看到，产生视觉上的堵塞感。

空调室外机搁板（简称"搁板"）是机位组成的主角，它的位置应尽量靠近室内机且靠近可开启的窗或阳台，方便室外机的安装、维护操作便利、有利安全，同时注意窗的开启方向是否使机位可达。搁板设置在楼栋凹槽部位时，不应把两搁板相对或对着窗口，以避免空调排风互吹或吹入他户室内。

设置在阳台端部的空调机位，应尽量与阳台的使用范围明确分隔，专位专用，这不但出于卫生需要，还可避免将机位面积计入建筑面积。

空调室内机与室外机的连接管应尽量简短，并将这些连接管的隐蔽安装纳入设计范围。如统一安装于PVC管内，与外机连接美观，达到和建筑外立面的协调一致，而且空调的冷凝水管应与统一安装的总冷凝水管相连接，以防止不规则滴水。

另外，国家质量技术监督局于2001年1月曾发布过《国家空调安装标准》，该标准对包括住宅空调器在内的民用空调器的安装设置作出了原则性的规定。

要点说明

室外机通风设计

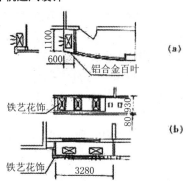

（a）室外机在出风方向没有任何遮挡，从上部和左侧都可以补风，不会使环境温度升高。

（b）室外机前方装有铁艺花饰，但左右间距宽敞，上部亦无遮挡，进风比较通畅，排出的热空气不致回流或回流极少，对制冷效率影响不大。

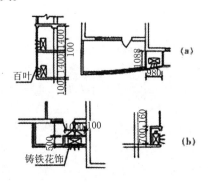

（a）上下左右及后面全部封闭，出风和进风全在前方，室外机机位内的环境温度比室外温度高5～10℃，能耗增加14%～15%。

（b）在运行时要打开室外机后面的门，冷空气则经过阳台的窗进入室外机后方补充，存在热空气回流现象，造成机位内温度升高约5℃。

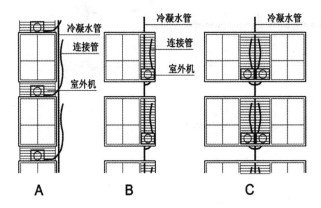

"上下窗间式"和"左右窗间式"室外机位

比较上下层凸窗之间的室外机位，较好的方法是设置在凸窗的侧面，空调外机放置在凸窗外侧面窗台板上，再以百叶或穿孔金属板封闭。这样可以同时隐藏连接管线和室外机，装、维修操作更为便利，左右并列或上下叠放时，还可以节省空间和管线。

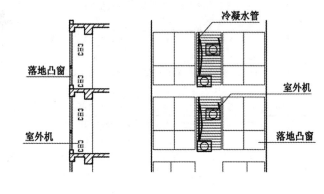

落地凸窗"左右窗间式"室外机位

结构上，机位搁板可利用上下层楼板直接出挑，结构合理、施工方便；在两落地凸窗之间的室外机可上下放置，共用一根冷凝水引流管，节约了部分连接管；机位围护隔栅使管线完全隐蔽。

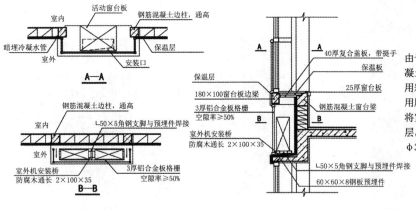

外墙悬挑式室外机位构造示例

由于凸窗窗口两侧设通高的钢筋混凝土构造柱，可将混凝土窗台板设计成挑梁式以便开洞。空调机位的围护采用彩色喷涂金属穿孔板。对空调室外机的固定，则采用脱离保温层的安装桥，安装桥为两防腐木板，安装时将室外机固定在安装桥上即可。为避免安装时破坏保温层，将冷凝水排水管设计成埋入式，冷凝水经汇集通过φ30UPVC（或PPR）塑料管排水。

阳台式	与阳台的构件相结合，利用阳台板和楼板外挑，形成空调室外机搁板
类型	•阳台外置式——利用阳台正面一侧或端部将阳台板外挑来放置室外机，且不影响阳台使用 •阳台内置式——利用阳台内的部分面积放置空调室外机，应安装隔断，作为室外机专用位置
外围护	可利用金属花饰、栏杆、穿孔板等，应与阳台栏杆形式相协调
优点	与阳台结合紧密，立面与阳台统一，隐蔽、美观，效果丰富；安装维修便利，散热较好
缺点	只适用于带阳台的房间，有时将室外机放在阳台端部时，可能会影响到近旁窗户的通风

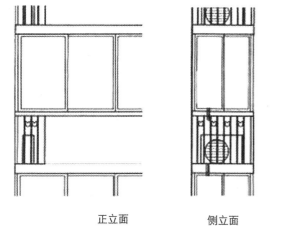

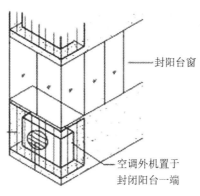

正立面　　　　　　侧立面　　　　　　示意图

——封阳台窗

空调外机置于
封闭阳台一端

阳台式室外面位示例

要点说明

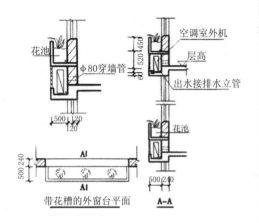

外墙悬挑式室外机位示例

外墙悬挑式	这种方式一般在既没有凸窗又没有阳台的房间外设置，或与其他方式结合使用
类型	·在建筑的非主立面上，如建筑物的凹槽、转角等不明显的部位，利用建筑外墙悬挑板作为空调室外机位 ·在无凸窗的外墙也可设置，如在窗下结合花池、设计成假阳台的形式以及在西向立面上结合遮阳设计成遮阳板式等
外围护	可采用百叶、金属花饰、栏杆、穿孔板、透空栏板
优点	机位可以尽量靠近室内机（内机与外机的标高可控制在500mm左右），节省连接管线，连接管容易隐蔽、无须外露，立面整齐划一、经济美观
缺点	如单纯采用该种设计方式，对平面要求较高，较难保证所有住宅厅、室的空调数量

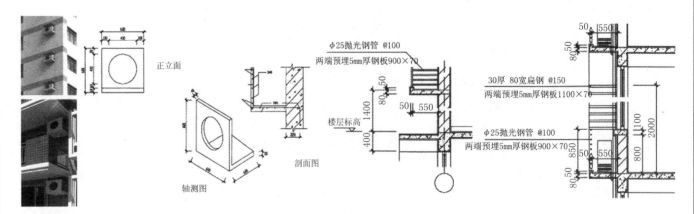

外墙悬挑式室外机位构造示例

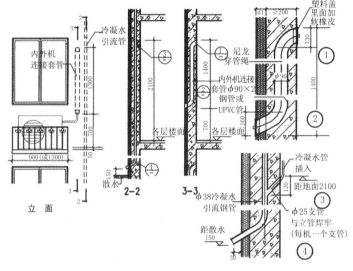

连接管预留孔与插座的整体优化设计

空调冷媒管的预留孔洞位置应尽量贴近房间的阴角设置，直径为75mm，向外倾斜10度，配置PVC套管。冷媒管应避免弯折，遇到需穿过墙面呈直角弯折时，弯折半径应不小于150mm，落地式柜机冷媒管预留孔洞的洞中距地200mm。

内外机连接管不同处理方式构造：连接管暗装于墙休

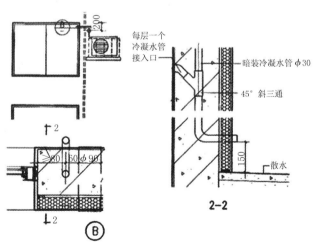

内外机连接管不同处理方式构造：连接管暗装于窗套

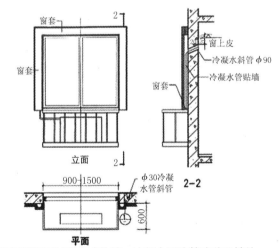

内外机连接管不同处理方式构造：冷凝水引流管暗装于墙体

要点说明

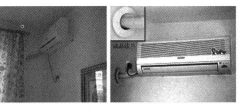

预留孔及插座位置优化

内外机连接管明装

　　明装时，冷凝水管的套管可布置在空调搁板范围以外的墙面上，安装较为简单，套管外露；也可安装在空调搁板范围内的阴角处，但要每层穿过搁板，安装稍为复杂，如果搁板外设围护百叶或装饰护栏，则套管也可一并隐蔽其中。

要点说明

　　阳台作为集合住宅中的住户室内外过渡空间，担负着多种功能，是居民展现个性、扩展居住功能的场所。居住心理、居住环境、面积因素、气候因素等方面都对其开放或封闭的状态产生影响。虽然我国现阶段集合住宅阳台较多为封闭式，但可以预计，在经过经济的高速发展，缓解了居住紧张状态后，在城市生态环境、人文环境达到一定的发达水平时，封闭阳台的现象会大为减少，回归到其开放性本源。

阳台设计要点总结列表

项目	尺度	设计要求或建议	类别	项目	尺度	设计要求或建议	类别
阳台		每户设置	●	地面		避免地砖强烈反射阳光	☆
		有组织排水	●			面层低于室内面层标高≤15mm，高差以斜面过渡	▲
		防水	○			外墙交接处的裂缝防水处理	★
		排水坡度1%～2%	★			根部冷桥处理（外墙保温时）	★
门洞尺寸		≥0.7m×2.0m	●	扶手		0.80～0.85m高度处设	▲
栏杆		防儿童攀登	●			混凝土等宽扶手，其表面向内侧倾斜	☆
		花盆设防坠落措施	●				
垂直杆件间净距	≤0.11m		●			压顶应设计成不易放置物品的形状	☆
栏杆净高	≥1.05m	低层、多层住宅	●			内侧下部不应出现登踏面和妨碍轮椅靠近的突出物	▲
	≥1.10m	中高层、高层住宅	●				
实体栏板		中高层、高层及寒冷、严寒地区采用	○	阳台窗		设纱扇（封闭式阳台）	★
						注意擦窗问题（封闭式阳台）	☆
		封闭阳台栏板作保温处理	★			防止冬季结露或凝霜（封闭式阳台）	☆
		根部裂缝的防水处理	★	阳台门		满足保温要求（寒冷地区）	★
晾、晒设施		每户设置	●			设纱扇（开敞式阳台）	★
		升降式晾衣竿	▲	空调室外机位		尺寸合适、位置妥当	★
雨罩		顶层设置	●			方便外机的维护、检修和更换	☆
		有组织排水	●			不阻碍紧急情况下的避难逃生	☆
		防水	●			排水坡度及排水口接入处理	★
分户隔板		毗连的阳台设置	●	花池		底部防水、防止倒流	★
		分户隔板上设双向可开启小门	☆				
阳台净深	≥1.50m	生活阳台	★	洗衣机		设电源、给水排水管道、龙头、排水口（防溢流地漏）	★
	≥1.20m	服务阳台	★			机位侧边设计实体栏板	★
遮阳		外部设可调节铝合金百叶	☆			预留烘干机接入条件	☆
防雨		设窗楣和窗台拔水（封闭式阳台）	☆			附设洗衣槽及相应给水排水设施	☆
地面		面层低于室内面层标高20～50mm	☆			接入污水排水系统，"洁污分排"	★
		防滑地面	☆	电源插座		至少一处	★

符号意义：

● "规范"规定："应"；○ "规范"规定："宜"；★主要建议事项；☆一般建议事项；▲老年及残疾人特殊事项

门厅在户型平面布局中的注意事项

门厅，是指住宅室内与室外之间的一个过渡空间，也就是进入室内换鞋、更衣或从室内去室外的缓冲空间，也有人把它叫做斗室、过厅、门厅。在住宅中，门厅虽然面积不大，但使用频率较高，是进出住宅的必经之处。

视线遮挡
门厅应具有一定的私密性，防止一览无余，保证客厅、餐厅等居室空间不会直接被来访者看见。

洁污分区
为了避免将室外的尘土带入室内，需要在门厅和室内之间设立分隔。

家具设置
门厅要有适合的储物空间与台面，方便住户进出，主要储藏物包括：鞋类，常穿的鞋、拖鞋和换季鞋；其他物品，外衣、包、健身器材、儿童车、轮椅、杂物等。因此，门厅的储藏应遵循"储藏分类，洁污分区"的原则。

美化装饰
展示居住者的个性，给来访者留下良好印象；考虑到搬家的需要，可以设置子母门；夏天需设纱门，利于通风；要有良好的照明，并且灯位选择应避免对穿衣镜背光或眩光。

礼仪仪容
需要穿衣镜，方便主人出门时检查仪表；需要宾主寒暄、递送礼物的空间。

生活便捷
需要可供书写的台面，为快递签收、抄表等签字时使用；老人还需要扶手以帮助站立。

设备需求
门铃喇叭的位置不能与可能设置的家具相冲突；门铃的位置应设置在小孩能接触到的高度。

门厅的形式
· 低柜隔断式
· 玻璃通透式
· 格栅围屏式
· 半敞半蔽式
· 柜架式

墙面设计
门厅中入户门正对的装饰墙或屏风等有对景的视觉要求，这是回家的第一感觉和待客的第一印象，最好不要对着厕所或墙角，实在难以避免则要在厕所门前做盥洗前室形成一个垭口。

地面设计
门厅的地面应耐磨、易清洗，一般用于地面的铺设材料有玻璃、木地板、石材、地砖和地毯等，装修通常依据整体风格而定。

家具设计
条案、矮柜、坐凳、博古架等，门厅处不同的家具摆放，可以承担不同的功能，可收纳、可展示，但总体以不影响居住者的出入为原则。

不同的入户形式，决定了门厅在户型中的不同位置：当选用楼梯间式时，门厅一般位于套型中部；采用庭院式或外廊式时，门厅则往往位于套型端部。

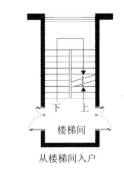

从楼梯间入户

从庭园或露台入户

从外廊入户

门厅类型

户型平面		
门厅位于一侧，客厅和餐厅不分区，一般适用于进深较大、面积紧凑的户型。需要注意的是，应处理好厨房与餐厅间的流线，避免经过门厅区域，造成洁污分区混淆。	门厅位于客厅和餐厅中间，有效地对空间进行划分，同时各功能区域间流线最短，常用于较舒适的大户型。	门厅位于入户花园内，方便鞋、雨伞等的放置，有利于室内通风，同时入户花园也营造了良好的景观环境和户外活动场地，适用于对建筑保温要求较低的南方地区。

特点（行标题）

门厅家具布置形式

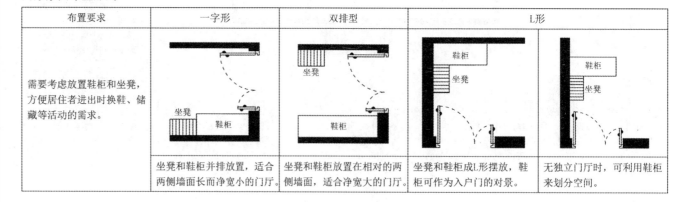

布置要求	一字形	双排型	L形	
需要考虑放置鞋柜和坐凳，方便居住者进出时换鞋、储藏等活动的需求。	坐凳和鞋柜并排放置，适合两侧墙面长而净宽小的门厅。	坐凳和鞋柜放置在相对的两侧墙面，适合净宽大的门厅。	坐凳和鞋柜成L形摆放，鞋柜可作为入户门的对景。	无独立门厅时，可利用鞋柜来划分空间。

门厅类型

	紧凑型	舒适型
基本需求	换鞋 放置随手物品 电灯开关顺手	换鞋 当季鞋收纳及部分常穿鞋的收纳 放置随手物品 挂衣服 电灯开关顺手
满意需求	当季鞋收纳	独立玄关空间 收纳柜面积
额外需求	美观 空间宽敞	美观 空间宽敞 充足的收纳空间

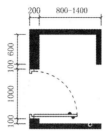

非独立式门厅
门厅柜进深400mm
柜长≥600mm
走道净宽1200mm

紧凑型门厅

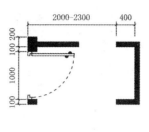

独立式门厅
门厅柜进深≥600mm
柜长≥600mm
走道净宽1200mm

舒适型门厅

门厅尺寸设计

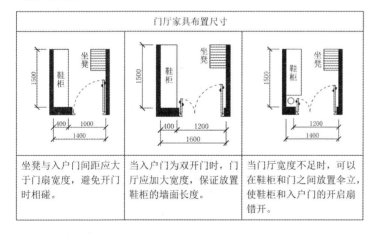

门厅家具布置尺寸		
坐凳与入户门间距应大于门扇宽度，避免开门时相碰。	当入户门为双开门时，门厅应加大宽度，保证放置鞋柜的墙面长度。	当门厅宽度不足时，可以在鞋柜和门之间放置伞立，使鞋柜和入户门的开启扇错开。

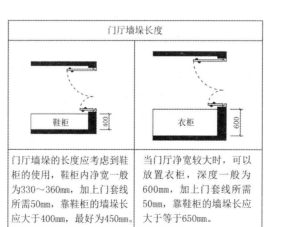

门厅墙垛长度	
门厅墙垛的长度应考虑到鞋柜的使用，鞋柜内净宽一般为330~360mm，加上门套线所需50mm，靠鞋柜的墙垛长应大于400mm，最好为450mm。	当门厅净宽较大时，可以放置衣柜，深度一般为600mm，加上门套线所需50mm，靠鞋柜的墙垛长应大于等于650mm。

要点说明

门厅内的电气设备

门厅中配置的电器设备主要包括：

门禁的可视对讲（约200mm×300mm）；

家庭配电盘（通常是强弱电分开各一个嵌在墙上，约400mm×400mm，400mm×300mm，标注为Q和R）；门厅灯或装饰照明的开关。

这三者一般设置在同一面墙上，高度有特定要求，所以这面墙一般只能挂衣服，或者利用门附近的走道墙或餐厅墙，或者设计一个复杂的浅博古架把各部分装饰起来，并保证能够打开使用和检修。

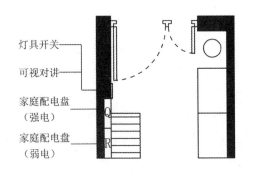

- 灯具开关
- 可视对讲
- 家庭配电盘（强电）
- 家庭配电盘（弱电）

坐凳的设置方便了住户进出时的换鞋需求，同时兼做鞋架的设计也扩大了门厅的储物空间。

一定宽度的台面，放置某些必需品或装饰品，并且提供书写的空间。

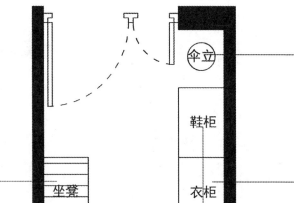

住宅的门厅除了保证居住空间的私密性和装饰作用之外，也承担着多种实用性功能，包括简单的会客、接收邮件、换衣、换鞋，也可临时放置包及钥匙、伞具等物品，以避免将室外的尘土、水渍等带入到室内，实现住宅的洁污分区。

伞立

鞋柜

衣柜

伞架和衣帽架结合，节省空间。

穿衣镜方便住户进出时整理仪表。

在门厅处应设有衣帽架，便于住户进门后脱下的外套、围巾、衣帽等的存放。

鞋柜的设置应考虑家庭成员的组成和多少，根据实际需求选择适当的尺寸和储藏量，一般每人6～10双鞋左右。

门厅内鞋类的储藏分类

类型	储藏要求	尺寸
运动鞋	隔板净高 150mm 以上	
高跟鞋	隔板净高 150mm 以上，内置鞋撑	
平跟鞋	隔板净高 150mm 以上	
短靴	隔板净高 180mm 以上	
长靴	隔板净高 4000mm 以上	
拖鞋	隔板净高 100mm 以上或插入另一只鞋后竖挂在隔架上，节约空间	
鞋盒	隔板净高 150mm 以上	

门厅内衣物的储藏分类

类型	储藏要求	尺寸
大衣风衣	大衣、风衣的长度一般为1100～1500mm	
夹克	夹克的长度一般为800～1000mm	
600mm 柜	600mm 衣柜可正面悬挂衣物，但不利于鞋类放置，占用空间较大	
500mm 柜	进深小于 500mm 的衣柜需要侧面悬挂衣物，但占用空间较小	

不同类型储藏柜尺度

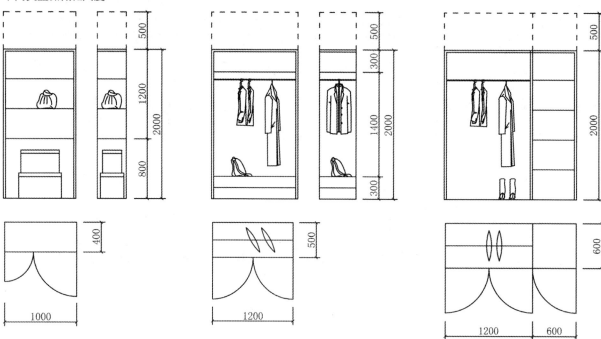

门厅内储藏品类型

类型	尺寸及储藏方式
普通鞋子	普通鞋高度一般为150mm, 短靴所需高度为150～300mm
长靴	长靴高度一般为450～600mm, 宜设挂杆, 悬挂储藏
鞋盒	鞋盒一般自身高120mm, 所需储藏高度150mm, 可多个摞放
雨伞	长把雨伞高度一般为800～900mm, 需设置长格放置, 折叠雨伞可收纳在抽屉内或悬挂储藏, 或者使用单独的雨伞架

不同家庭鞋的储藏量

家庭成员	鞋的基本量（双）	鞋的储藏量（双）
单身男性	6～8	8～11
单身女性	8～12	11～17
青年夫妇	14～20	20～28
三口之家	19～30	27～42
夫妇＋孩子＋老人（4～5人）	25～44	35～62

正常活动

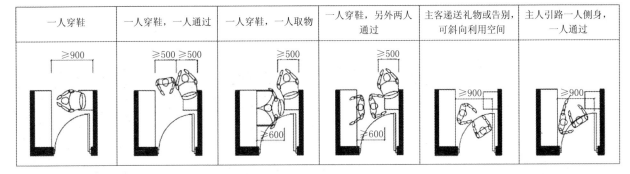

一人穿鞋	一人穿鞋，一人通过	一人穿鞋，一人取物	一人穿鞋，另外两人通过	主客递送礼物或告别，可斜向利用空间	主人引路一人侧身，一人通过

轮椅活动

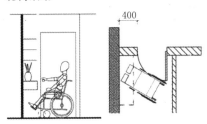

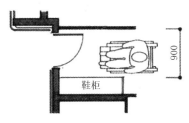

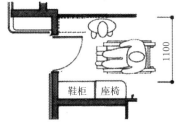

轮椅使用者由于需要额外的脚踏板空间，因此应保证400mm的墙垛，空间不足时，可借用其他空间的下方门厅。

轮椅通过的极限宽度为750mm，较为宽松的宽度为900mm。

应考虑护理人员的活动，如当准备推轮椅出门时，先绕过轮椅开门再回来推轮椅出去，此时通道宽度不应小于1100mm。

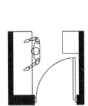

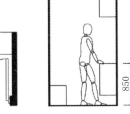

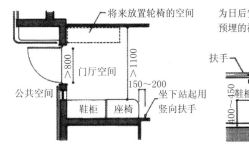

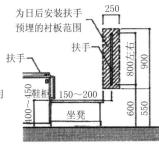

老人可用台面借力站立，进行穿鞋等活动，这时台面高度应为850mm左右，不同身高可略有差别。

门厅的无障碍设计中，不但应考虑设置850mm左右高的横向扶手，还要考虑设置竖向扶手帮助完成站立起身这一动作。

门厅中储藏家具类型

	类型	高柜	中低柜	中低柜+吊顶柜	入墙式鞋柜
鞋柜	高度	≥2000mm	900～1200mm	楼层净空高	楼层净空高
	示例				
	评价	储物量大，但缺少临时放物的台面。	有台面可放置日常杂物，但储藏量较小。	在保证储藏量的同时，也有台面可供使用，但高处储物不方便拿取。	当门厅面积不足时，可在墙体设置入墙式鞋柜，考虑到通风问题，宜设置百叶门窗。
其他储物形式	类型	鞋架	储物箱	衣帽架	挂衣钩
	示例				
	评价	把鞋放在鞋架上有利于通风，也便于随时拿取，但容易积聚灰尘，也显得门厅杂乱。	常见的储物箱一般也可兼做坐凳，应选择材料结实、结构坚固的储物箱。	衣帽架可看作是开敞的衣帽柜与鞋柜的组合，使用更为方便，但容易显得门厅杂乱。	应在建筑结构施工阶段预留挂衣钩的位置。

家具设计要点

柜体			隔板	
隔板鞋柜的柜体净深宜在330～380mm之间，加上柜板厚度，鞋柜的进深宜为350～400mm。	旋转鞋架的柜体净深不应小于400mm。	设置挂衣钩的400mm深的柜体。	隔板与背板及门扇之间都应设置空隙，让鞋子的灰能落到最底层，一方面方便清洁，另一方面也可以充分利用边角空间。	当门厅不足以放置400mm宽的鞋柜时，鞋柜内可以采用倾斜的隔板，角度在15°以内，避免太过倾斜导致鞋放置不稳。
600mm衣柜放鞋，空间比较浪费，可以采用深处200mm放鞋盒，外侧400mm放鞋。	250mm宽的鞋柜，鞋如果用插入的方式储藏，储藏量较低。 	鞋柜背板、底板宜留有通风孔，保证空气流通。	活动的隔板可以加强鞋柜的灵活性，主要方式是在柜体两侧。 	在可能的条件下隔板宜采用薄板，节省储藏空间。 

顶板/台面	门扇		门拉手	照明
中低柜强调装饰效果，因此台面宜略宽，延伸在门扇外；高部柜在门扇后，鞋柜门扇的装饰效果更好；吊顶柜的顶板和门扇效果应与下面的中低柜相协调。 	平开门扇考虑开启方便和变形问题，鞋柜门扇宽宜为400～500mm，此外还应考虑门扇的高宽比，高柜的门扇不宜太窄。	配合不同柜体的其他形式门扇，如250mm的薄柜所用的翻转门。  入墙鞋柜的门扇宜做百叶门，有利于鞋柜通风。 	低柜的门拉手应位于门的上部，方便站立时开启。注意不应选择容易钩到衣服的拉手。 	鞋柜底部架空250～300mm，用于常用鞋的放置，架空空间宜设置灯光，方便看清。 门厅的照明应帮助人看清鞋柜中的鞋，避免鞋处于阴影中，照明开关宜就近设置。

起居室在户型平面布局中的注意事项

起居室顾名思义是供居住者会客、娱乐、团聚等活动的空间，是"家庭的窗口"，同时它也承担着交通枢纽的作用，联系起卧室、厨房、卫浴间、阳台等空间。起居室中的活动是多种多样的，其功能也是综合性的。

起居室的功能

家庭交流
起居室是家庭交流的场所，这也是它的核心功能，因而往往通过一组沙发或座椅的围合形成一个适宜交流的场所，场所的位置一般位于起居室的几何中心处，以象征此区域在居室的中心位置。

会客空间
起居室往往兼顾了客厅的功能，是一个家庭对外交流的场所，在布局上要符合会客的距离和主客位置上的要求，在形式上要创造适宜的气氛。会客空间的位置随意，可以和家庭谈聚空间合二为一，也可以单独形成亲切会客的小场。

视听需求
电视机的位置与沙发座椅的摆放要吻合，以便坐着的人都能看到电视画面。另外，电视机的位置和窗的位置有关，要避免逆光以及外部景观在屏幕上形成反光。

娱乐活动
起居室中的娱乐活动主要包括阅读、棋牌、卡拉OK、弹琴、游戏机等消遣活动。

个性突出
起居室的面积最大，空间开放性最高，它的风格基调往往是家居格调的主脉，反映了主人的审美品位和生活情趣。

起居室的布局原则

主次分明
起居室中通常以聚谈、会客空间为主体，辅助以其他区域形成主次分明的空间布局，通常以一组沙发、座椅、茶几、电视柜围合形成。

交通组织合理
起居室是住宅交通体系的枢纽，常和门厅、过道以及客房间的门相连，应具有合理顺畅的流线组织，保证空间的完整性和独立性。

良好的通风与采光
要保持良好的室内环境，除视觉美观以外，还要给居住者提供洁净、清晰、有益健康的室内环境。

相对隐蔽性
设置过渡空间，避免开门见厅，尽量减少空间内开门数量，卫浴间不向起居室开门，如在户门和起居室之间设置屏门、隔断或利用固定家具形成分隔。

起居室与餐厅的位置关系

类型	结合式	半分离式	分离式
图示	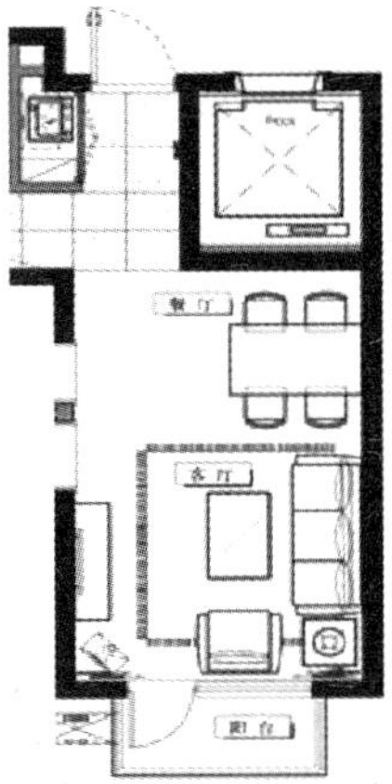	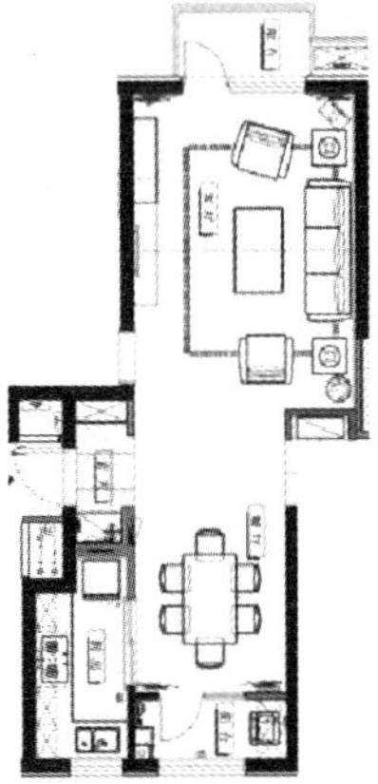	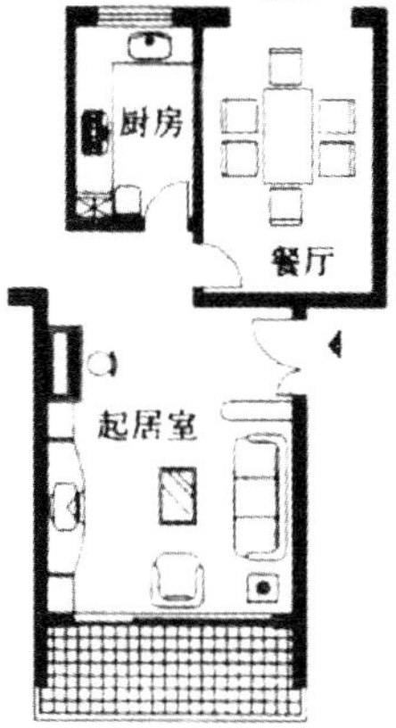
实例			
特点	起居室与餐厅集中在一个大空间内，空间相互借用，面积紧凑，但相互间影响较大。	起居室与餐厅以入口为通道连接，空间通透，视线贯穿，有增大空间感的效果。	起居室与餐厅相对独立，空间不可借用，占用面积较多，但独立的餐厅进餐气氛好，并可成为单独待客空间或改造成独立功能的房间。

要点说明

客厅、主卧和次卧的面宽是住宅舒适性的一个重要标准，对于首次置业和改善性置业的住宅有不同的指标建议。

房间面宽指标建议

类型	首置	首改	再改
起居室	3600mm	3900mm	≥4200mm
主卧	3000mm	3300mm	≥3600mm
次卧	2300mm	2600mm	≥2900mm
建筑面积	≤90m²	100m²	≥120m²

起居室类型

	紧凑型	舒适型
基本需求	可放置3人沙发 可放置茶几 可放置电视柜 可放置立式空调 电器点位设置合理	可供四口人活动 可放置3+1沙发 可放置茶几 可放置电视柜 可放置立式空调 电器点位设置合理
满意需求	采光 沙发区尺寸 客厅开间、进深 电视墙长度和完整度	通风采光 沙发区尺寸 客厅开间、进深 可放置音响 电视墙长度和完整度

紧凑型起居室

3+1沙发
400深电视柜
电视墙≥3000
净宽3400
净面积≥13m²

舒适型起居室

3+2沙发
400深电视柜
电视墙≥3000
净宽≥3800
净面积≥18m²

起居室实例

紧凑型：双人沙发+茶几+电视。当起居室面积较小时，家具布置只满足最基本的需求。

舒适型：双/三人沙发+单人沙发+脚踏+茶几+边桌+电视柜。当起居室面积扩大时，可以适当增加家具的组合。

与阳台组合：一组沙发+茶几+电视柜+休闲桌椅。当起居室紧邻生活阳台时，可以将阳台纳入起居室的范围，形成半私密的小型休闲空间。

餐客厅：一组沙发+茶几+边桌+电视柜+餐桌。当起居室面积宽或进深加大时，可以与餐厅相结合，形成起居餐饮的大空间。

当起居室进深较大时，在沙发的一侧还可以设置吧台作为休闲空间，增加空间的趣味。

有孩子的家庭可能会有乐器演奏的需求，如在起居室摆放钢琴，立式钢琴的尺寸一般为侧面宽58~61cm，正面宽148~150cm，高120~132cm。

要点说明

家庭影院标准配置

环绕扬声器：
95mm×210mm×93mm
（长/高/宽）

前置扬声器：
260mm×1190mm×260mm
（长/高/宽）

中置扬声器：
245mm×87mm×78mm
（长/高/宽）

低音炮：225mm×365mm×320mm
（长/高/宽）

主机：430mm×265mm×47mm
（长/高/宽）

茶几台面一般摆放杂志、零食、茶杯、遥控器等，让人坐在沙发上就可以方便地拿取。

抽屉收纳一些日常杂物，如针线、药品、剪刀、工具等，让主妇可以在起居室内完成琐碎的家务。

当使用面积不足时，起居室的茶几还可以兼具进餐、娱乐的功能。

边桌：通常摆放电话座机、台灯、杂志、茶杯以及一些不常用的物品。

茶几储藏分类

电视背景墙承担了起居室最主要的休闲娱乐作用，同时也兼具储藏功能，通常沿墙面布置：电视+CD机+电视柜+音响+观赏植物等，并以此决定了电器插座的数量和类型。

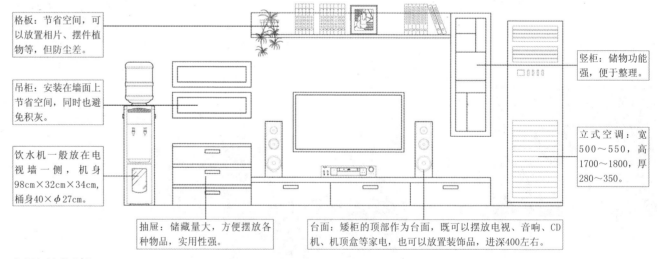

格板：节省空间，可以放置相片、摆件植物等，但防尘差。

吊柜：安装在墙面上节省空间，同时也避免积灰。

饮水机一般放在电视墙一侧，机身98cm×32cm×34cm，桶身40×φ27cm。

竖柜：储物功能强，便于整理。

立式空调：宽500～550，高1700～1800，厚280～350。

抽屉：储藏量大，方便摆放各种物品，实用性强。

台面：矮柜的顶部作为台面，既可以摆放电视、音响、CD机、机顶盒等家电，也可以放置装饰品，进深400左右。

电视柜储藏分类

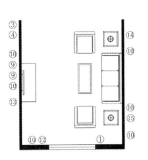

16m²起居室开关插座布局

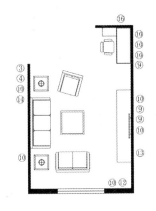

24m²起居室开关插座布局

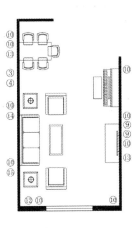

餐客厅开关插座布局

编号	单品名称	数量
1	单联单控开关	1
3	双联单控开关	1
4	双联双控开关	1
9	10A两位两极插座	2
10	10A二、三极插座带开关	6
12	16A三极插座（带开关）	1
13	单联电视插座	1
14	单联电话插座	1
15	单联信息插座	1
16	电话+信息插座	
合计		15

编号	单品名称	数量
1	单联单控开关	1
3	双联单控开关	1
4	双联双控开关	
9	10A两位两极插座	3
10	10A二、三极插座带开关	8
12	16A三极插座（带开关）	1
13	单联电视插座	1
14	单联电话插座	1
15	单联信息插座	1
16	电话+信息插座	
合计		17

编号	单品名称	餐厅	客厅
1	单联单控开关		
3	双联单控开关	1	
4	双联双控开关		1
9	10A两位两极插座		2
10	10A二、三极插座带开关	3	6
12	16A三极插座（带开关）		1
13	单联电视插座	1	1
14	单联电话插座		1
15	单联信息插座		1
16	电话+信息插座		
合计		5	13

要点说明

开关布置

多联开关1个，置于开门方向的墙体上，控制照明、射灯、装饰灯。

调光开关1个，放于沙发旁，调节客厅灯光。

开关一般离地120～135cm。

插座布置

家电种类	插座种类	数量	位置
电视、家庭影院等设备	带开关插座（四孔/五孔）	3个	电视背景墙
落地池	五孔插座	1个	沙发旁/起居室拐角处
饮水机	三孔插座	1个	沙发旁/起居室拐角处
预留临时家电（手机、平板充电等）	五孔插座	1～2个	沙发旁侧的墙上
子母电话机	五孔插座	1个	沙发旁/起居角处
空调	带开关插座（三孔/五孔）	1个	根据空调安装位置摆放
电扇	三孔/多功能插座	1个	沙发旁

插座一般离地30cm，挂机插座离地2200cm。

起居活动的人体尺度

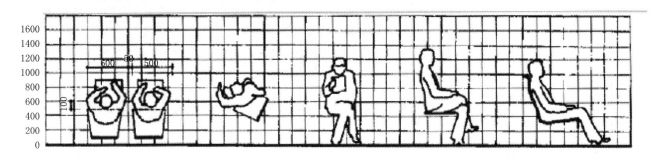

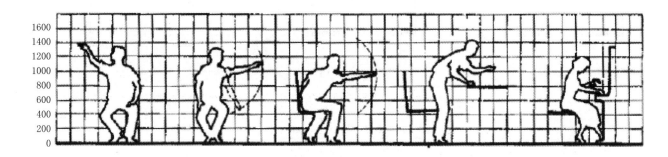

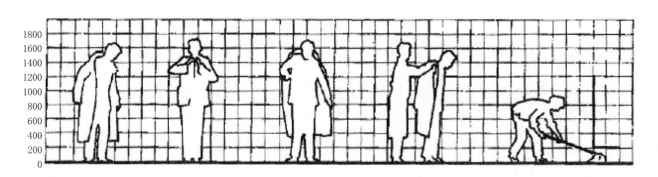

中国建筑工业出版社.建筑设计资料集[M].北京：中国建筑工业出版社，1994.

起居室家具尺寸

椅子种类	坐深 T	背长 L	坐前宽 B₂	扶手内宽 B₃	扶手高 H	尺寸级差	背斜角 β	坐斜角 α
靠背椅	340～120	≥275	≥380	—	—	10	98°～100°	1°～4°
扶手椅	400～440	≥275	—	≥460	200～250	10	98°～100°	1°～4°
折椅	340～400	≥275	340～400	—	—	10	100°～110°	1°～4°

普通椅子的基本尺寸（mm） GB/T3326-1997

凳类	长 L	宽 B	深 T	直径 D	长度级差	宽度级差
长凳	900～1050	120～150	—	—	50	10
长方凳	—	≥320	≥240	—	10	10
正方凳	—	≥260	≥260	—	10	
圆凳	—	—	—	≥260	10	

凳类的基本尺寸（mm） GB/T3326-1997

沙发类	坐前宽 B	坐深 T	坐前高 H₁	扶手高 H₂	背高 H₃	背长 L	背斜角 β	坐斜角 α
单人沙发	≥480	480～600	360～420	≤250	≥600	≥300	106°～112°	5°～7°
双人沙发	≥320							
三人沙发	≥320							

沙发的基本尺寸（mm） GB/T1952.1-1999

桌子种类	宽度 B	深度 T	中间净空高 H₁	直径差 (D-d)/2	宽度级差 ΔB	深度级差 ΔT
长方餐桌	900～1800	450～1200	≥580	—	100	50
方（圆）桌	600, 700, 750, 800, 850, 900, 1000, 1200, 1350, 1500, 1800（其中方桌边长≤1000）	—	≥580	—	—	—
圆桌	≥700	—	—	≥350	—	—

餐桌的基本尺寸（mm） GB/T3326-1997

要点说明

　　由于材料、形式、风格等的不同，沙发的尺寸没有固定标准，具有较大的浮动。

　　常见的沙发尺寸见下表：

舒适型沙发尺寸

尺寸（cm）	宽	进深	坐高
一人位	75	90	40
双人位	150	90	40
三人位	225	90	40
贵妃	180	90	40
脚踏	75	90	40

豪华型沙发尺寸

尺寸（cm）	宽	进深	坐高
一人位	80	100	40
双人位	180	100	40
贵妃	90	178	43
脚踏	105	80	43

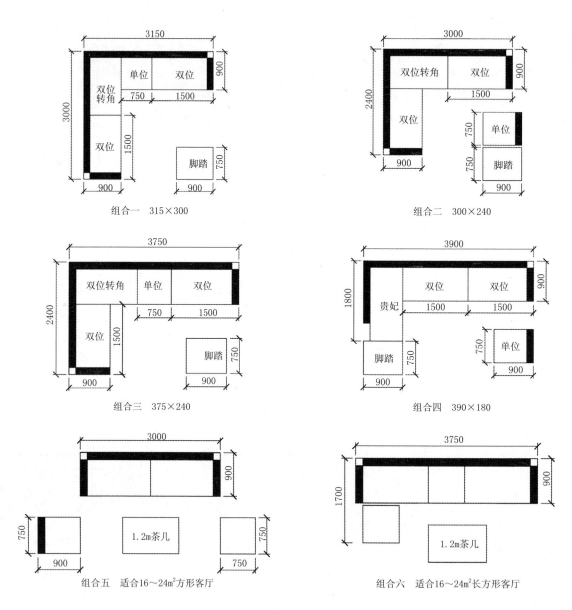

组合一　315×300

组合二　300×240

组合三　375×240

组合四　390×180

组合五　适合16～24㎡方形客厅

组合六　适合16～24㎡长方形客厅

不同的沙发类型与数量可以形成多样的组合形式，适用于不同面宽和进深的起居室空间。

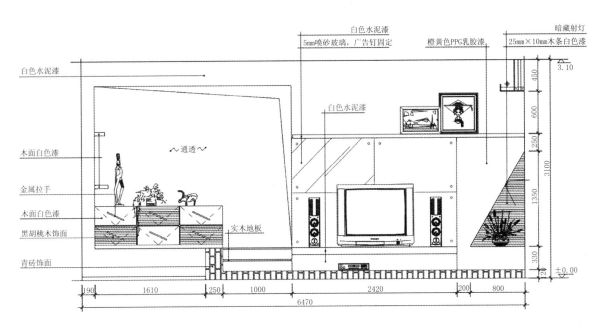

白色水泥漆
5mm喷砂玻璃，广告钉固定
橙黄色PPG乳胶漆
暗藏射灯
25mm×10mm木条白色漆
白色水泥漆
白色水泥漆
木面白色漆
~通透~
金属拉手
木面白色漆
实木地板
黑胡桃木饰面
青砖饰面

3.10
450
600
250
3100
1350
330
20
±0.00

190　1610　250　1000　2420　200　800
6470

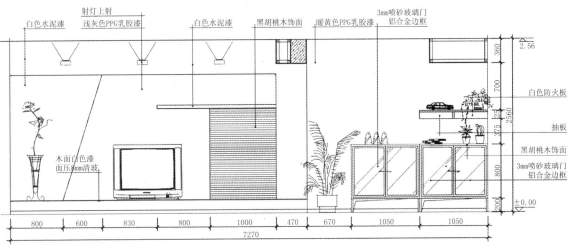

白色水泥漆
射灯上射
浅灰色PPG乳胶漆
白色水泥漆
黑胡桃木饰面
暖黄色PPG乳胶漆
3mm喷砂玻璃门
铝合金边框

2.56
360
700
2560
250
375
800
±0.00

木面白色漆
面压3mm清玻
白色防火板
抽板
黑胡桃木饰面
3mm喷砂玻璃门
铝合金边框

800　600　830　800　1000　470　670　1050　1050
7270

主卧室在户型平面布局中的注意事项

　　主卧室是满足住户睡眠要求的私密性空间，其功能不仅限于睡眠，同时还包括储藏、更衣、工作等，作为个人活动空间，主卧室的私密性要求较高，不应受其他房间活动的影响。

主卧室的功能分区
- 睡眠区
- 梳妆区
- 储藏区
- 盥洗区
- 休闲区

要有足够的储藏空间或衣帽间，能放置被褥等大件物品以及有专门场所存放需要换洗的衣物。

应为后期可能增加的家具留有空间，以适应家庭不同时期的需求，如床头柜、更衣橱、梳妆台、婴儿床、手工台、穿衣镜等。

需要有良好的照明，并设置双控开关；应有足够的电源插口，方便各种电器及充电设备。

要有良好的采光、通风和隔声，对私密性要求较高，不应受其他房间活动的干扰；要考虑床与窗的关系，让床侧面对窗。

卧室应给人温暖舒适的印象，一般宜采用中性或暖色的木制地板，也可加铺地毯。

卧室的灯光应以暖色系为基调，一般在房间正中设主灯，床头上方设置筒灯或壁灯，也可在柜体中镶嵌各类装饰灯光，营造卧室的温馨氛围。

天花板的形状、色彩是卧室装修的重点之一，一般以简洁、淡雅、温馨的暖色系列为宜。

卧室空间不宜太大，一般在16～24m²左右，必备的家具有床、床头柜、衣柜、电视柜、梳妆台；如卧室有独立卫生间，则可以把衣帽间、梳妆区域等与卫生间结合设置，方便使用。

主卧内的墙面约有1/3的面积被家具遮挡，二者共同决定了卧室的设计风格。墙面的主体装饰宜简洁大方，而床头上部的空间作为视线焦点，可适当作个性化的处理，家具的选择宜配合整体风格和色调，营造温馨舒适的氛围。

卧室的色彩使用应统一、和谐，相比高纯度的颜色，稳重的色调更易被接受，如黄色系可以营造温馨气氛，绿色系活泼而富有朝气，粉红系可爱甜美，蓝色系清爽浪漫，灰调或茶色系古朴雅致。

	紧凑型	舒适型
基本需求	可放置1800mm双人床 可放置双床头柜 可放置大衣柜 空调位设置合理 电器点位设置合理	可放置1800mm双人床 可放置双床头柜 可放置大衣柜 空调位设置合理 电器点位设置合理
满意需求	房间开间可放电视及电视柜 房间进深可放1800mm床、床头柜及推拉门大衣柜 空间明亮舒适	房间开间可放电视及电视柜 房间进深可放2000mm床、床头柜及推拉门大衣柜 可放置化妆桌或婴儿床 空间宽敞 空间明亮舒适

紧凑型主卧　　　　　舒适型主卧

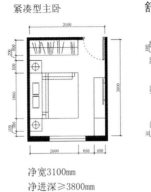 

净宽3100mm
净进深≥3800mm
净面积≥11.78m²

净宽≥3300mm
净进深≥4000
净面积≥13m²

主卧卫生间与衣帽间的位置关系

类型	对面式布置	穿套式布置	贯通式布置	分离式布置
图示				
特点	对面式布置节约交通面积，卫生间使用近便；独立衣帽间，干净卫生，不受潮气侵染。但如此布置会给旁边的次卧带来狭长的过道，较好的解决方式是：在过道中加设储藏柜，提高空间利用率，或将衣帽间的直角倒角，使次卧入口处视线扩展。	穿套式布置能够给主卧室提供完整的墙面，卧室内交通面积节约。但由卧室进入卫生间的路线略长，湿气对衣帽间有一定的侵染。	贯通式布置的主要问题是：进入主卧视域窄；衣帽间的门破坏了主卧墙面的完整性；进入卫生间需穿行衣帽间，路线长；当主卧卫生间为暗卫时，衣帽间通风条件差，容易受到潮气侵染。在衣帽间两侧布置衣柜时，贯通式布置的经济面宽是2300mm左右。	分离式布置是指将衣帽间分两部分开放式放置，即用衣柜代替封闭式独立衣帽间，并通过给主卧室提供较多完整墙面，增加储藏量。但由卧室进入卫生间的路线仍略长，湿气对衣帽间有少量的影响。

周燕珉.住宅精细化设计[M].北京：中国建筑工业出版社，2008.

要点说明

主卧内的储藏空间

类型	储藏物品
衣柜	衣物、被褥、杂物箱等
床头柜	电话、书本、手表、手机、充电器、茶杯、纸巾、遥控器等
电视柜	电视、影碟机、DVD等
床底柜	被褥、衣物、杂物
书桌	电脑、书籍、台灯、充电器、相机、杂物等
化妆桌	化妆品、首饰
五斗柜	衣物、内衣、袜子、贵重物品等
顶部吊柜	被褥、过季衣物、杂物箱等

主卧内最基本的家具组合：双人床+衣柜+床头柜+电视柜。

主卧内的电视柜除了摆放电视机以外，还是储藏杂物的主要空间，应留有抽屉、矮柜、立柜等的空间。

主卧内可安排休闲座椅或小型沙发，除休息倚靠外，还可放置第二天的衣物，方便日常起居。

主卧可以根据使用者的需求设置书桌或化妆台，台面长度一般在1m以上。

衣帽间：面积一般在4m² 以上，分挂放区、叠放区、内衣区、鞋袜区和被褥区，为节省空间，门多设计为推拉式，衣橱一般不用做门，或用透明玻璃做防尘门。

主卫一般包括浴缸/淋浴+坐便器+洗手盆+化妆镜+浴室柜+洗衣筐等，一般面积在3.5m² 以上，宽1.8m以上。

主卧 I 开关插座布局　　　　主卧 II 开关插座布局　　　　主卧 III 开关插座布局

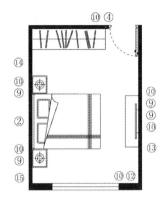

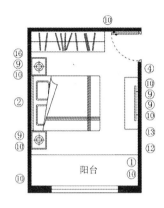

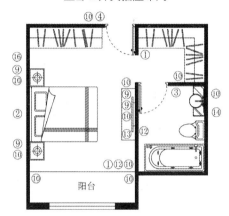

编号	单品名称	数量
1	单联单控开关	
2	单联双控开关	1
3	双联单控开关	
4	双联双控开关	1
9	10A两位两极插座	4
10	10A二、三极插座带开关	6
12	16A三极插座（带开关）	1
13	单联电视插座	1
14	单联电话插座	1
15	单联信息插座	1
16	电话+信息插座	
合计		16

编号	单品名称	数量
1	单联单控开关	1
2	单联双控开关	1
3	双联单控开关	
4	双联双控开关	1
9	10A两位两极插座	4
10	10A二、三极插座带开关	7
12	16A三极插座（带开关）	1
13	单联电视插座	1
14	单联电话插座	
15	单联信息插座	
16	电话+信息插座	1
合计		17

编号	单品名称	主卧	主卫	阳台
1	单联单控开关	1	1	
2	单联双控开关	1		
3	双联单控开关		1	
4	双联双控开关	1		
9	10A两位两极插座	4		
10	10A二、三极插座带开关	6	2	2
12	16A三极插座（带开关）	1	1	
13	单联电视插座	1		
14	单联电话插座		1	
15	单联信息插座			
16	电话+信息插座	1		
合计		16	6	2

要点说明

家具不同高度的使用情况

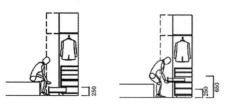

250mm以下

250～650mm

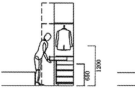　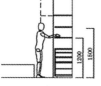

650～1200mm　　1200～1500mm

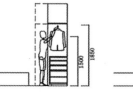　

1500～1850mm　　1850mm以上

储藏家具与人体的尺度关系

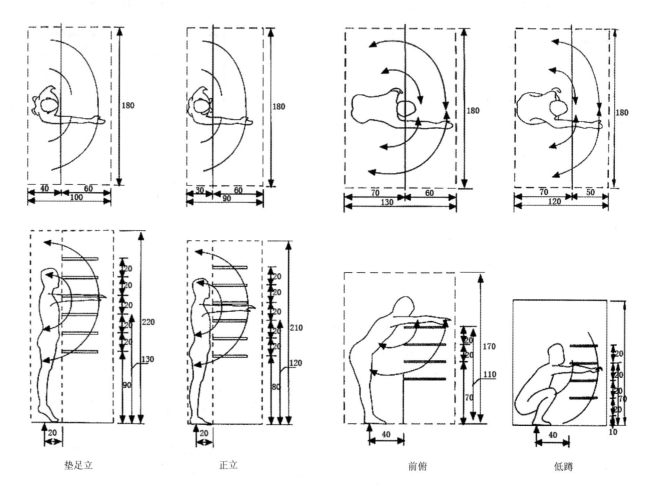

垫足立　　　　正立　　　　前俯　　　　低蹲

衣柜中物品的储藏

分类	物品	储藏方式	悬挂尺寸
冬季外套	羽绒服，棉服	这一类衣物适合悬挂储藏，换季时羽绒服可抽气折叠放置在高部柜处，其他衣物可加套悬挂。在北方地区，应注意增加更多的冬季衣物悬挂和放置空间	800～1400mm
	大衣	适合悬挂储藏	800～1400mm

分类	物品	储藏方式悬挂尺寸	悬挂尺寸
春秋外套	风衣	适合悬挂放置与储藏	800～1400mm
	夹克	春秋季节使用时宜悬挂放置，过季后应根据面料质地分类储藏，如皮夹克宜悬挂储藏，而棉夹克可折叠存放	800～1400mm
	西装	宜悬挂储藏，单件西装长度约为800～900mm，将西装与西裤一起悬挂时所需空间约为1000～1100mm	

分类	物品	储藏方式悬挂尺寸	悬挂尺寸
普通上衣	秋衣裤，毛衣	属于经常使用的衣物，可折叠放置在格板或抽屉中，便于取用	600～700mm
	T恤	夏季常用衣物，可折叠或卷放放置，存于格板或抽屉中，便于取用	700～800mm
	衬衫	悬挂或折叠放置，保证衣领不受压，衬衫不起皱。放在抽屉中时，应考虑抽屉尺寸，减少空间浪费	700～800mm

日本建筑学会.建筑设计资料集成：物品篇[M].天津：天津大学出版社，2007.

要点说明

衣物的储藏要求

毛料大衣	应悬挂存放在衣柜上层，特别是长毛绒衣物不应受压
裘皮大衣	不宜挤压，要留有足够大空间，叠放时上面不能重物压衣，注意通风防潮
羊毛衫	应折叠存放，以免悬挂变形，放于避光、通风、干燥处
西装	宜挂放于干燥、通风、湿度低处
纯棉衣物	一般应悬挂存放，当折叠存放时要防止受压
丝绸衣物	应该平铺存放，如只能挂置时，则应使用白色软纱或纸巾填充内部，同时避免直射光照
亚麻衣物	应该卷起来储存，如果只能折叠存放，则需经常拿出来摊平以避免形成永久折痕

要点说明

配饰类物品的储藏要求

帽子	不宜受压，宜平放在隔板上
手袋	可以平放储藏，也可用挂钩悬挂
书包	宜立放，常用的书包可放在中部隔板空间或悬挂在衣物空余处
旅行包	折叠可后放置在高部柜
公文包	不宜受压，应立放或悬挂储藏
皮包	不宜受压，应立放或悬挂储藏
手套	主要为冬季使用，可与围巾等一起放在抽屉中，过时可放在高部柜
围巾	折叠或悬挂均可，作为装饰用的围巾宜放在中部柜，方便日常使用
领带	可卷放在抽屉中或悬挂放置，应保证不受压、不起皱且便于挑选
皮带	可卷放在抽屉中或悬挂放置

衣柜中物品的储藏

分类	物品	储藏方式	悬挂尺寸
下装	高档面料裤	使用衣架或裤架对折悬挂，防止起皱，相比于衣架，裤架更节省空间	600～800mm
	普通休闲裤	可折叠储藏	

分类	物品	储藏方式	尺寸
内衣	女士内衣	不宜受压，宜放在抽屉中，可以排成一排放置，节省空间	
	男士内衣	折叠放置在抽屉中	
	袜子	可翻折成团，堆放在抽屉中	

分类	物品	储藏方式	尺寸
床上用品	床单、被套，枕套等	折叠成抽屉内可以容纳的大小，其中常用的床单被套放置于低部柜，不常用的放置在高部柜	700mm×600mm×350mm
	被子	不经常取用且体积较大，叠放后可放置在高部柜或真空压缩袋内	
	坐垫、枕头、靠枕等	体积较大而重量较轻，平时可放置在高部柜，对于北方地区，可以加套放置以防止灰尘	

日本建筑学会.建筑设计资料集成：物品篇[M].天津：天津大学出版社，2007.

衣柜和床之间的通行宽度

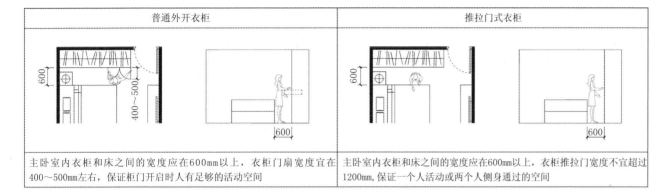

普通外开衣柜	推拉门式衣柜
主卧室内衣柜和床之间的宽度应在600mm以上，衣柜门扇宽度宜在400～500mm左右，保证柜门开启时人有足够的活动空间	主卧室内衣柜和床之间的宽度应在600mm以上，衣柜推拉门宽度不宜超过1200mm,保证一个人活动或两个人侧身通过的空间

衣帽架内通行宽度

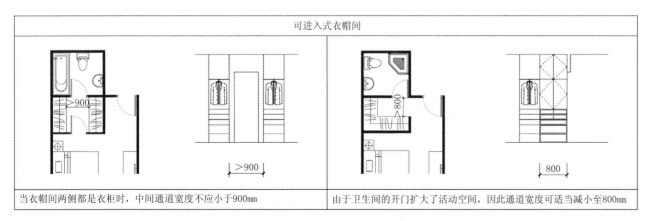

可进入式衣帽间	
当衣帽间两侧都是衣柜时，中间通道宽度不应小于900mm	由于卫生间的开门扩大了活动空间，因此通道宽度可适当减小至800mm

要点说明

　　为了保证床品的通用性，成品床的尺寸具有统一的模数，常见内径宽度一般为1.2m，1.5m，1.8m，2.0m，但由于不同的装饰设计，其外围尺寸具有多样性。

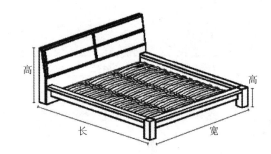 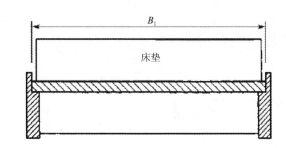

床面长（mm）		床面宽（mm）		床面高（mm）	
双床屏	单床屏			放置床垫	不放置床垫
1920 1970 2020 2120	1990 1950 2000 2100	单人床	720 800 900 1000 1100 1200	240～280	400～440
		双人床	1350 1500 1800		

单层床主要尺寸　　　　　　　　　　　　　　　　　　GB/T3328-1997

豪华型成品床尺寸

尺寸 （m）	床铺 （宽 长，mm）	外围 （宽 长 高，mm）
1.5	1500×1900	1800×2150×1000
	1500×2000	1800×2250×1000
1.8	1800×2000	2100×2250×1000
2.0	2000×2000	2300×2250×1000

常见成品床尺寸

舒适型成品床尺寸

尺寸 （m）	床铺 （宽 长，mm）	外围 （宽 长 高，mm）
1.2	1200×1900	1280×2075×960
1.5	1500×1900	1580×2075×960
	1500×2000	1580×2175×960
1.8	1800×2000	1880×2175×960
2.0	2000×2000	2080×2175×960

衣柜储藏实例

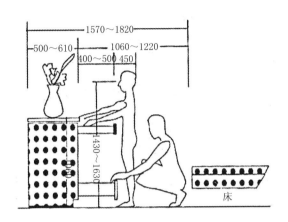

柜类	挂衣空间宽	柜内空间深		挂衣棍上沿至顶板内面距离	挂衣棍上沿至底板内面距离		衣镜上缘离地面高	顶层抽屉屉面上缘离地面高	底层抽屉屉面下缘离地面高	抽屉深度	离地净高	
		挂衣空间深	折叠衣物空间深		挂长外衣	挂长短衣					亮脚	包脚
衣柜	≥530	≥530	≥450	≥580	≥1400	≥900	≤1250	≤1250	≥50	≥400	≥100	≥50

衣柜的基本尺寸（mm）　　　　　　　　　　　　　　　　　　　　GB/T3327-1997

柜类	宽	深	高	离地净高	
床头柜	400~600	300~450	500~700	亮脚	包脚
矮柜			400~900	≥100	≥50

床头柜与矮柜的基本尺寸（mm）　　　　　　　　　　　　　　　　GB/T3327-1997

桌子种类	桌面高	中间净空高	中间净空宽	镜子上沿离地面高	镜子下沿离地面高
梳妆桌	≤740	≥580	≥500	≥1600	≤1000

梳妆桌的基本尺寸（mm）　　　　　　　　　　　　　　　　　　　GB/T3326-1997

要点说明

常见收纳箱尺寸（以乐扣百纳箱为例）

型号	长（mm）	宽（mm）	高（mm）
11L	300	230	160
22L	390	290	200
33L	500	400	170
44L	500	400	220
55L	500	400	280
66L	500	400	330
77L	635	455	265
88L	635	455	305
99L	635	455	345

要点说明

衣柜不同高度间的储物组合

高度	取物	储物类型
600mm以下低部柜	前驱或下蹲取物	放置行李箱、储物箱、储物篮筐等
		放折叠衣物，宜采用抽屉
1200mm以下中部柜	站姿取物	放折叠衣物、小件衣物，宜采用格板或抽屉
		悬挂短及中长衣
1200mm以上中部柜	抬手取物	悬挂中长衣物
		放置包、帽子、储物箱等，格板的高度宜在300～400mm之间
1800mm以上高部柜	登高取物	放置被褥、枕头、储物箱等不常用的物品

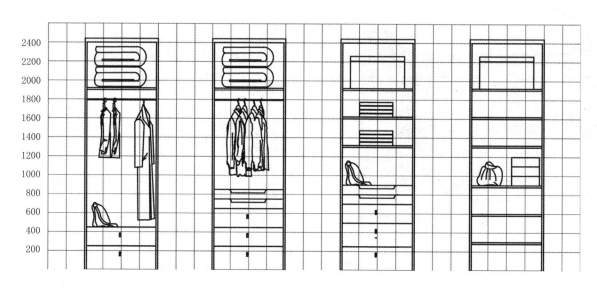

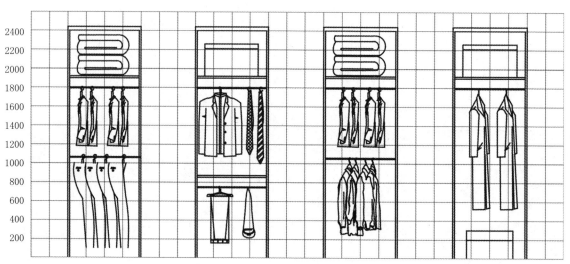

次卧室在户型平面布局中的注意事项

不同的家庭对于次卧的使用有不同的要求，如作为子女房、老人房、客房、书房或家务间等。因此，在次卧的设计中，
应兼顾多种功能的灵活使用，以此来综合衡量房间的位置、面积、家具布置、设备管线等各方面的要求。

书房需要满足居住者会客、
交谈、办公、学习、休闲等
使用要求，由于书房的使
用具有较大的灵活性，因
此其空间分隔应尽可能使
用轻质隔墙或预留洞口，
以方便日后的改造。

书房的位置选择一般有两
种情况：当书房主要用于
接待来客时，位置宜靠近
起居室；反之，当书房功
能较为私密时，应与主卧
室相连，方便使用。

由于书房的使用与布置较
为灵活，因此其设计应充
分考虑到各类家具、设
备的需求，尤其是设备电
源、网络接口等，应尽可
能地照顾到各个方向。

书房面积一般在8～11m²左
右，其面宽不小于2600mm；
书桌的摆放应使光线从前
方或左侧射入；应有良好
的室外景观；可以方便地
改造成临时客卧。

子女房一般由睡眠、学习
娱乐和储物三个功能区组
成，所必需的家具一般包
括单人床、床头柜、书
桌、座椅、衣柜、书柜等。

子女房的设计应根据孩子
的年龄而定，不同年龄的
孩子对于空间的使用要求
不同，如：应为年龄较小
的儿童保留足够的游戏空
间，并且房间位置宜与父
母主卧相邻；对于青少
年，应保证良好的学习空
间与不受干扰的周围环境。

老人房应有良好的朝向，保证居室有充
足的日照；房间的隔声效果好，不打扰
其休息和睡眠；在条件允许的情况下，
应满足无障碍使用的要求。

在床边摆放写字台等较高的家具，方便
老人起床时支撑身体；床的摆放不应使
头部正对窗口或空调出风口；部分老人
有分床睡的要求。

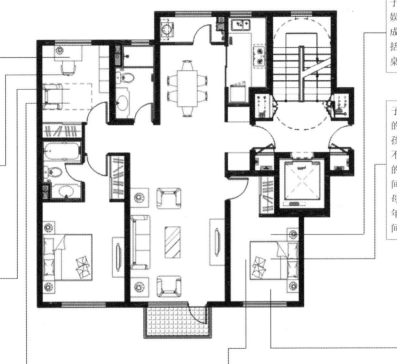

要点说明

次卧室使用要求

	紧凑型	舒适型
基本需求	作为儿童房、老人房或书房兼客房 可放置1500m双人床 可放置双床头柜 可放置大衣柜 空调位设置合理 电器设置合理	作为儿童房、老人房 可放置1500m双人床 可放置双床头柜 可放置大衣柜 空调位设置合理 电器设置合理
满意需求	房间开间≥2.9m（不放电视） 房间进深 空间明亮舒适	房间开间≥2.9m（不放电视） 房间进深 空间明亮舒适

类型	I	II	III
老人房	 必须保证良好的日照和通风	 部分老人需要分床以保证睡眠质量	
子女房	 房间面积过小时可以减小衣柜尺寸		
书房/客房	 2.3m面宽无法放置书柜	 2.6m面宽时沙发床面窗	 2.9m面宽可以合理地摆放各类家具

次卧/书房的面积一般为8～16m²，较为合理的有效面积为10～13m²。一般情况下，面宽为2700～3600mm，而进深则较为灵活性，在3000～4800mm之间。

应在床边设置储物柜，方便就近拿取常用物品，如眼镜、药品、衣物等。

老人通常有较多的物品，因此需要足够的储藏空间。

当面积受到限制时，衣柜尺寸可以适当减小，此外还应考虑玩具等的储藏空间。

子女房可能会有摆放钢琴的需要。

书房也可做临时客房使用，因此建议选用沙发床的设计。

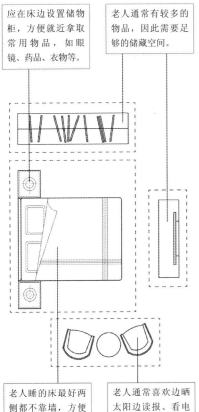

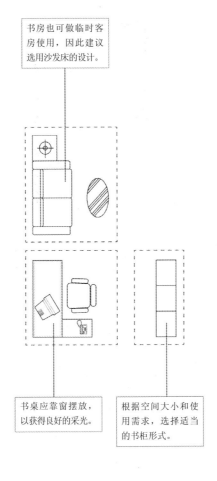

老人睡的床最好两侧都不靠墙，方便老人上下床、整理床铺及护理人员操作；窗户应在床的侧方，避免睡觉时面部对窗，受到外界光线的干扰。

老人通常喜欢边晒太阳边读报、看电视，所以应在窗边留有摆放座椅的空间。

为了节省面积，儿童床一般单边靠墙布置，此外，必要时还可设置双层床。

书桌应有良好的采光，需靠窗布置，其与书柜的组合可分为独立书柜，组合书柜，床头书柜。

书桌应靠窗摆放，以获得良好的采光。

根据空间大小和使用需求，选择适当的书柜形式。

老人房功能区组合   子女房功能区组合   书房功能区组合

要点说明

　　由于次卧室的使用较为灵活，因此其各墙面的管线与插座接口布置应综合考虑多种功能的需求，以方便后期的改造利用。

次卧 I 开关插座布局

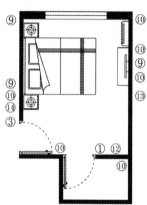

次卧 II 开关插座布局

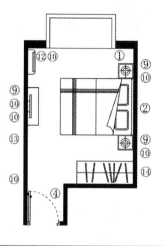

书房开关插座布局

编号	单品名称	数量	阳台
1	单联单控开关	1	
2	单联双控开关		
3	双联单控开关	1	
4	双联双控开关		
9	10A两位两极插座	3	
10	10A二、三极插座带开关	6	1
12	16A三极插座（带开关）	1	
13	单联电视插座	1	
14	单联电话插座	1	
合计		14	1

编号	单品名称	数量
1	单联单控开关	1
2	单联双控开关	1
3	双联单控开关	
4	双联双控开关	1
9	10A两位两极插座	3
10	10A二、三极插座带开关	6
12	16A三极插座（带开关）	1
13	单联电视插座	1
14	单联电话插座	1
合计		15

编号	单品名称	数量
1	单联单控开关	1
2	单联双控开关	
3	双联单控开关	1
4	双联双控开关	
9	10A两位两极插座	2
10	10A二、三极插座带开关	9
12	16A三极插座（带开关）	1
13	单联电视插座	1
14	电话+信息插座	1
合计		16

桌面宽度

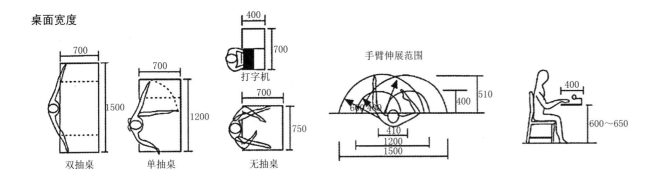

双抽桌　　　单抽桌　　　无抽桌　　　手臂伸展范围

书桌尺寸

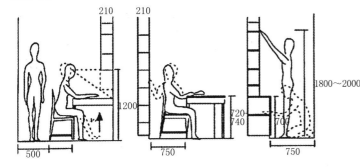

作业类型	男	女
精密、近距离观察	900～1100	800～1000
读写	740～780	700～740
打字、手工施力	680	640

坐姿的作业面高度

部件	规格	宽度（mm）	进深（mm）	高度（mm）
显示器	19寸	443	180	375
	21.5寸	514	195	388
	22寸	518	191	429
	23寸	546	185	493
	24寸	556	180	513
主机箱		180～210	420～490	400～460
键盘		400～460	125～190	20～45

电脑部件尺寸

类型	规格	长（mm）	宽（mm）
书本	16K	260	185
	大16K	297	210
	32K	184	130
	大32K	204	140
	64K	130	92
CD盒	方形	148	125
	长方形	190	134

书房物品尺寸

沙发床的基本尺寸

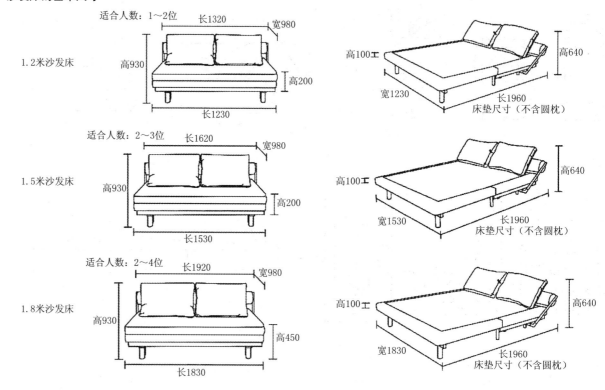

适合人数：1～2位
1.2米沙发床
长1320 宽980 高930 长1230 高200
高100 高640 宽1230 长1960
床垫尺寸（不含圆枕）

适合人数：2～3位
1.5米沙发床
长1620 宽980 高930 长1530 高200
高100 高640 宽1530 长1960
床垫尺寸（不含圆枕）

适合人数：2～4位
1.8米沙发床
长1920 宽980 高930 长1830 高450
高100 高640 宽1830 长1960
床垫尺寸（不含圆枕）

床面长	床面宽	底床面高		层间净高		安全栏板缺口长度	安全栏板高度	
		放置床垫	不放置床垫	放置床垫	不放置床垫		放置床垫	不放置床垫
1920	720							
1970	800	240～280	400～440	≥1150	≥980	500～600	≥380	≥200
2020	900							
	1000							

双层床的基本尺寸（mm）

GB/T3328-1997

桌子种类	宽度	深度	中间净空高	柜脚净空高	中间净空宽	侧柜抽屉内宽	宽度级差	深度级差
单柜桌	900～1500	500～750	≥580	≥100	≥520	≥230	100	50
双柜桌	1200～2400	600～1200	≥580	≥100	≥520	≥230	100	50
单层桌	900～1200	450～600	≥580				100	50

带柜桌及单层桌的基本尺寸（mm） GB/T3326-1997

柜类	宽		深		高		层间净高		离地净高	
	尺寸	级差	尺寸	级差	尺寸	级差	（1）	（2）	亮脚	包脚
书柜	600～900	50	300～400	20	1200～2200	200；50	≥230		≥310	≥100
文件柜	450～1050	50	400～450	10	370～400 700～1200 1800～2200	—	≥330		≥100	≥50

书柜与文件柜的基本尺寸（mm） GB/T3327-1997

要点说明

住宅工业化的兴起:

国外的住宅工业化主要是在第二次世界大战后发展起来的,一方面住宅需求巨大,劳动力短缺,传统的住宅建造方式不能适应大规模建设需求,另一方面 20 世纪 50 年代后,各国经济的恢复与发展、技术水平的不断提高为住宅产业化提供了坚实的经济与技术基础。

住宅工业化的衰落:

进入 80 年代以后,由于居住问题基本解决,这些国家的住宅产业化发展速度放慢,住宅建设转向注重住宅的功能与个性化。

发展阶段	发展重点	重要事件	实践案例
形成期: 20世纪50~ 60年代	建立工业化生产体系	• 1914年,勒·柯布西耶提出"多米诺"住宅体系,采用框架结构来实现住宅的自由平面,第一次把结构体/承重和非结构体完全分开 • 1952年,勒·柯布西耶在"多米诺"体系的基础上又提出了"酒架理论" • 1961年,荷兰阿布拉肯教授发表 "Support:An Alternative to Mass Housing",建议采用支撑体(support)与填充体(infill)相分离的设计与建造方式 • 60年代中,荷兰建筑研究机构SAR将支撑体与填充体的研究扩展到城市设计的范畴,对于城市设计与建造方法的应用进行了深入探讨	 马赛公寓
发展期: 20世纪70~ 80年代	提高住宅的质量和性能	• 70年代初,哈布拉肯教授提出"层次"(Level)理论 • 1976年,尼古拉·威尔金森创办 Open House International,即OHI,以建筑与环境协调发展为主题宣传SAR理论思想,推动了西方和亚洲许多国家的住宅建设 • 1984年,凡·兰登教授成立了开放建筑研究小组和"开放建筑基金会",确定了开放建筑的三项原则 • 80年代,住宅的填充体系逐步得到完善与提高,实现了产品构配件的工业化生产	 开放住宅
成熟期: 20世纪90年代后	倡导绿色、生态、可持续的住宅	• 90年代以后,填充部品体系日益成熟,可装配的产品的施工减少了建筑垃圾的产生,使建筑产品的回收再利用得以实现 • IT技术被逐步运用到住宅建设与生产的过程中,推动了生产方式和施工管理体制的改变	 阿姆斯特丹住宅筒仓

住宅工业化发展历史

国家	发展过程	工业化特点
法国	世界上推行建筑工业化最早的国家之一，20世纪50～70年代走过了一条以全装配式大板和工具式模板现浇工艺为标准的建筑工业化道路，被称为"第一代建筑工业化"	• 以推广"构造体系"作为向通用建筑体系过渡的一种手段 • 推行构件生产与施工分离的原则，发展面向全行业的通用构配件的商品生产
丹麦	开发以采用"产品目录设计"为中心的通用体系，同时比较注意在通用化的基础上实现多样化	• 第一个将模数法制化的国家 • 国际标准化组织的ISO模数协调标准以丹麦标准为蓝本
瑞典	从20世纪50年代开始在法国的影响下推行建筑工业化政策，并由民间企业开发了大型混凝土预制板的工业化体系，后大力发展以通用部件为基础的通用体系，目前瑞典的新建住宅中，采用通用部件的住宅占80%以上	• 在比较完善的标准体系基础上发展通用部件 • 独户住宅建造工业十分发达 • 政府推动住宅建筑工业化的手段主要是标准化和贷款制度 • 住宅建设合作组织起着重要作用
美国	由于受第二次世界大战影响较小，因此住宅建筑并未走欧洲国家大规模预制装配化的道路，而是注重于住宅的个性化、多样化	• 现场工作量小、工期短，劳动生产率高 • 管理机制先进，工程设计、构件制作、部品配套、施工安装一般由同一家建造商独立完成 • 具有完善的功能和技术上的合理性

各国住宅工业化发展对比

要点说明

日本与欧美国家住宅工业化的不同：

欧美多采用构件化集成模式，日本则多采用模块化集成模式。

构件化集成是建筑的构件在工厂加工成型，现场组装成房屋，工厂有如预制构件厂一般。

模块化集成是指建筑的功能空间，如卧室、书房、厅、厨、卫等，在工厂加工成型，现场集成拼装成房，盒子房、整体浴室、整体厨房等便是典型的例证，工厂变成了建筑部品的加工厂。

日本 KSI 体系特点：

·可维系百年以上的、具有高耐久性的结构体。

·人们可以根据生活习惯以及家庭成员的变化自由地变更房间布局以及内部装饰，从而使填充物具备了可变性。

·布局多样化，功能灵活多变。

·采用集中管线井，水、煤气、电气等管线集中设置于公用的结构体部分，然后再进入室内。

·与都市有机结合，强调城市与自然间的和谐。

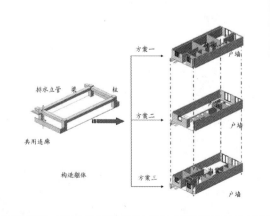

时间	1950~1970年	1970~1980年	1980~1990年	1990年至现在
背景	·住房紧缺 ·劳动力匮乏	·解决住房问题 ·提高建造效率	·提高建造技术 ·提高居住品质和个性化	·建造资源可循环利用住宅
具体内容	·部品的互换性	·新型住宅开发模式 ·填充产品工厂化生产	·提高住宅的适应性 ·保证填充产品的质量	·新技术、新系统在住宅中的应用 ·改进施工方法 ·提高住宅的适应性和舒适性
发展目标	·部品在不同类型建筑中的应用	·建造多种住宅 ·住宅部件通用化	·建筑业和部品业独立发展 ·为住户提供可选择性	·节能、环保、高效建材、高效施工
重要事件	·1951年，日本制定了面向城市低收入层的公营住宅法 ·1955年设立了日本住宅公团，向城市的中产阶级提供抗震性能好、耐火性能好的住宅 ·60年代，提出用工业化生产的方法来建造大量的、标准化的住宅，并发展可相互替换的部品体系	·70年代，通过对荷兰SAR组织的访问，引入了开放住宅理论 ·1974~1980年，日本住宅公团组织实施了KEP（Kodan Experiment Housing Project）	·1981年，日本建设省开始实行CHS（Century Housing System），即百年住宅体系，其中涉及住宅供给系统的耐久性与多样性，包括设备的更新、内部的装修以及居住者生活方式的改变等内容	·1990年以后，探索新的开放住宅技术要素和填充体的部品体系，包括部品开发的市场化，建筑产品的系统化和装配化等 ·2002年，颁布了关于建筑工程材料的资源再生利用法律《建设再生法》 ·2003年，KSI住宅标准开始在全日本推广 ·2007年，日本将"200年住宅"作为住宅建设的长期发展目标

日本住宅工业化发展

现状	目前，住宅工业化在我国仍处于发展缓慢的尴尬境地，原因主要集中在两点： •成本过高，住宅产业化的成本和规模化经营程度相关联，如果由某个企业独立承担整个产业链的研发与规划，成本难以估量 •政策支持不够，仅靠企业的力量很难推动工业化进程，需要政府及其他机构共同参与
优势	•有利于提高质量 •有利于加快工程进度 •有利于推进资源整合，提高管理效率 •有利于环境保护、节约资源
成本	•部分构件、材料国内无法生产，需要进口 •工厂化生产带来更高的建造成本 •现阶段人工成本依然较低，与传统施工方法相比，无法体现节约人力的优越性
市场	•住宅产业链不成熟，尚未形成市场竞争机制，设计、总包、加工厂、材料等成本较高 •住宅工业化的市场体系不成熟，大众对于住宅工业化接受度不高，在没有形成一定规模的条件下，工业化生产的规模效益无法体现 •标准化与市场需求的矛盾，住宅设计的标准化所带来的有限的个性化部件，与建筑的地域性、定制化相矛盾，迎合买方市场的个性化需求远远压倒了住宅标准化的优势
施工	•建筑使用空间的巨大化、重型化与可运输的建筑部件的尺寸相矛盾，使得工业化生产的部品在现场装配式施工中要使用大量高强度、高精度、高造价的金属拼装连接构件和施工方法，与手工化、低精度传统现场施工相比造价很高 •缺乏成熟的技术体系、施工人员以及完善的技术标准，相关的配套产业也相对落后

我国住宅工业化现状分析

要点说明

住宅工业化的发展趋势：

住宅是基本建设中重复性最高、规模最大的部分，如果没有国家或地区强制性的标准化则无法实现工业化的大规模生产，也无法提高建筑生产的效率。因此，工业化住宅在全世界范围内都没有随着人工成本提升和工业产品成本降低而快速推广，而是逐渐萎缩到部品小型化、空间重复性更高的独栋住宅和集合住宅中的部分部品（集成式厨卫等）。

住宅工业化（含设计标准化、生产工厂化、施工装配化）的成功，只有在较大规模的单一住宅市场成形的条件下，由住宅开发商牵头打通建筑设计、建材厂商、施工承包商等环节，将工业化带来的时间成本节约（含融资和建造）、现场管理成本降低、环境保护成本降低等效益综合计算之后，才有可能平衡较高的生产、装配成本，实现住宅产业链上各环节的共赢。

图纸页码	图名	图纸来源
7	流线分析	周燕珉．现代住宅设计大全　餐厨卷．北京：中国建筑工业出版社，1994：3.
	高档户型中厨房	周燕珉．住宅精细化设计．北京：中国建筑工业出版社，2008：6.
10	烹调流程图	周燕珉，邵玉石．商品住宅厨卫空间设计．北京：中国建筑工业出版社，2000：18.
	厨房烹调过程的行为分析	周燕珉，邵玉石．商品住宅厨卫空间设计．北京：中国建筑工业出版社，2000：18.
11	厨房储藏物品分类及方位	周燕珉，邵玉石．商品住宅厨卫空间设计．北京：中国建筑工业出版社，2000：63.
	身高与放置物品位置关系	（日）石氏克彦．多层集合住宅．张丽丽译．北京：中国建筑工业出版社，2001：68.
	厨房橱柜储藏物品示意	李桂文．住宅厨房整体设计研究．建筑学报．1995：5.
12	人体尺度	周燕珉，邵玉石．商品住宅厨卫空间设计．北京：中国建筑工业出版社，2000：18-20.
13	轮椅尺度	李嫣．中国北方城市老龄人群住宅的厨房设计研究．清华大学硕士论文．
15	橱柜模数实例	周燕珉，邵玉石．商品住宅厨卫空间设计．北京：中国建筑工业出版社，2000：81.
16	橱柜构造	张继娟，唐立华，张绍明．整体橱柜的安装与调试．林产工业，2009：2.
17	老龄橱柜	牟晋森．现代城市住宅厨房家具的设计研究．同济大学硕士论文．
18	水池类型与尺寸	周燕珉，邵玉石．商品住宅厨卫空间设计．北京：中国建筑工业出版社，2000：82.
	水池与台面衔接处构造	周燕珉，邵玉石．商品住宅厨卫空间设计．北京：中国建筑工业出版社，2000：82.
	操作台面与壁面的交接形式	周燕珉，邵玉石．商品住宅厨卫空间设计．北京：中国建筑工业出版社，2000：82.
	水池布置要点	周燕珉，邵玉石．商品住宅厨卫空间设计．北京：中国建筑工业出版社，2000：26.
19	台式灶具嵌入式灶具	周燕珉，邵玉石．商品住宅厨卫空间设计．北京：中国建筑工业出版社，2000：24.
	燃气灶布置要点	周燕珉，邵玉石．商品住宅厨卫空间设计．北京：中国建筑工业出版社，2000：27.
20	抽油烟机构造图	王毓慧，王桂晋．吸油烟机的分类问题探讨．家电科技，2003：9.
21	冰箱布置要点	周燕珉，邵玉石．商品住宅厨卫空间设计．北京：中国建筑工业出版社，2000：24.
22	洗衣机细部构造图	史健．洗衣机．
	洗衣机供水龙头细部构造	史健．洗衣机．
23	排气管穿墙细部	北京首钢设计院．91SB2-1 卫生工程．2005：115.
24	垃圾处理器图纸	北京首钢设计院．91SB2-1 卫生工程．2005：74，75.
25	台面使用状况	周燕珉，邵玉石．商品住宅厨卫空间设计．北京：中国建筑工业出版社，2000：25.
27	操作台布置	周燕珉，邵玉石．商品住宅厨卫空间设计．北京：中国建筑工业出版社，2000：31.
28	管线埋墙和管线交叉	史健．宅门洞预留尺寸浴室出水管水表安装．管线交叉．
29	暖气管墙出构造图	史健．暖气管墙出．
	暖气散热器布置位置	周燕珉，邵玉石．商品住宅厨卫空间设计．北京：中国建筑工业出版社，2000：40.
	地板式采暖构造示意	周燕珉，邵玉石．商品住宅厨卫空间设计．北京：中国建筑工业出版社，2000：41.
31	烟道接口	中国建筑标准设计研究院．住宅厨房．北京：中国建筑标准设计研究院，2001：71.
	ZDA 止回阀	88JZ8 住宅厨卫排风道．2007：9.
	GBF 烟道止回阀结构安装示意	谭小平，靳瑞冬．GBF 烟道系统在高层住宅厨房中的应用．暖通空调，2006：5.
	平屋顶出屋面风道	中国建筑标准设计研究院．03J930-1 住宅建筑构造．2006：408.
	外置式止回阀	胡荣伟，李斌．厨房集中排烟道用止逆阀分析与优化设计．中国住宅设施．2010：6.
32	煤气表安装图	中国建筑标准设计研究院．03J930-1 住宅建筑构造．2006：388.
34	厨房窗的形式	周燕珉，邵玉石．商品住宅厨卫空间设计．北京：中国建筑工业出版社，2000：38.
	局部照明设置位置	周燕珉，邵玉石．商品住宅厨卫空间设计．北京：中国建筑工业出版社，2000：39.

图纸页码	图名	图纸来源
97	常见主客卫生间位置	周燕珉，刘凌晨．当代住宅卫生间设计探讨．中国住宅设施，2003：6.
99	功能空间组成	周燕珉，邵玉石．商品住宅厨卫空间设计．北京：中国建筑工业出版社，2000：99.
100	人体尺度	周燕珉，邵玉石．商品住宅厨卫空间设计．北京：中国建筑工业出版社，2000：102.
101	轮椅尺度	周燕珉，邵玉石．商品住宅厨卫空间设计．北京：中国建筑工业出版社，2000：119.
		周燕珉．现代住宅设计大全卫生间卷．北京：中国建筑工业出版社，1995：97，104.
		张婉玉．适应老龄社会的家庭卫浴空间通用设计研究．西北工业大学硕士论文．
102	洗池分类	北京首钢设计院．91SB2-1 卫生工程．2005：12，21.
	洗池与台面衔接方式	周燕珉，邵玉石．商品住宅厨卫空间设计．北京：中国建筑工业出版社，2000：145.
103	行动不便老年人洗池	周燕珉，邵玉石．商品住宅厨卫空间设计．北京：中国建筑工业出版社，2000：118.
	轮椅使用者洗池	北京首钢设计院．91SB2-1 卫生工程．2005：32.
	扶手形式	周燕珉．现代住宅设计大全卫生间卷．北京：中国建筑工业出版社，1995：110.
104	按冲洗方式分类坐便器	高颖．住宅产业化—住宅部品体系集成化技术及策略研究．2006：118.
	纸巾筒产品构造	88J8 卫生间、洗池：23.
105	行动不便老年人坐便器	周燕珉，邵玉石．商品住宅厨卫空间设计．北京：中国建筑工业出版社，2000：117.
	轮椅使用者坐便器	北京首钢设计院．91SB2-1 卫生工程．2005：167.
	扶手形式	周燕珉．现代住宅设计大全卫生间卷．北京：中国建筑工业出版社，1995：107.
106	浴盆形状	周燕珉，邵玉石．商品住宅厨卫空间设计．北京：中国建筑工业出版社，2000：105，106.
	淋浴杆构造	88J8 卫生间、洗池：20.
107	行动不便者浴缸	北京首钢设计院．91SB2-1 卫生工程．2005：225.
	浴缸扶手形式	周燕珉．现代住宅设计大全卫生间卷．北京：中国建筑工业出版社，1995：102.
	淋浴椅	周燕珉，邵玉石．商品住宅厨卫空间设计．北京：中国建筑工业出版社，2000：118.
	老年人浴缸	周燕珉，邵玉石．商品住宅厨卫空间设计．北京：中国建筑工业出版社，2000：117.
109	管线埋墙和管线交叉	史健．宅门洞预留尺寸浴室出水管水表安装．管线交叉．
	坐便器墙体上水构造图	史健．马桶．
110	降板同层排水构造图	中国建筑标准设计研究院出版社．03SS408 住宅厨、卫给水排水管道安装：122.
	局部降板同层排水构造图	中国建筑标准设计研究院出版社．03SS408 住宅厨、卫给水排水管道安装：122.
	降板同层排水管道安装	中国建筑标准设计研究院出版社．03SS408 住宅厨、卫给水排水管道安装：122.
	降板同层排水管道剖面示意图	张维寿．厨房和卫生间给水排水支管敷设方法的改进．建筑工人，2001：9.
111	隐蔽式水箱坐便器	北京首钢设计院．91SB2-1 卫生工程．2005：164.
	同层排水式地漏	北京首钢设计院．91SB2-1 卫生工程．2005：91.
112	暖气管墙出构造图	史健．暖气管墙出．
113	防止结露措施	周燕珉，邵玉石．商品住宅厨卫空间设计．北京：中国建筑工业出版社，2000：133.
114	卫生间排气扇位置	周燕珉，邵玉石．商品住宅厨卫空间设计．北京：中国建筑工业出版社，2000：133.
	卫生间排气扇构造	88JZ8 住宅厨卫排风道．2007：11.
	卫生间风道检修口构造	88JZ8 住宅厨卫排风道．2007：11.
	风道止回阀接口示意图	88JZ8 住宅厨卫排风道．2007：9.
115	照明设置位置	周燕珉，邵玉石．商品住宅厨卫空间设计．北京：中国建筑工业出版社，2000：136.
116	储藏空间	周燕珉．现代住宅设计大全卫生间卷．北京：中国建筑工业出版社，1995：90.
117	三大洁具空间组合分析	高颖．住宅产业化—住宅部品体系集成化技术及策略研究．同济大学博士论文，2006：113.

专著译著

[1]（美）家居创意工作室. 家庭储藏室. 王岩等译. 北京：机械工业出版社，2000.
[2]（美）亚历山大等. 建筑模式语言：城镇建筑构造. 北京：中国建筑工业出版社，1989.
[3]（美）亚历山大等. 住宅制造. 高灵英，李静斌，葛素娟译. 北京：知识产权出版社，2002.
[4]（日）白滨谦一. 住宅. 滕征本等译. 北京：中国建筑工业出版，2001.
[5]（日）积水住宅股份公司东京设计部主编. 小住宅室内设计. 群舟译. 北京：中国建筑工业出版社，1999.
[6]（日）井出建，元仓真琴. 国外建筑设计详图图集 12. 北京：中国建筑工业出版社，2001.
[7]（日）空气调和·卫生工学会. 图解现代住宅设施系列. 谢大吉译. 北京：科学出版社，2002.
[8]（日）泷泽健儿，今田和成. 住宅设计要点集. 王宝刚，马俊译. 北京：中国建筑工业出版社，2000.
[9]（日）日本建筑学会. 新版简明住宅设计资料集成. 滕征本，滕煜先等译. 北京：中国建筑工业出版社，2003.
[10]（日）石氏克彦. 多层集合住宅. 张丽丽译. 北京：中国建筑工业出版社，2001.
[11]（日）松树秀一，田边新一. 21 世纪型住宅模式. 陈滨，范悦译. 北京：机械工业出版社，2006.
[12]（日）小原二郎，加藤力，安藤正雄. 室内空间设计手册. 张黎明，袁逸倩译. 北京：中国建筑工业出版社，2000.
[13]（日）新住宅出版株式会社. 室内设计 294 例. 白林译. 北京：中国建筑工业出版社，2001.
[14]（日）彰国社. 集合住宅实用设计指南. 刘东卫，马俊，张泉译. 北京：中国建筑工业出版社，2001.
[15] 福利. 全新感觉的住宅设计与装潢. 北京：科学普及出版社，1993.
[16]（英）黛娜·荷尔，芭芭拉·蕙丝. 家居储物设计. 戴婴译. 广州：万里出版社，1999.
[17]（英）希薇·凯姿. 开放式住宅设计. 庄委桐译. 广州：广州出版社，1999.
[18] 21 世纪中国城市住宅建设——内地 / 香港 21 世纪中国城市住宅建设研讨论文集. 北京：中国建筑工业出版社，2003.
[19] 北京市建筑设计研究院. 建筑专业技术措施. 北京：中国建筑工业出版社，2006.
[20] 高宝真，黄男翼. 老龄社会住宅设计. 北京：中国建筑工业出版社，2006.
[21] 胡仁禄，马光. 老年居住环境设计. 南京：东南大学出版社，1995.
[22] 胡仁禄，周燕珉. 居住建筑设计原理. 北京：中国建筑工业出版社，2007.
[23] 贾倍思，王微琼. 居住空间适应性设计. 南京：东南大学出版社，1998.
[24] 贾耀才. 新住宅平面设计. 北京：中国建筑工业出版社，1997.
[25] 建设部工程质量安全监督与行业发展司，中国建筑标准设计研究所. 全国民用建筑工程设计技术措施—规划·建筑. 北京：中国计划出版社，2003.
[26] 建设部住宅产业化促进中心. 中国住宅工程质量. 北京：中国建筑工业出版社，2007.
[27] 姜涌. 建筑师职业实务与实践，北京：机械工业出版社，2007.
[28] 李耀培. 中国居住实态与小康住宅设计. 南京：东南大学出版社，1999.
[29] 罗新宇，板式小高层住宅管井设计 .北京：清华大学建筑设计研究院，2008.
[30] 吕俊华，彼得·罗，张杰. 中国现代城市住宅 1840-2000. 北京：清华大学出版社，2003.
[31] 上海市住宅发展局，王安石. 2002 上海住宅空调外机设置，北京：中国建筑工业出版社，2003.
[32] 吴良镛. 人居环境科学导论. 北京：中国建筑工业出版社，2001.
[33] 杨小东. 普适住宅. 北京：机械工业出版社，2007.
[34] 杨小东. 普适住宅：针对每个人的通用居住构想. 北京：机械工业出版社，2007.
[35] 张宏. 性·家庭·建筑·城市：从家庭到城市的住居学研究. 南京：东南大学出版社，2002.
[36] 周燕珉等. 中小套型住宅设计. 北京：知识产权出版社，2008.
[37] 周燕珉等. 住宅精细化设计. 北京：中国建筑工业出版社，2008.
[38] 周燕珉 .中小套型住宅设计 . 北京：知识产权出版社，2008：1.
[39] 周燕珉，邵玉石. 商品住宅厨卫空间设计. 北京：中国建筑工业出版社，2000.
[40] 周燕珉. 现代住宅设计大全 厨房餐室卷. 北京：中国建筑工业出版社，1994.
[41] 周燕珉. 现代住宅设计大全 卫生间卷. 北京：中国建筑工业出版社，1995.
[42] 朱霭敏. 跨世纪的住宅设计. 北京：中国建筑工业出版社，1998.
[43] 朱昌廉. 住宅建筑设计原理. 北京：中国建筑工业出版社，1999.
[44] 住宅建筑规范编制组. 住宅建筑规范实施指南. 北京：中国建筑工业出版社，2006.
[45] 住宅建筑设计：建筑标准·规范·资料速查系列手册. 北京：中国计划出版社，2007.
[46] 住宅性能评定技术标准编制组. 住宅性能评定技术标准实施指南. 北京：中国建筑工业出版社，2006.
[47] 邹明武. 人居风暴 / 探索国际文明居住标准. 深圳：海天出版社，1999.

期刊文章

[48] 布野修司，韩一兵. 战后日本居住建筑的变迁. 世界建筑，1996（2）.
[49] 曾雁. 厨房卫生间设计中的新技术应用. 住宅科技，2003（7）.
[50] 程沄. 中国住宅十年巨变. 时代建筑，2004（5）.
[51] 范存养，许雷. 日本住宅的空调方式与设备. 暖通空调，2005（5）.
[52] 冯劲梅. 住宅空调的现状与发展趋势. 住宅科技，2003（4）.
[53] 傅燕，张玲玲. 经济适用住宅厨房空间的设计. 四川建筑科学研究，2007（3）.
[54] 高俊岳. 建筑管线的综合布设技术. 施工技术，2005（5）.
[55] 高胜跃. 住宅空调室外机搁板设计. 住宅科技，2005（3）.
[56] 高莺. 厨房整体设计的实践与研究. 建筑学报，1995（4）.
[57] 郭俊倩. 日本东京都民住宅. 住宅科技，2005（4）.
[58] 何少平，靳瑞冬，张磊. 住宅厨房卫生间产品（设备）的设置及接口设计细则. 住宅科技，2002（5）.
[59] 胡惠琴. 集合住宅的理论探索. 建筑学报，2004（10）.
[60] 黄维纲. 住宅的设计与创新. 建筑学报，2002（9）.
[61] 贾东明，贾佳. 论住宅卫生间设计的技术要点. 中国住宅设施，2004（12）.
[62] 贾晶. 住宅楼凸窗外设空调机位的改进设计. 住宅科技，2006（6）.
[63] 鞠树森. 住宅厨卫管线设计及接口技术初探. 中国住宅设施，2007（8）.
[64] 开彦. 未来住宅的设计. 住宅科技，2001（4）.
[65] 李桂文. 住宅厨房整体设计研究. 建筑学报，1995（5）.
[66] 李涛. 节约型住宅的设计探讨. 建筑学报，2007（4）.
[67] 梁旭，黄一如. 城市"丁克家庭"居住问题初探. 建筑学报，2005（10）.
[68] 林润泉. 住宅厨房设备模数标准化及工程应用研究. 中国住宅设施，2006（5）.
[69] 林旭文，王钰等. 分体式局部空调器的外观修饰. 建筑科学，2008（3）.
[70] 刘卫兵. 走向全面的技术思想——评《北京宪章》的技术思想. 建筑学报，2001（1）.
[71] 罗劲. 现代日本集合住宅. 世界建筑，1994（2）.
[72] 秦佑国. 从"HISKILL"到"HITECH". 世界建筑，2002（1）.
[73] 秦佑国. 中国建筑呼唤精致性设计. 建筑学报，2003（1）.
[74] 曲立志. 产业化住宅设计的几点探讨. 建筑学报，2004（10）.
[75] 日本集合住宅及老人居住设施设计新动向. 世界建筑，2002（8）.
[76] 商品住宅装修一次到位实施细则. 住宅科技，2002（7）.
[77] 沈中伟，朱元友. 低窗台凸窗设计的几个问题. 四川建筑，2005（3）.
[78] 史健，刘文鼎. 细节的适用、经济、美观: 谈住宅精装修设计. 建筑创作，2006（2）.
[79] 史振峰. 住宅厨房电气设计探讨. 建筑电气，1992（12）.
[80] 宋源. 中小户型的精密设计. 建筑学报，2003（3）.
[81] 王鲁民，许俊萍. 宅内行为模式与集合住宅格局. 华中建筑，2004（6）.
[82] 叶宏，华君. 住宅空调器室外机的安装位置与节能. 住宅科技，2003（7）.
[83] 张辉，何易. 浅析建筑飘窗的优与劣. 江苏建筑，2004（2）.
[84] 张菁，刘颖曦. 战后日本集合住宅的发展. 新建筑，2001（2）.
[85] 张维寿. 厨房和卫生间给水排水支管敷设方法的改进. 建筑工人，2001（9）.
[86] 张欣. 90m² 以下户型厨卫贮空间设计探讨. 华中建筑，2007（5）.
[87] 赵冠谦. 解读中小套型住宅观念与设计. 中国住宅设施，2006（10）.
[88] 赵冠谦. 住宅空间的健康性. 建筑学报，2004（10）.
[89] 赵健鹏，张莉. 住宅的细部构造设计应注意的一些问题. 建筑学报，2007（4）.
[90] 周燕珉，林菊英. 节能省地型住宅设计探讨——"2006 全国节能省地型住宅设计竞赛"获奖作品评析. 世界建筑，2006（11）.
[91] 周燕珉. 个性源于可变. 建筑学报，2003（3）.
[92] 周燕珉. 日本集合住宅及老人居住设施设计新动向. 世界建筑，2002（8）.
[93] 周燕珉. 中日韩集合住宅比较. 世界建筑，2006（3）.
[94] 周燕珉. 住户对居住空间的需求研究. 中国住宅设施，2005（9）.
[95] 周燕珉. 住宅窗的设计要点 60 条. 建筑学报，2005（10）.
[96] 周燕珉. 住宅复合型厨房空间研究. 建筑学报，2003（3）.

学位论文

[97] 陈冠宏. 建筑"精致性"设计之细部设计研究. 大连理工大学，2005.
[98] 陈泳全. 核心家庭住宅空间设计研究. 西安建筑科技大学，2004.
[99] 段勇. 集合住宅精致性设计的实现. 清华大学，2008.
[100] 傅燕. 经济适用住宅厨卫空间的设计研究. 西安建筑科技大学，2003.
[101] 高颖. 住宅产业化——住宅部品体系集成化技术及策略研究. 同济大学，2006.
[102] 黄珂. 集合住宅设备技术的综合设计研究. 清华大学，2004.
[103] 江璐. 集合住宅公共部位设计研究. 上海：同济大学，2008.
[104] 李星魁. 住宅建筑设计规范研究. 天津：天津大学，2006.
[105] 李嫣. 中国北方城市老龄人群住宅的厨房设计研究. 清华大学，2006.
[106] 隋楠. 北方地区板式高层住宅设计研究. 哈尔滨：哈尔滨工业大学，2007.
[107] 杨小东. "通用住宅"模式研究. 北京：中国建筑设计研究院，2004.
[108] 张婉玉. 适应老龄社会的家庭卫浴空间通用设计研究. 西北工业大学，2007.
[109] 张雯. 居住建筑外窗的节能设计研究. 浙江大学，2003.

标准、规范、图集

[110] 03J930-1 住宅建筑构造.
[111] 03SS408 住宅厨、卫给水排水管道安装.
[112] 09BSZ1-1 建筑设备专项图集 建筑卫生间同层排水系统.
[113] 88J14-1 居住建筑.
[114] 88J14-2 居住建筑.
[115] 88J8 卫生间、洗池.
[116] 91SB1-1（2005）暖气工程.
[117] 91SB2-1（2005）卫生工程.
[118] GB/T 11228-200X 住宅厨房及相关设备基本参数.
[119] GB/T 11977-200X 住宅卫生间功能及尺寸系列.
[120] GB/T503622005 住宅性能评定技术标准.
[121] GB500961999 住宅设计规范（2003 年版）.
[122] GB5017693 民用建筑热工设计规范.
[123] GB503682005 住宅建筑规范.
[124] GB71072002 建筑外窗气密性能分级及检测方法.
[125] JGJ1342001 夏热冬冷地区居住建筑节能设计标准.
[126] JGJ2695 民用建筑节能设计标准（采暖居住建筑部分）.
[127] JGT 184-2006 住宅整体厨房.
[128] 北京市建筑标准化办公室. 88J31 外装修（1）.
[129] 京 01SSB1 新建集中供暖住宅分户热计量设计和施工试用图集.
[130] 中国建筑标准设计研究院. 01SJ914 住宅卫生间.
[131] 中国建筑标准设计研究院. 03J9301 住宅建筑构造.
[132] 中国建筑标准设计研究院. 06J5061 建筑外遮阳（一）.
[133] 中国建筑标准设计研究院. 06J6071 建筑节能门窗（一）.